庆祝北京林业大学林学院
七十周年华诞特刊

创一流学院
建一流专业
育一流人才

北京林业大学林学院教育教学研究论文集

2022

宗世祥 白 倩
石彦君 李蒙慧 | 主编

中国林業出版社
CFPH China Forestry Publishing House

图书在版编目(CIP)数据

创一流学院，建一流专业，育一流人才：北京林业大学林学院教育教学研究论文集：庆祝北京林业大学林学院七十周年华诞特刊／宗世祥等主编. —北京：中国林业出版社，2022.9

ISBN 978-7-5219-1801-4

Ⅰ. ①创… Ⅱ. ①宗… Ⅲ. ①农业院校-教学研究-北京-文集 Ⅳ. ①S-40

中国版本图书馆 CIP 数据核字(2022)第 141176 号

策划编辑：杜 娟 **责任编辑**：杜 娟 李 鹏

电话：(010)83143553

出版发行 中国林业出版社(100009 北京市西城区德内大街刘海胡同 7 号)
经　　销 新华书店
印　　刷 北京中科印刷有限公司
版　　次 2022 年 9 月第 1 版
印　　次 2022 年 9 月第 1 次印刷
开　　本 787mm×1092mm 1/16
印　　张 15.75
字　　数 423 千字
定　　价 80.00 元

前 言

林学院是北京林业大学最具鲜明特色的研究型学院之一，也是学校历史最久、师资最强、培养人才最多的学院之一，在我国“两院”院士中，沈国舫、尹伟伦等8位院士均毕业于我院林学专业。

学院设有林学、森林保护、地理信息科学、林学(城市林业方向)、经济林5个本科专业或专业方向，建有梁希实验班(林学与森保)，拥有北京市级林学实验教学中心；其中，林学和森保专业入选国家级一流本科专业建设点，林学专业入选北京高校“重点建设一流专业”。专业支撑学科“林学”为国家重点一级学科，国家“双一流”建设前5%的唯一涉林学科，全球ESI排名前1%学科，历届全国林学一级学科评估均排名第一。

学院为教育部林学类专业教学指导委员会主任委员单位，牵头制定了普通高等学校本科林学类教学质量国家标准，拥有全国高校黄大年式教师团队2个，教育部首批虚拟教研室试点2个，获批全国第二批“三全育人”综合改革试点院系。

学院坚持以立德树人为根本，全面落实人才培养中心地位，不断深化教育教学改革，依托各类教育教学研究项目，开展专业建设、课程思政等各方面改革，取得了一系列重要研究成果，人才培养质量稳步提高。近5年，获批教育部新农科研究与改革实践项目2项，北京高等教育本科教学改革创新项目1项；获北京市高等教育教学成果奖一等奖1项，校级教学成果一等奖和二等奖各1项；获北京市教师教学创新大赛二等奖1项，北京林业大学教师教学创新大赛特等奖1项；获霍英东教育基金会教育教学二等奖1项。

2022年，是北京林业大学建校七十周年华诞，也适逢林学院建院七十周年，通过编辑出版这本论文集，进一步深化本科教育教学改革、全面提高人才培养质量、推动学院本科教学高质量发展。

宗世祥

2022年6月

目　录

课程思政

实践教学

教育教学改革

2022

“3+1”模式在“林学概论”教学中的应用探讨

樊大勇　张新娜　冯　飞　李　品　徐程扬

（北京林业大学林学院，北京　100083）

摘要：“林学概论”是农林高等院校非林业专业的一门专业基础课。对于这些专业的学生而言，该课是其认识了解森林、系统掌握林业科学技术基本知识的唯一途径。由于“林学概论”授课对象为非林专业的学生，对于“林学概论”教学提出了很高要求。本文提出“3+1”教学模式，即把热点话题、理论问题、教材专题三者融合，通过1个教学专题进行讲授，形成三合一贯穿全课程的教学格局，可以使得学生深刻理解其基本原理，掌握必要的基本知识，具备一定的解决实际问题能力。同时，“3+1”教学模式极大丰富了“林学概论”课程的思政元素，润物无声，让学生感到林学的美，体验到科学精神、林业精神、家国情怀、危机感和使命感，并热衷于对林学知识的探索和追求，引导学生树立生态文明理念、提高自我修养。通过对林学概论授课对象发放问卷的方法，调查总结了“3+1”教学模式应用成效满意度，总体“非常满意”程度为96.9%，表明该教学模式具有较好的效果。在今后的教改实践中，可酌情开展一些教改对比实验，以进一步优化该课程教学模式。

关键词：一流课程；林学概论；教学改革；生态文明建设

“林学概论”是农林高等院校非林业专业的一门专业基础课。对于这些专业的学生而言，该课是其认识了解森林、系统掌握林业科学技术基本知识的唯一途径。“林学概论”系统介绍了林学的基本概念、基本理论和基本技术与方法，内容涵盖了林学基础、森林培育、森林经营管理和森林利用等林学主要学科领域。该课充分体现了习近平新时代“绿水青山就是金山银山”“尊重自然、顺应自然、保护自然”“绿色发展、循环发展、低碳发展”等生态文明建设理念[1]。对于农林高等院校非林业专业学生而言，系统了解林学基本知识是保护和改善生态环境的基础，是新时代社会发展对林业工作者的基本要求，也是学生树立生态文明理念、提高自我修养的有效途径。

一、“林学概论”课程特点与教学现状

（一）课程特点

林学是研究森林的形成、发展、管理以及资源再生和保护利用的理论与技术的科学，是有关林业生产的基础理论与技术知识体系的集合。林学各学科涉及的知识领域较广。林学概论是林学各部分知识的综合性、概括性的阐述，其中林学基础包括了森林植物、树木

作者简介：樊大勇，北京市海淀区清华东路35号北京林业大学林学院，教授，dayong73fan@163.com；
张新娜，北京市海淀区清华东路35号北京林业大学林学院，讲师，zhangxinna0513@163.com；
冯　飞，北京市海淀区清华东路35号北京林业大学林学院，讲师，rememberbear@mail.bnu.edu.cn；
李　品，北京市海淀区清华东路35号北京林业大学林学院，副教授，lipin@bjfu.edu.cn；
徐程扬，通讯作者，北京市海淀区清华东路35号北京林业大学林学院，教授，cyxu@bjfu.edu.cn。

资助项目：北京林业大学教育教学改革项目“‘互联网+’背景下城市树木栽培学信息化教学模式探讨”（BJFU2020JY007）。

生理、森林土壤、森林气象、森林生态和森林计量。森林培育包括了林木遗传改良、林木种子生产、苗木培育、人工造林及森林抚育与更新。森林经营管理包括了森林调查与评价、森林区划、森林经营周期、森林收获调整及森林健康经营与保护。森林利用包括木材加工、木材综合利用、木浆造纸、森林食品、林下中草药及森林旅游与游憩。林学同时又是一门实践性很强的学科，涵盖了林业生产中各方面的技术环节，“林学概论”内容也因此包括了与实际应用相关的各方面的技术基础[2-4]。总之，“林学概论”内容非常丰富，涉及林学各个相关学科的术语、基本概念、一般原理、技术方案及综合应用等。例如，笔者根据马履一、彭祚登主编的《林学概论》教材进行了统计，仅需要学生了解和掌握的基本概念和林学术语就有289条，这还不包括正文里出现的一些与林学相关的专有名词、概念等[2]。

（二）教学现状

本课程是面向非林专业学生或未学过林学知识的大众介绍林学基本知识的普适性课程。据笔者的授课经验及与学生的课堂交流，在北京林业大学的学生中，“林学概论”的授课对象通常具有以下特点：①学生没有学过林学基础知识，对于林学的一些专有名词、概念等并不容易理解，容易出现死记硬背、不感兴趣的现象。比如，笔者所带班级就有给排水科学与工程、环境工程、环境科学、信息管理与信息系统等专业，这些专业的知识体系很多与林学并无直接联系。②授课对象往往是非林专业一年级或二年级学生，在学习“林学概论”的同时，还要学习其他通识课、本专业基础课等课程，学习任务繁重，学生基本没有很多时间自学和扩展学习“林学概论”相关内容。③“林学概论”又是一门实践性很强的课程，而学生基本没有林学专业实践的机会，对于一些与生产技术环节相关的知识点理解不深。④教学大纲规定的“林学概论”学时数通常在16到32个学时之内，在如此短的授课时间内要使得非林专业学生深刻理解其基本原理，掌握必要的基本知识，具备一定的解决实际问题能力，并对今后主动学习林学相关知识产生浓厚兴趣，这对“林学概论”的教学提出了非常高的要求[5-8]。

二、“3+1”模式在“林学概论”教学中的应用

“3+1”教学模式是深化专题教学的一种探索[9]。针对“林学概论”教学的现状，通过把热点话题、理论问题、教材专题三者融合，在一堂课的教学实践中，教师可通过引导学生一起思考一个与林学相关的热点话题，逐步代入本堂课的教学主题，通过层层逻辑推导，提出需要解决的理论问题并指导学生理解掌握相关知识结构，最终使得学生可以灵活运用所学知识剖析热点话题，根据具体情景提出解决方案，形成以“3+1”贯穿全课程的教学格局(表1)。通过“3+1”教学模式，可以使得学生对林学各学科的基本知识达到融会贯通的目的，并在今后的学习和工作中具备一定的解决与林学相关的实际问题的能力。

表1　按照“3+1”教学模式的基本原则设置“林学概论”的教学主题

热点话题	课堂主题	理论问题	教材专题
“碳达峰”和“碳中和”	“碳达峰”和“碳中和”的定义 “碳汇”是关键 森林是地球的“绿肺”，是陆地生态系统中最强大的“碳汇”	森林的碳汇能力计量 提高造林质量早日实现“碳达峰”和“碳中和” 森林可持续经营管理是实现“碳达峰”和“碳中和”的关键	森林计测与效益评价 森林营造技术 森林抚育、更新与保护 森林资源经营管理与利用
“尊重自然、顺应自然、保护自然”	新时代林业发展趋势 生态系统的一般规律	森林生态系统的功能属性 近自然经营和森林生态系统经营理论	林学概论绪论 森林资源经营管理与利用 森林生态系统组成、结构、功能、演替与稳定性

（续）

热点话题	课堂主题	理论问题	教材专题
"绿水青山就是金山银山"	生态系统的属性、效益与现实意义	森林生态系统效益 森林营造 森林资源利用	森林结构与生态系统 封山育林与低效林改造 森林旅游、游憩和康养
生物多样性保护	生物多样性保护的现实意义	森林生态系统稳定性和可持续性 如何定义一个物种	森林结构与生态系统 森林资源经营管理与利用 植物分类基本知识
如何缓解我国荒漠化程度	我国荒漠化加剧趋势及分析	"适地适树" 人工林栽培与管理	极端干旱条件下的造林技术
"绿色经济、循环经济、低碳经济"	人与自然的和谐 应对气候变化 资源节约和环境友好	森林的分类管理模式 可持续发展森林的生态系统经营理论	碳汇造林 生物质能源林 森林资源利用
"山水林田湖草是生命共同体"	生态系统的一般规律	物质循环再生原理 生态系统的稳定性和弹性 生态平衡	人工林幼林管理、林农复合经营、低效林改造、城市森林管理 森林抚育、森林健康经营 森林资源经营管理
"种子安全"	种子安全现状分析	林木遗传育种	林木遗传改良基本知识 林木良种基地及种子生产
城市环境如何更加美好	城市生态系统的特殊性	城市林业的一般原理	城市树种选择原理 城市树种管护原理

（一）实施原则

1. 导入热点话题

随着当今世界气候变化和人类活动加剧，全球生态系统中生物多样性下降、环境污染、干旱和荒漠化加剧、资源枯竭等生态问题的出现，使得人们越来越发现森林与人类生存兴亡有密切关系，与林学相关的热点话题也越来越多，并受到人们的重视[10]。通过与林学相关的热点话题的导入，极大提高了学生学习本课程的兴趣。这是因为引入的热点话题密切联系生活，与林学相关，且生动有趣。一堂课时间内通过对热点话题的层层剖析，既生动，又能准确达到教学目的。热点话题可以让学生直接体会到林学的"学以致用"，告诉同学们多去关注时事、聚焦热点、一路探索和发现，努力并坚持，就可以逐步发现问题的本质并提出解决问题的关键途径。课堂上围绕热点话题剖析，突出重点教学内容，着重进行主干知识的讲解与剖析，或精要讲授、或巧妙启发、或积极指导，从而在有限时间内圆满达到教学目标。

热点话题的导入，也可以培养学生的家国情怀和人类关怀。通过对热点话题的层层剖析，使得学生深刻理解习近平总书记提出的"生态文明建设"的具体含义，教育新时期的青年学生要勇担时代使命，学好专业知识，提升综合素质，努力成为德智体美劳全面发展的社会主义建设者和接班人。热点话题的导入，极大拓展了学生的国际视野，潜移默化中引导青年学生做好践行人类命运共同体理念的接力者，为推动共建"一带一路"、推动构建人类命运共同体而努力。

因此，热点话题的导入极大丰富了“林学概论”课程的思政元素，润物无声，让学生感到林学的美，体验到科学精神、林业精神、家国情怀、危机感和使命感，并热衷于对林学知识的探索和追求，同时也引导学生树立生态文明理念、提高自我修养。

2. 聚焦教学主题

聚焦教学主题是热点话题引入后的一个必然逻辑延续。根据教学大纲要求，在一堂课的教学实践中提取凝练教学主题，设置层次性的教学目标，采取多样化教学方法，帮助学生正确理解本堂课的讲授主题，充分认识理解该主题的理论和现实意义。比如“人工林栽培”是“林学概论”的重要内容之一，其与当前的热点话题“碳达峰”和“碳中和”“尊重自然、顺应自然、保护自然”“生物多样性”“绿色经济、循环经济、低碳经济”等均具有有机联系。当今林业的一个发展趋势是：面对天然林的减少，全球森林资源总量下降的格局，世界各国都在迅速发展人工林。人工林的定向培育和高效利用已成为21世纪我国林业可持续发展战略的必然选择。因此本节课的课堂主题可凝练为如何植树造林才能确保造林质量、增加新造林的稳定性和可持续性。在此主题的指导下，学生可基本了解相关的知识体系，理解“人工林栽培”是生态文明建设的重要内容之一，进而提高了其学习相关知识的积极性和主动性。

3. 发掘理论问题

任何现象背后都隐藏深刻的本质，也就是理论问题。在聚焦主题的基础上，可引导学生积极思考热点话题的内在科学问题是什么，如何进一步深入发掘和发展相关理论，科学地提出解决方案，以确保森林生态系统多功能属性的发挥。比如提高造林质量是早日实现“碳达峰”和“碳中和”的关键举措之一，造林质量取决于特定立地条件下树木个体的生长状况，而树木生长受到生物学的“限制因子”定律所决定。“限制因子”定律指的是某一生态因子处于最小量状态时，会成为影响生物生长发育的限制因子，但若该因子处于过量状态，也可以成为限制因子。“限制因子”定律在本课程的林学基础中有详细介绍，并与“有效积温”法则、“耐性定律”等生物学理论相联系，具有辩证唯物主义精神内核。通过对热点话题进行理性思考，发掘相关理论，让学生从有限的学习过程中体验到有趣、有用、理性、解惑的学习乐趣，将思政元素和专业学习有机结合，让课堂成为学生主动学习的场所。

4. 突出教材专题

教师在引导学生充分理解主题并积极思考内在的理论问题基础上，需突出重点教学内容，着重进行主干知识的讲解与剖析(教材专题)。仍以“人工林栽培”这节课为例，提高造林质量的关键在于践行林学中一个重要的概念“适地适树”[2]，可通过多种教学手段向学生介绍“适地适树”概念及实践途径。“适地适树”是依据生物与其生态环境的辩证统一这一生物界的基本法则提出的，提高造林质量的关键在于贯彻这个原则。如果在林木种植中，存在种植地立地条件与树种选择不适当的问题，短期内这种选择的后果并不会明显地表现出来，而长期就会看到这种不当选择所带来的不良影响，林木的生长会逐渐恶化。比如，刺槐比较适合在低海拔山地及平原沙地区域种植，该树种的根系比较浅，抗风能力差，所以栽种时应避免选择风大的区域，否则就容易出现风倒、倾斜等问题。进一步而言，“适地适树”在林学基础章节中已经详细解释了其内在林学或生态学原理，可以通过引导学生适当回顾反思，很好地将“林学概论”通篇的知识点融会贯通，并进一步夯实学生的林学理论基础和提高学生解决相关问题的能力。

（二）实施途径

1. 以问题为导向

2019年4月28日，习近平总书记在中国北京世界园艺博览会开幕式上讲话中指出：

"纵观人类文明发展史，生态兴则文明兴，生态衰则文明衰"，指出生态文明建设是事关中华民族永续发展大计，阐述了文明兴衰与生态环境之间互相影响、互相依存的关系。因此在"林学概论"的每一堂课的教学实践中，都可提出一个或几个与林学相关的生态文明建设方面的热点话题，旨在解答非林专业学生的一个常见困惑，即学习本课程有何价值，从而让"林学概论"在非林专业学生中的形象生动起来，树立学习本课程的正确态度和科学思维，激发其主动思考和学习意愿。以问题为导向对于教师授课也有积极促进作用，将"林学概论"中一些枯燥的专有名词与实际问题联系起来，使得这些专有名词变得更为鲜活，潜移默化中使得学生理解和掌握这些名词的内涵，并在其记忆中形成使用场景。

2. 建立"话题—主题—理论—专题"的逻辑框架

提出对象问题后，需要对这个问题建立逻辑框架进行思考。每一个热点话题都涉及多个课堂主题，每个课堂主题链接到多个理论问题，并与"林学概论"教材中的多个章节有必然联系。以"碳达峰"和"碳中和"为例：①首先根据话题确定课堂主题，介绍"碳达峰"和"碳中和"的定义，"碳达峰"和"碳中和"与生态系统"碳汇"能力密切相关，而森林是地球的"绿肺"，是陆地生态系统中最强大的"碳汇"。②"碳汇"和森林的课堂主题紧密联系多个林学理论问题，包括了森林碳汇能力计量、森林营造和森林可持续经营管理的科学理论。③多个教材专题与该热点话题相关，包括了森林计测与效益评价中的树木材积、生长量和林分蓄积量测定原理；森林营造中的人工林栽培技术、低效林改造技术等；森林资源经营管理与利用中的近自然森林经营理念、分类管理模式等(图 1)。

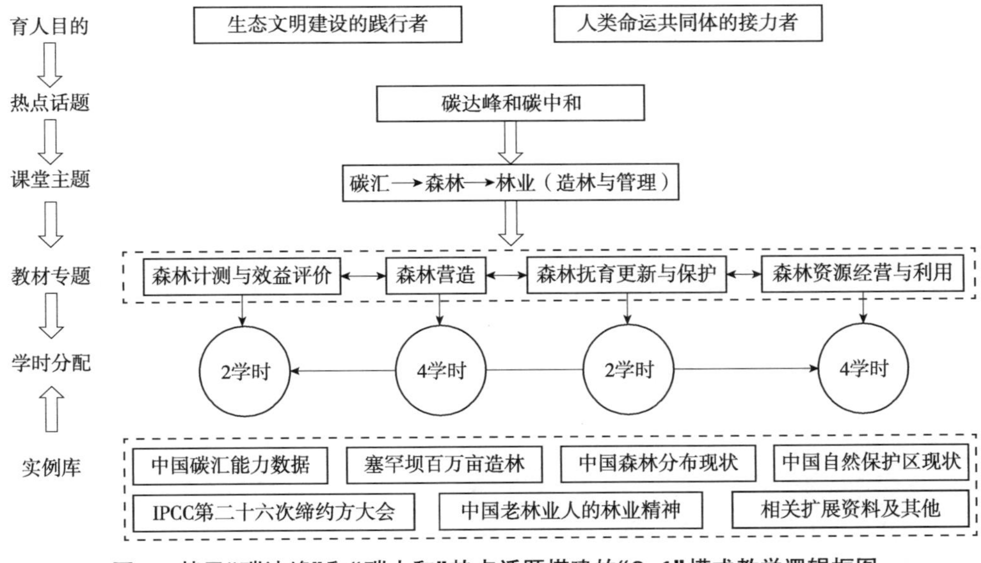

图 1　基于"碳达峰"和"碳中和"热点话题搭建的"3+1"模式教学逻辑框图

3. 采用多种教学方法

在教学过程中，教师可灵活采取或变换教学方式。多样化教学方式是教学上灵活性、多样性和变化性的表现，它有助于教师保持良好的课堂教学环境和气氛，调动和维持学生的积极性，以保证教学的有效性。这些教学方法包括了"案例式"教学法、"课题项目"教学法、"研讨式"教学法等。比如"案例式"教学法可以根据每堂课的主题设置，列举多个林业生态文明建设实例，可极大提高学生学习本课程的兴趣、培养学生的家国情怀和人类关怀。在"人工林栽培"这节课，可列举"塞罕坝百万亩造林"林业生态文明建设实例[11]。1962 年建场以来，河北省塞罕坝机械林场几代人艰苦奋斗、甘于奉献，将荒原变成百万亩林海，生动诠释了"绿水青山就是金山银山""尊重自然、顺应自然、保护自然"的理念。在塞罕坝高寒、沙化、干旱条件下确保造林成活率需要考虑“适地适树”、种苗培育、造林密度、造林施工技术、造林后管理等诸多林学基本问题。通过列举实例，将“人工林栽培”章节主干知识内容融会贯通，将整个章节的逻辑结构清晰地展现给学生，有助于夯实学生的林学理论基础和提高解决相关问题的能力。更为重要的是，通过“塞罕坝百万亩造林”这个实例教导学生要勇担时代使命，学好专业知识，提升综合素质，努力成为我国生态文明建设的践行者、人类命运共同体理念的接力者。

（三）实施成效

“3+1”教学模式在2021级给排水科学与工程、环境工程、环境科学120人大班的“林学概论”实施后，发放问卷120份，收回有效问卷64份。总体“非常满意”程度为96.9%。在分项评价中，“我对这门课程在专业知识结构及能力、素质培养中重要性的了解程度”很高及高的比例为83.5%；“我学习这门课程的主动性”很高和高的比例为81.2%；“教学方法”非常满意程度93.5%。具体表现在学生上课积极性增加，也乐于在课堂上主动思考并自信回答教师提出的问题，课堂气氛活跃，对“林学概论”学习兴趣明显增加，而且在讲授过程中和课程完成后积极主动地找任课老师咨询和讨论相关主题。学生的个性化评语包括了“对林学的专业掌握了基础知识，对之后的学习有了信心”“老师上课风趣幽默，还有很多拓展，非常好”“老师非常专业，知识十分渊博，很有学者风度，教学思路清晰，非常好的老师”“课堂氛围良好，师生互动良好”等。通过教学反馈，初步体现出“3+1”教学模式的教改效果。在今后的教改实践中，可酌情开展一些教改对比实验，以进一步量化评价本方法的教改效果。

三、结　语

“林学概论”是农林高等院校非林业专业学生非常重要的一门专业基础课，在整个大学四年学习过程中，“林学概论”是其唯一可以系统学习林学知识的课程。对于这些学生而言，系统了解林学基本知识是保护和改善生态环境的基础，是新时代社会发展对林业工作者的基本要求，也是学生树立生态文明理念、提高自我修养的有效途径。由于“林学概论”授课对象的特点，对于“林学概论”教学提出了很高要求。在教改实践中，发现采用“3+1”教学模式，通过把热点话题、理论问题、教材专题融合，形成“3+1”贯穿全课程的教学格局，使得学生可以灵活运用所学知识剖析热点话题，根据具体情景提出解决方案。同时，“3+1”教学模式极大丰富了“林学概论”课程的思政元素，润物无声，让学生感到林学的美，体验到科学精神、工匠精神、家国情怀、危机感和使命感，并热衷于对林学知识的探索和追求，引导学生树立生态文明理念、提高自我修养。通过不同方式的教改摸索，找到适合“林学概论”教育方式方法，以满足“林学概论”争创一流课程的教学高标准要求，并为源源不断地为生态文明建设输送具有创新精神和实践能力的高级专门人才而奠定基础。

参考文献

[1]习近平. 习近平关于社会主义生态文明建设论述摘编[M]. 北京：中央文献出版社，2017.
[2]马履一，彭祚登. 林学概论[M]. 北京：中国林业出版社，2020.
[3]姚延梼，杨秀清，闫海冰，等. 林学概论[M]. 北京：中国农业科学技术出版社，2008.
[4]赵忠. 林学概论[M]. 北京：中国农业出版社，2007.
[5]彭祚登. 融汇科研兴趣培养的“林学概论”教学法研究[J]. 北京林业大学教育教学改革优秀论文选编，2017：359-364.
[6]丁梦娟. 浅谈“林学概论”的教学方法[J]. 吉林林学院学报，1991(7)：78-81.
[7]段旭，赵洋毅. 针对非林专业“林学概论”课程实践教学方法改革[J]. 课程教育研究：外语学法教法研

究，2016(33)：153-54.
[8]岳宁. 浅议“林学概论”的实践性教学[J]. 时代教育，2014(7)：143.
[9]杨哲. “三题一课”模式在培育马克思主义观中的应用——以马克思主义基本原理导论专题为例[C]//新改革 新农科：北京林业大学教育教学改革优秀论文选编(2019)，2019：17-22.
[10]张雪萍. 生态学原理[M]. 北京：科学出版社，2011.
[11]邢海. 塞罕坝：荒原上建成百万亩林海[N/OL]. 中国绿色时报，2021-3-12[2022-3-15]. http://www.greentimes.com/greentimepaper/html/2021-03/12/node_61.htm.

A study on the application of “3+1” mode in the teaching of *Introduction to Forestry*

Fan Dayong　Zhang Xinna　Feng Fei　Li Pin　Xu Chengyang
(College of Forestry, Beijing Forestry University, Beijing 100083)

Abstract *Introduction to Forestry* is a subject foundation requisite course for non-forestry majors in agricultural and forestry colleges and universities. For the students of these majors, this course is the only way to obtain the knowledge of forestry science and technology systematically. Because the students all major non-forestry, high requirements for teaching are needed. In the present study, a “3+1” teaching mode was presented out, that is, integrating hot topics, theoretical problems and textbook topics into one teaching lesson, through one teaching topic to instruct to form a “3+1” mode throughout the whole course. This new mode can make students deeply understand the basic principles, the necessary basic knowledge in the subject, own a certain ability to solve practical problems as well. At the same time, the “3+1” mode greatly enriches the ideological and political elements of *Introduction to Forestry*, makes students feel the beauty of forestry, experience the scientific spirit, craftsman spirit, family and country feelings, sense of crisis and mission, being willingly for the exploration and pursuit of forestry knowledge. Further, the “3+1” mode guides students to establish the concept of ecological civilization and improve self-cultivation. Based on the outputs of questionnaires to the teaching objects, the overall satisfaction percentage is 96.9%, which shows that the teaching model has a good effect. In the practice of educational reform in the future, comparative studies can be carried out in order to optimize the “3+1” teaching mode.

Keywords first class course, *Introduction to Forestry*, teaching reform, ecological civilization construction

“无土栽培理论与应用”课程改革与探索

李素艳　孙向阳　于　鑫

（北京林业大学林学院，北京　100083）

摘要：针对“无土栽培理论与应用”课程知识点多、理论枯燥、实践性强的特点及存在的问题，结合林业院校的专业特长，对该门课程不断进行探索、改革，总结出一套多元化的教学体系。从教学模式、讲授方式、实验设计、实习基地、教学案例等方面阐述了该门课程的课程建设、改革、教学及实验实习。经过教学实践表明改革后的教学活动极大地调动了学生的学习热情和积极性，教学效果良好。

关键词：无土栽培；教学改革；课程建设；实验设计；实习基地

一、 课程特点及存在问题

无土栽培种植技术具有高产、优质、省水、省肥、省工等优点，同时因病虫害少，无连作障碍，生产过程可实现无公害及实现农林业生产的现代化[1]。近几十年来，无土栽培生产技术得到了广泛的推广应用，对无土栽培技术人员的需求也日益增多[2]。大部分农林院校均开设了该课程，但无土栽培理论比较枯燥、实践性强[3]，传统的教学过程中教学模式单一，讲授方法老套，仅仅是老师讲学生听，造成学生在学习过程中思想溜号，专注度不够；且整个教学过程缺少实验课和实践课的环节，仅凭课堂知识学生理解不了无土栽培设施结构和构造；另外由于课程知识点较多，学生不好掌握，需要实际案例来加强学生对知识点的理解。基于此，教学团队从教学模式、讲授方法、实验课的设计、实习基地的建立及教学案例库的建设等几方面进行改革与探索，摸索出一套科学的教学方法，理论联系实际，学习和应用相结合，充分调动学生的学习热情，使学生更积极主动地学习，提高了教学效果。

二、 教学模式的优化

“无土栽培理论与应用”这门课程32学时，2学分。原来32学时都是理论课，即由老师讲学生听的方式进行教学。课程内容包括无土栽培的理论基础、营养液、无土栽培的固体基质、生产设施管理、小型无土栽培装置及其应用、无土栽培的环境调节控制设施等。由于这门课程理论与实践结合性非常强，有时课堂讲授非常抽象，所以在讲课过程中为同学们展示大量的图片。图片太多也会造成学生们的视觉疲劳，同时学生们并不满足于课堂听讲，更想亲眼看见或亲手操作相关技术。因此经过教学团队研讨并得到学院领导的支持，把学时重新调整，划分为三个模块：24学时进行理论讲授，在理论讲授过程中，多用案例教学，这些案例素材均来自教师平时的积累；设置了8学时的实验课，实验课设置了无土栽培营养液的配制、固体基质的鉴定、固体基质理化性质的测定以及小型无土栽培设施的组装等；设置了一天的实习课，安排学生们到北京林业大学小汤山无土栽培花卉基地参观，

作者简介：李素艳，北京市海淀区清华东路35号北京林业大学林学院，教授，lisuyan@bjfu.edu.cn；
孙向阳，北京市海淀区清华东路35号北京林业大学林学院，教授，xysun@bjfu.edu.cn；
于　鑫，北京市海淀区清华东路35号北京林业大学林学院，高级实验师，yxin419@126.com。

参观各种无土栽培设施、各种无土栽培模式以及环境调控技术等。加深学生们在课堂上学的知识，让学生们有更加直观的理解，把教学落到实处。

三、 课堂讲授方法的改进

理论课主要是在课堂完成，传统的讲授方法是老师以多媒体课件为主导进行讲授，学生在下面边看边听。因为课件内容较多，图片信息量较大，难免造成学生眼花缭乱，在听课的过程中思想溜号因而学习掉队。为此，教学团队充分调研，采取了全新的授课模式。首先，课堂上除了利用多媒体课件进行展示外，还把一些实物带入课堂，如不同类型的基质以及无土栽培的花卉等，让学生们接触到实物而不再是仅仅看图片。当学生们看到无土栽培种出来的漂亮的花卉时，对无土栽培知识的渴望就更加强烈，学习热情也空前高涨。

其次，为了让学生更加清晰地理解所学知识，还为同学们准备了一些配有解说词的短片，短片更加详细地展示了一些很抽象的知识点，让学生们对枯燥的知识产生兴趣，轻松掌握知识要领。

另外，为了避免"满堂灌"，采取通过启发引导学生深度思考，让学生积极参与到学习活动中的讲授方法。比如讲无土栽培营养液时，先提出问题："营养液"中主要会含有哪些营养元素？它们的比例是多少？如何配制？在学生们充分讨论以后，再播放无土栽培营养液的配制短片，把学生引导到对"营养液"的探究中来。这样通过讨论来寻找问题的答案，激发了学生的学习兴趣，使学生积极地思考，主动地学习，并且加强了记忆，达到对知识点的彻底掌握。改进后的授课方法调动了学生学习的积极性、主动性，创造了一个轻松、民主、愉快、高效的学习氛围和学习空间。

四、 实验课的精心设计

由于"无土栽培理论与应用"课程实践性很强，仅凭课堂讲授，无法达到培养学生在生产实际中分析问题和解决问题的能力，因此为了培养学生实际动手能力和专业技能，使学生能达到理论与实践相结合，开设了实验课程。

借助于土壤学实验室现有资源，精心设置了几个最有代表性的实验课程。首先设置了"无土栽培营养液的配制实验"，营养液在无土栽培里是一门关键的技术，影响到无土栽培的成功与否。通过该实验的设计使同学们能够掌握无土栽培营养液的配制技术，包括化学试剂的选择、称量以及分组等技术。其次设置了"无土栽培固体基质的认知实验"，在实验课上，让学生们鉴别一些生产中常用的栽培基质，如泥炭、蛭石、珍珠岩、岩棉、陶粒等，让学生们在观察到各种栽培基质的外观特征的同时还了解这些基质的理化性质，对栽培基质有了更直观的感受。另外，在学院的支持下购置了一些小型无土栽培设施，在实验课上让学生们自己动手进行组装，并进行无土栽培植物，当学生们看到自己组装的小设施里面长出绿油油的花卉小苗时，非常兴奋，更加喜欢这门课。

五、 建立有林业特色实习基地

林业院校开设"无土栽培理论与应用"课程不同于农业院校。农业院校的无土栽培课程主要是着重培养学生在蔬菜等农作物上的栽培技术[4]；而林业院校的学生主要在林业、园林、园艺、草业等专业，以后面向花卉、草坪和林木育苗等。因此，实习基地应该是以花卉、育苗等为主的无土栽培基地。经过多方面的考察，选定小汤山花卉无土栽培基地作为学生们的实习观摩基地。我们很多老师也在此做科研课题，结合老师的科研课题、科研机构设施和科研成果等，弥补教学素材的不足，使同学们能够真实地感受无土栽培设施结构、生产过程、经济效益等。学生在参观小汤山花卉生产基地时，亲眼看到了不同的无土栽培设施、环境调控设施，以及营养液的调控装置等，看到无土栽培出来的各种各样的花草及小苗，栽培槽、栽培袋等。学生们感叹：通过实习才彻底了解了无土栽培这门技术，把教学落在了实处，实习就像画龙点睛之笔。

六、 广泛搜集教学素材， 建立教学案例库

作为一名教师，如果想讲好课，平时就要不断地积累素材，不断提升自己的知识及见闻，更新理念、掌握最新技术、增强文化底蕴，厚积才能薄发。所以无论是在科研会议、外出参观，还是自己旅游，都会收集一些与无土栽培有关的资料、图片、故事等。比如在哈尔滨开课题会议的时候，会议组织与会人员参观了当地的生态园。在生态园里笔者发现有许多没有见过的无土栽培的小型设施及不同类型的无土栽培，就及时地把这些图片从最好的角度拍摄下来。回来后制成 PPT 课件在课堂上展示。经过教学团队的老师们多年收集素材，我们建立起一个教学案例库。在讲课的过程中，会穿插一些与该门课程有关的案例、故事等，围绕自己授课内容灵活机动地引用。通过变化方式、师生互动、有效启发来吸引学生，使学生学得扎实而灵活、轻松而又愉快，课堂上不再溜号。

七、 改革成效

改革后的这门课程既有理论知识，又有实验、实践环节，集现代先进的工业技术及农林业生产于一体。经过 2 年的教学实践，发现教学效果有了显著的提高，一是选课人数明显增多，从原来的 20 人增加到现在的 50 多人。二是学生评教分数明显提高，从原来的平均 89 分提高到现在的 95 分。三是选课专业有所增加，从原来林学 1 个专业选修到现在林学和草业 2 个专业选修。教师将结合学生专业情况，充分调动学生的学习热情，培养学生实际动手能力和专业技术水平，从多方面拓宽学生知识面，提高学生分析问题和解决问题的能力及创新能力，使学生达到理论与实际相结合，为社会培养出具有实践能力的实用型人才。

参考文献

[1]李瑞红，张维谊，韩奕奕. 无土栽培发展现状及前景展望[J]. 四川农业科技，2021(9)：76-79.

[2]李笑眉，邓利园. 浅谈我国无土栽培智能化应用现状[J]. 现代园艺，2021(5)：46-47.

[3]王广龙，任旭琴，王纪忠，等. 实用技能型卓越农林人才培养模式下无土栽培与工厂化育苗课程教学改革[J]. 现代农业科技，2018(13)：272-273.

[4]胡俊杰，赵靖，彭沈凌. 基于应用型本科的“蔬菜无土栽培”课程教学改革探究[J]. 科技风，2020(20)：64-66.

Curriculum reform and exploration of *Soilless Cultivation Theory and Application*

Li Suyan　Sun Xiangyang　Yu Xin

(College of Forestry, Beijing Forestry University, Beijing　100083)

Abstract　In view of the characteristics and problems of *Soilless Cultivation Theory and Application* course, such as many knowledge points, boring theory and strong practicality, combined with the professional expertise of forestry colleges and universities, this course has been continuously explored and reformed, and a diversified teaching system has been summarized. This paper expounds the construction, reform, teaching and experimental practice of the course from the aspects of teaching mode, teaching method, experimental design, practice base and teaching cases. The teaching practice shows that the reformed teaching activities have greatly mobilized students' learning enthusiasm and enthusiasm, and the teaching effect is good.

Keywords Soilless Cultivation, educational reform, curriculum construction, experimental design, practice base

“城市林业基础”教学质量优化途径探讨

孙 妍

（北京林业大学林学院，北京 100083）

摘要：“城市林业基础”是城市林业专业方向的核心专业课，课程的知识综合性强，学科理论交叉大，内容更新速度快，如何将新理论和新技术及时补充到教学内容中，被学生理解与掌握，是提高该课程教学质量的重要瓶颈。在教学改革中，通过完善课程结构体系、提高重难点理论讲授技巧、丰富课程教学模式和辅助平台、优化课程考核环节等途径对“城市林业基础”课程教学质量进行提升。“城市林业基础”课程的教学改革收到了良好的教学效果，提升了学生多学科知识综合运用和分析能力，激发了学生对城市林业专业的学习热情。

关键词：城市林业；理论教学；教学目标；教学模式

城市森林指的是生长在城区和周边的天然林、人工林以及散生乔木和灌木的集合体，广义上泛指生长于人居环境周边的、以木本植物为主题的所有植被的总和[1]，自 1965 年加拿大多伦多大学 Erik Jörgensen 教授首先使用“城市林业”一词并开设城市林业课程以来，城市林业科学研究及教育发展迅速[2]。尽管国际上尚无同名称课程，“城市林业基础”在课程内容设置上充分参考了北美早期的《城市林业》（*Urban Forestry*）[3]、北美城市林业专业通用教材（*Urban Forestry—Planning and Managing Urban Greenspaces*）[4]、欧洲城市林业本科教材（*Urban Forests and Trees*）[5]和专著（*Urban Green Spaces：Public Health and Sustainability in the United States*）[6]，*Urban Hydrology*，*Watershed Management and Socio-Economic Aspects*[7]，*Ecosystem Services：From Concept to Practice*[8]以及欧美课程“城市森林与人类福祉（Urban Forest and Human Well-being）”等内容，充分考虑我国城市森林资源与建设特点，有机整合而成。

作为城市林业专业的核心骨干课程，“城市林业基础”课程的知识综合性强[9]、内容更新速度快、生态系统服务尺度的跨度大，成为教学难度较大的课程，尤其是如何将新理论、新技术及时补充到教学内容中，并容易被学生理解与掌握，如何形象地向学生传授课程内容，已经成为提高该课程教学质量的重要瓶颈[10]。近年来，国家大力推进教学改革，然而现阶段针对“城市林业基础”课程，还未提出适应城市可持续发展要求的教学质量优化途径。课程建设必须为国家的城市可持续发展目标服务，在国家大力弘扬“绿水青山就是金山银山”理念、新型城镇化建设、着力建设“双一流”学科的背景下，应对“城市林业基础”课程教学内容、教学方式和教学理念做出适当调整，不仅讲授城市林业基础理论知识，还应根据国家生态文明建设和健康城市战略目标做出适应性优化，将国内外最新理论和技术融入课堂，培养与时俱进的城市林业建设者和接班人。因此，本文探索北京林业大学“城市林业基础”课程教学质量提升的途径与方法，并为类似理论性较强的课程教学提供参考。

作者简介：孙妍，北京市海淀区清华东路 35 号北京林业大学林学院，讲师，yanearth@ bjfu. edu. cn。

资助项目：北京林业大学教育教学研究项目“城市林业基础教学质量综合优化”（BJFU2020JY006）。

一、“城市林业基础”课程教学面临的问题与困难

（一）课程教学内容的实时性不强

以往“城市林业基础”课程内容是以传统森林生态学理论为基础，主要向学生讲授森林生态系统服务、城市森林构建与经营、城市森林信息化管理等内容，但是在城市林业领域研究热点的教学内容滞后，特别是关于城市森林生态系统服务的最新前沿，教案有待更新，教学素材和案例库未及时补充。城市林业是一门发展迅速的交叉学科，如针对近年来备受关注的城市内涝问题，城市水文学的最新研究成果已应用到城市森林规划和建设中，亟须体现在本课程的教学中，充实理论体系。以往课程内容主要参考欧美国家城市林业教材，国内尚缺乏内容实时性较强的专业教材。因此，需要对课程结构进行优化，整合国内外相关教育资源出版课程教材，并进行充分的教学准备，体现教学内容的丰富度和实时性。

（二）城市森林结构复杂性与生态系统服务不确定性的理论教学难

城市森林生态系统服务对构建宜居环境、实现城市可持续发展有重要意义，城市森林对居民健康的影响是课程教学重点。但城市森林结构复杂，随着城市森林生态系统结构、功能及其生态过程深入研究而不断发展，城市森林提供的生态系统服务特点仍存在不确定性。如何引导学生正确理解城市森林生态系统的正服务和负服务，是课程理论知识讲授的难点。例如，“城市森林与人类健康”章节，虽然已有研究表明城市森林的空气负离子和杀菌素对人的生理健康有显著促进作用，但是空气污染物浓度在城市中心区域和郊区的森林可能存在较大差异，这种差异是否会对绿地与人群健康关系效应产生影响仍不清楚，目前关于城市绿地对使用者的心理健康研究也十分不足，面向人居健康的城市森林营建技术仍未成熟。在课程讲授过程中容易出现以偏概全，给学生造成思维定式。

（三）辅助教学手段缺乏

城市林业是一门知识不断积累、实践性也较强的学科，课程内容既有较抽象的理论知识，也包含城市实践项目工程。因此，针对“城市林业基础”课程课堂教学所面临的新形势和国家对信息化教学的新要求，有必要对课程进行教学改革。传统的教学模式以教师讲授型为主，学生的学习积极性和专业学习热情有待提升，需要由被动学习为主向自主学习转变，教师在课前预习、课堂教学和课后作业环节缺乏对各种辅助教学手段的灵活运用。特别是对多媒体设备辅助平台的利用不足。例如，利用多媒体手段展示与教学内容相关的城市与气候变化影视片段以及城市森林高清图片素材，借助手机问卷平台与学生互动，利用线上课堂直播软件组织讨论环节等，教学过程的线上线下相结合还未充分体现。

二、“城市林业基础”课程教学质量优化的途径

（一）完善课程结构体系

1. 调整课程教学内容，体现新知识，满足学生学习需求

在新型城镇化背景和生态文明建设背景下，我国城市林业的发展面临新的机遇和挑战。作为现代林业的一个分支，城市林业课程知识结构体系和理论应体现现代林业的发展特点[11]。近几年成为国际关注焦点的城市森林与人类健康关系基础理论、城市森林与构建弹性城市最新理论，成为课程内容创新的重要部分。有针对性地调整了课程内容，更新了城市林业发展中的问题、拓展了城市化与城市森林建设关系、强调了城市森林与环境相互关系机制，并增加了城市森林与城市水文、城市森林生态系统服务特点、城市森林与应对气候变化相关的案例分析(图 1)。通过补充新理论、新理念、新技术以及对传统知识优化与更新，有效地提高了课程内容的时效性。

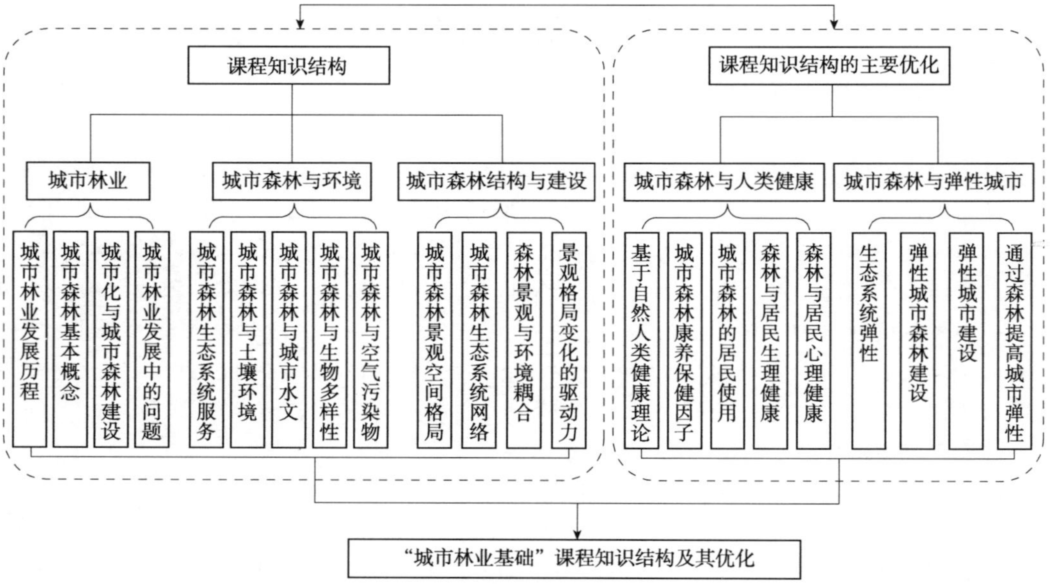

图 1 "城市林业基础"课程知识结构及其变化图

2. 完善教学素材库、案例库和教材建设

教学团队收集了国内外最新研究成果整理研究案例，以及与生态系统服务功能结合较好的城市森林构建案例，主要是围绕国内外绿色空间在城市环境质量提高、居民休闲游憩服务、生物多样性保护实践、康养保健林建设、文化林构建、文化传承方法实践等方面发挥重要作用的规划设计和建设实例。制作了教学基础材料集，收集了我国不同气候区的城市森林类型图和城市林精细结构图，制作城市森林与人类福祉机理关系图，收集了外国特别是加拿大、美国、澳大利亚和欧洲等城市林业发展水平较高的国家和地区的教学材料，并剪辑制作了城市森林结构与服务功能野外讲解视频材料，制作成教学材料数据库。此外，逐步完善针对国际上城市森林结构与功能领域的典型研究成果、论文文献的收集和整理，形成学生课外学习辅助资料库，为学生自主学习提供可选素材。整合了城市林业专业学习所需基础理论，结合相关城市林业前沿研究成果，优化课程教案，为整理课程教材编写材料。

（二）提高重难点理论讲授技巧

1. 转变教学观念，营造积极的教与学环境

在课堂教学中尊重和理解学生，建立平等的师生关系，使学生在轻松的氛围中提出疑问(图 2)，如针对城市森林结构特征这一教学重点理论的讲授，鼓励学生主动质疑激光雷

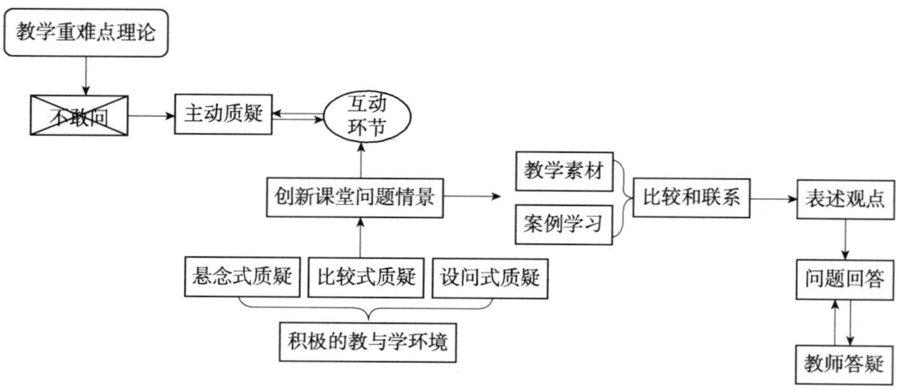

图 2 课程重难点理论讲授优化方法设计

达数据在城市森林应用的可行性，打破学生“不敢问”的心理，并对学生的分析给予积极的反馈。城市森林结构的复杂性在国内外均有研究，使用更新后的教学素材和案例，引导学生比较北京、柏林、悉尼、新加坡、纽约等多个城市的城市森林结构特征、影响因素和评价方法，梳理复杂性的形成机制，加深对重点知识的理解。

2. 创新课堂问题情景

在城市森林生态系统服务概念的形成过程、城市森林生态系统正服务和负服务等理论知识的备课和讲授过程中，设计更多的互动环节，创设问题情景，教师抛出问题，采用比较和联系的方法，利用启发性教学，提升学生对不确定性问题的分析能力。聚焦“城市森林与应对气候变化”“城市化对城市森林空气净化服务功能影响”“城市森林可及度的公平性”“城市森林游憩对居民心理健康影响”等教学难点，灵活运用设问式质疑、悬念式质疑和比较式质疑等教学技巧，帮助学生理解不确定性的来源和风险评估方法。在教学过程中，做到合理分割，适当分散难点，注意个体思维能力的差异，由浅入深。

（三）丰富教学模式

1. 引入自主学习教学模式，提高学习主动性

“城市林业基础”课程是理论性较强的专业核心课，传统讲授为主的方式迎来了改革的挑战和机遇，对学生主动学习能力也有更高的要求[12]。因此，开展了基于自主学习模式的城市森林与环境专题的学习。采用由学堂在线与清华大学共同研发的“雨课堂”，将本章节的视频和图片素材库提前推送给学生，应用智慧教学优化学生获取学习资料的方式。由教师提供8个主题后，学生自由选题组队分组，每小组分工明确地于2周内完成文献资料收集并进行小组讨论，教师注意引导学生借助微信群和腾讯会议等互联网平台在准备阶段积极交流互动，可根据学生需要进入网络讨论平台，解答疑惑。以学生为中心，通过自主学习教学模式，调动每一位学生的专业学习热情，加深对城市森林与城市生态环境耦合关系的理解。

2. 引入PBL教学模式，激发学习兴趣

“城市林业基础”课程作为专业核心课在城市林业专业的第一学期开设，需注意灵活应用教学模式。在课程改革中增加了PBL教学法(problem-based learning，“基于问题的学习”)[12]，在讲授第三章“城市森林景观空间格局与生态系统网络”章节时，教师构建问题，发布调研家乡城市森林建设的课程作业，鼓励每位同学查阅教科书、文献、地方政府文件、新闻，并采访当地市民，介绍家乡城市森林结构与建设历史、理念、主要工程等，使学生在实际的城乡建设中观察城市森林结构特点及其影响因素，激发学生的专业学习兴趣，培养学生发现问题和解决问题的能力。在PBL教学法中增加了国际共享在线课程的学习，使用不列颠哥伦比亚大学、威斯康星大学、美国南方大学等共享课程，通过了解国外城市森林结构特征和建设历史，帮助学生思考国内城市森林建设特点。并注意基于构建主义心理学的学生认知特点和规律[13]的教学理论，根据学生家乡的地域特征合理划分，结合不同城市发展水平差异，对每位同学的调研结果进行评价。

（四）优化课程考核环节

传统的“城市林业基础”考试主要以期末闭卷考试的成绩为主，学生对平时的学习过程不够重视，对每节课知识点不能及时理解掌握。随着教学方法改革，“城市林业基础”课程更加注重对学生学习过程的考核(表1)，将平时课堂表现的比重由10%提高至30%，其中，每一章学习完后均有平时作业，需要学生在课下结合自己的兴趣，通过查阅文献资料完成，占考核成绩的15%；课堂讨论成绩占15%。期末考试试卷中设置两道开放性试题，需要学生根据平时自主学习和对理论知识的掌握灵活作答，考查学生对所学知识的综合运用能力。

表 1 “城市林业基础”课程考核体系

成绩组成	分值比例(%)	成绩组成	分值比例(%)
期末考试	55	小组讨论	15
文献研读学习	15	课程作业	15

三、“城市林业基础”课程质量优化的成效与展望

在“城市林业基础”课程教学过程中，笔者积极与学生进行互动交流，重视学生的课堂反馈。在新冠肺炎疫情期间，线上教学进一步丰富了教学形式和内容，优化了师生互动模式，综合课上和课下学生表现，“城市林业基础”课程教学质量明显提升。

（一）优化了课程教学内容

针对“城市林业基础”课程教学目标不够完善、新知识更新不及时等问题，对教学内容进行了调整：加强了交叉学科知识讲授，突出城市地域特点，围绕人居环境、人类健康等核心问题丰富了教学内容；以学生为中心，结合学生学习兴趣和需求，增加了城市森林与气候变化、城市生态系统服务评价理论和方法等内容；拓展国际视野，借鉴欧美国家的城市林业课程教学体系，有选择性地增加了国际最新理论知识，课堂教学中归纳总结了近百个开放性问题，建立了教学素材库和案例库，使课程教学内容得到全面优化。

（二）丰富了课程教学形式

针对教学模式单一、学生学习兴趣不足等问题，对课程教学组织形式进行了优化。加强信息化教学，每次课下推送 10 篇与章节内容相关的前沿研究成果，注重培养学生阅读理解英文文献能力，将电子资源与线上学习相结合，学生自主学习热情和专业学习兴趣增加；围绕不同科学问题的小组讨论达 4 次，学生汇报幻灯片制作精美，各小组引用中英文文献平均达 25 篇，加深了对“城市林业基础”课程理论知识的理解。平时作业完成率和课程评价的满意度都超过 95%。

（三）提升了学生多学科知识综合运用和分析能力

课堂教学中对人类健康和城市发展内容的讲授，拓宽了学生视野，更加关注整个城市的健康发展，使城市林业专业的学生形成以满足城市居民需要和城市可持续发展为目标的新思考方式。该专业超过 2/3 的学生毕业设计选择了城市森林研究方向，有多个暑期调研团队选题涉及城市森林生态系统服务方向。在理论知识学习和小组讨论中，通过质疑思维培养，锻炼了学生的比较分析能力和总结归纳能力。该专业学生积极参与科研项目，获批多项大学生创新项目，学习能力受到一致好评。

“城市林业基础”是在发展中的课程，在建设过程中也存在部分问题需要继续探索解决。教学质量的优化，更加依赖信息技术，需要教师完成相关培训，从零学起，不断提升自身“互联网+微课”课程开发和教学能力。教学质量优化强调学生从被动学习转为主动学习。教师及时根据学生的学习情绪反馈，积极与学生沟通，帮助学生提升专业学习热情，引导学生主动学习。

参考文献

[1]王鹏，樊宝敏，何桂梅，等. 面向生态系统服务的城市森林分类体系研究[J]. 中国城市林业，2018，16(6)：35-39.

[2]陆耀东，温达志，陈宏通，等. 城市林业概述与发展趋势[J]. 热带亚热带植物学报，2003，11(4)：379-385.

[3]Grey G W, Deneke F J. Urban forestry[M]. New York: Wiley, 1978: 20-55.
[4]Miller R W, Hauer R J, Werner L P. Urban forestry: Planning and managing urban greenspaces(the third edition)[M]. Long Grove: Waveland press, 2015: 29-54.
[5]Konijnendijk C C, Nilsson K, Randrup T B, et al. Urban forests and trees: A reference book[M]. Berlin: Springer, 2005: 281-364.
[6]Jennings V, Browning M H, Rigolon A. Urban green spaces: Public health and sustainability in the United States [M]. Cham: Springer Nature, 2019: 31-36.
[7]Sarma A K, Singh V P, Kartha S A, et al. Urban hydrology, watershed management and socio-economic aspects [M]. Cham: Springer International Publishing, 2016: 5-10.
[8]Grunewald K, Bastian O. Ecosystem services: Concept, methods and case studies[M]. Berlin: Springer, 2015: 35-69.
[9]刘悦秋，胡增辉. 城市林业专业方向“森林资源经营管理”课程教学改革初探[J]. 中国林业教育，2017，35(3): 64-66.
[10]侯智霞，刘勇，徐程扬. “城市种苗学”课程教学体系建设的探索[J]. 中国林业教育，2019，37(3): 47-51.
[11]赵祥辉. 高校“以学生为中心”教学改革理念：意义、困境与出路[J]. 中国高等教育评论，2020，13(2): 54-65.
[12]牟凤娟，李双智，赵雪利，等. PBL 教学法在“树木学”课程教学中的应用[J]. 中国林业教育，2022，40(1): 64-67.
[13]侯聪玲. 体验式教学在高校思想政治理论课中的探索与实践[J]. 中国电力教育，2014(14): 160-161.

Discussion on the ways to improve the teaching quality of *Principles for Urban Forestry*

Sun Yan
(College of Forestry, Beijing Forestry University, Beijing 100083)

Abstract The *Principles for Urban Forestry* is the core course of Urban Forestry with strong synthesis, multidisciplinary knowledge and fast content update speed. Proper ways of updating teaching content, incorporating frontier theories and understanding by students have become a major challenge of teaching quality improvement. In the teaching reform, through the curriculum system optimization, theoretical teaching skills improvement, teaching model enrichment and assessment optimization, the teaching quality of the *Principles for Urban Forestry* course has been optimized. This teaching reform has received high evaluation from students. Students' abilities of theoretical application and analysis with multidisciplinary knowledge have been enhanced and strong leaning passion for urban forestry has been inspired.

Keywords Urban Forestry, theoretical teaching, teaching objective, teaching mode

“资源环境遥感”研究生课程网络平台研究与设计

张晓丽　柴国奇　陈　龙　姚宗琦　雷令婷　贾　翔　王月婷

（北京林业大学林学院，北京　100083）

摘要：针对资源环境遥感技术发展快、教学内容多、实践性强、课程学时有限的特点，面向林业院校研究生对课程的需求，在课堂教学基础上，研建研究生课程网络平台。网络平台涵盖课程学习、教学视频、教学课件、课程资源库、课程考核、实践环节、在线研讨等功能，实现线上线下混合教学。平台的建立不仅有利于提高学生的学习效率，扩展知识积累、培养创新思维，更有益于培养学生的科研素养，促进学术交流与合作，实现校际远程联合教学和资源共享，提高课程的国际化水平。

关键词：资源环境遥感；课程；网络平台；教学模式；远程联合教学

一、引　言

“资源环境遥感”作为地图学与地理信息系统、森林经理学、水土保持与荒漠化防治、生态学、自然保护区、农业工程与信息化等专业研究生学习的专业课程，以“拓宽专业视野，提高学术水平，培养创新能力”为总体教学目标，重点讲授遥感科学与技术的核心理论、关键技术以及资源环境应用的重点方向和技术、方法，跟踪遥感科学与技术学科前沿，聚焦遥感机理与资源环境应用的科学问题，面向林业与生态文明建设应用需求[1]。其目的是为了让学生们掌握资源环境遥感机理、技术和方法，了解遥感技术及应用的前沿问题和发展趋势，善于发现科学问题并解决实际问题[2]，培养学生的科研创新思维和实践能力。

随着现代网络信息技术和计算机技术不断发展，教学内容日趋完善，创新教学理念、教学方法、教学方式等对教学质量、教学效果等方面的提高都发挥着积极作用[3-4]。教学团队分析总结国内外遥感技术的最新进展、前沿科学问题、应用中的关键问题，以及目前国内外遥感类课程教学的现状和存在的问题，针对遥感科学与技术具有发展迅速、学科交叉、

作者简介：张晓丽，通讯作者，北京市海淀区清华东路35号北京林业大学林学院，教授，zhang-xl@263.net；
柴国奇，北京市海淀区清华东路35号北京林业大学林学院，博士研究生，chaigq@bjfu.edu.cn；
陈　龙，北京市海淀区清华东路35号北京林业大学林学院，博士研究生，charleychen@bjfu.edu.cn；
姚宗琦，北京市海淀区清华东路35号北京林业大学林学院，博士研究生，iceyaozq@bjfu.edu.cn；
雷令婷，北京市海淀区清华东路35号北京林业大学林学院，博士研究生，leilt@bjfu.edu.cn；
贾　翔，北京市海淀区清华东路35号北京林业大学林学院，博士研究生，jiaxiang@bjfu.edu.cn；
王月婷，北京市海淀区清华东路35号北京林业大学林学院，博士研究生，wangyueting@bjfu.edu.cn。

资助项目：北京林业大学教育教学研究重点项目“林学类专业现代信息技术教育综合提升与资源建设”（BJFU2021JYZD001）；
北京高等教育本科教学改革创新项目“面向创新人才培养的地理信息科学专业遥感课程群一体化多模态教学体系研究”（202110022004）；
国家林业和草原局研究生教育“十四五”规划教材建设项目“资源环境遥感理论、技术和应用”（FGCU21B0029）；
北京林业大学2020年研究生课程建设项目“资源环境遥感研究生核心课程建设”（HXKC2008）。

实践性强、应用广泛的特点，以及林业院校选课研究生专业和研究方向多样、遥感知识基础差异性大的问题，面向学生的共性需求和个性要求，发展课堂教学、专题讲座、案例教学、前沿论坛、实习实验、成果交流展示等多种方法联合的教学模式，建立了丰富的教学资料库和案例库。这些教学成果、案例和教学资源的共享需要有功能完善的在线教学平台作为支撑，进而实现线上线下教学互补和资源共享。同时，通过在线教学平台与线下教学的有效结合，有利于形成线上线下协同的新教学模式，提高教学效率，增强学术和人才培养的交流与合作[5]。

因此，我们将课堂教学、前沿讲座、实践教学等多种教学方式和教学资源整合，研建了"资源环境遥感"课程网络平台。该平台具备在线课程学习、资源共享、在线讨论、成果分享、在线考核、在线答疑以及校际远程联合教学等多种功能，教学视频、课程大纲、讲义与课件、应用案例、实验指导、课程作业等多种资源上线，实现从教学到考核的一体化网络平台教学。

二、 教学现状分析

我们从多年的教学研究和教学实践效果、毕业学生所从事的工作领域、工作单位对学生在专业知识结构储备和能力需求等方面，总结了"教"与"学"主要存在以下几点问题：

（一）课程教学不能满足研究生的个性需求

课程教学内容紧紧围绕本专业所制定的"资源环境遥感"教学大纲，但由于选课学生的专业跨度大，并且每年涉及的专业都会有一定的变化，学生在遥感理论与技术方面的基础也有很大差异。因此，如何兼顾学生的共性问题又能满足个性化需求，是以学生为主体教学思想落实的关键，也是课程教学的一个难点。

（二）教学内容多与学时有限的矛盾

"资源环境遥感"课程主要围绕遥感原理与技术、遥感图像处理与信息提取以及多体制、多模态遥感探测与应用等前沿应用专题内容，涉及的教学内容非常多，32 学时的课程安排难以承载大容量的教学内容。同时，课堂教学、实验、专题讲座、案例教学、前沿论坛相结合的教学方式对不同教学环节、教学模式的衔接和协同提出了更高的要求。

（三）实践教学中"教"与"学"不能有机结合

课堂教学和实践环节同步进行有助于学生对理论、技术和应用贯通理解和掌握。然而对于跨专业的学生来说，遥感理论知识掌握不够，专业软件基础薄弱，实验内容较多，时间相对较少，导致两个突出问题：一是教师在实验内容选择和安排上存在很大难度，既要完成遥感数据处理分析和应用的全流程教学，体现系统性和工程化应用思想，又要兼顾学生的具体情况；二是学生感觉上课压力大，基础薄弱的学生难以在课上全部消化吸收教学内容。

（四）多种教学资源缺乏合理整合

根据遥感科学与技术的发展现状和未来趋势，课程团队收集整理了国内外大量的教材、软件、数据及文献资料，编写了详细的实验指导书和近 30 个教学案例，研建了实验全流程的视频教程，如何整合与利用这些教学资源是一个亟待解决的问题。同时，专题讲座、前沿论坛、最新成果分享等教学模式也需要一个有效的承载平台，为课程共享、校际交流和多元化教学提供支撑。

基于以上问题，亟须借助网络平台进行辅助教学，通过课件、视频、案例、文献等在线资源满足学生的不同需求，结合本学科前沿研究领域和最新发展动态以及重点科技成果来丰富、活化课程内容，解决课程内容多与学时有限的矛盾，提高教学资源的集成和共享度，从而提升课程内涵，扩展课程教学外延。

三、 网络平台设计与开发

（一）平台设计

针对“教”与“学”存在的主要问题，网络教学平台在设计理念上兼顾理论与实践教学，充分考虑平台功能多样性、资料库的丰富性和动态性。学生可以根据专业需求和个人兴趣选择课程资源开展自主学习，实践教学内容和教学资料根据学生特点动态调整，并将课堂教学、专题讲座、前沿论坛和自主学习等教学模式整合在统一的平台，构建虚拟课堂，解决共性与个性需求的矛盾、学时与内容的矛盾，支撑分层实践教学和多元化交流。

网络平台的设计首先考虑了老师和学生用户的实际使用需求，并且针对教师和学生不同的功能权限，设计了教师、学生、访客三种用户类别。在使用过程中不仅可提高学生学习效率也可进一步方便老师的教学、管理以及师生互动交流。同时，为了课程资源合理共享，设计了访客端。由于不同类型用户的使用需求存在差异，因此教学平台的界面设计和功能组成有所区别(图 1)。网络平台为老师和学生分配账号和密码，访客端无须账号便可访问网页。

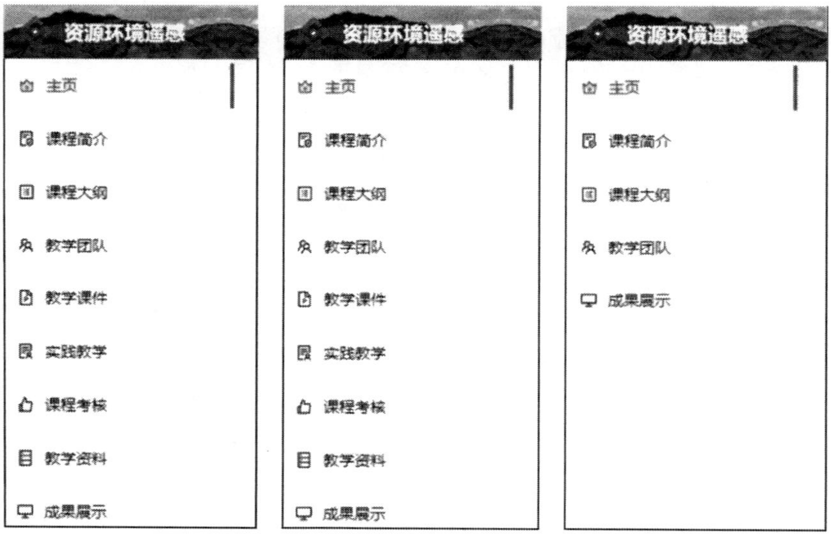

（a）教师端 （b）学生端 （c）访客端

图 1 三种用户功能权限

教师端和学生端均包含 9 个栏目，包括主页、课程简介、课程大纲、教学团队、教学课件、实践教学、课程考核、教学资料和成果展示(图 1)，其中教学课件、实践教学和课程考核 3 个功能根据老师和学生上课的实际需求，设计了不同的功能和用户界面，其余栏目内容相同。访客端仅包含主页、课程简介、课程大纲、教学团队和成果展示 5 个栏目。下面将就各个项目进行具体介绍：

主页以轮播图形式生动展示了课程相关性强且具有实时性的图片新闻信息，既美观又能引人注意，培养学生们对未知探索的兴趣(图 2)。主页下方配有课程简介、教学团队、专业新闻和友情链接，其中课程简介和教学团队简要介绍了本课程以及授课教师团队；专业新闻介绍了遥感领域最新的学术报告、研究进展和通知公告等，为学生们的课外学习提供专业知识；友情链接包括国家遥感中心、北京林业大学等多所与师生科研学习生活联系紧密的机构单位网址，点击可快速访问。

课程简介栏目介绍“资源环境遥感”课程的适用对象、课程荣誉、课程重点、教学目标、需要提前预习的数据资料等，使学生对本课程有初步了解，并提前预习查阅相关信息以服务于课程顺利地进行(图3)。

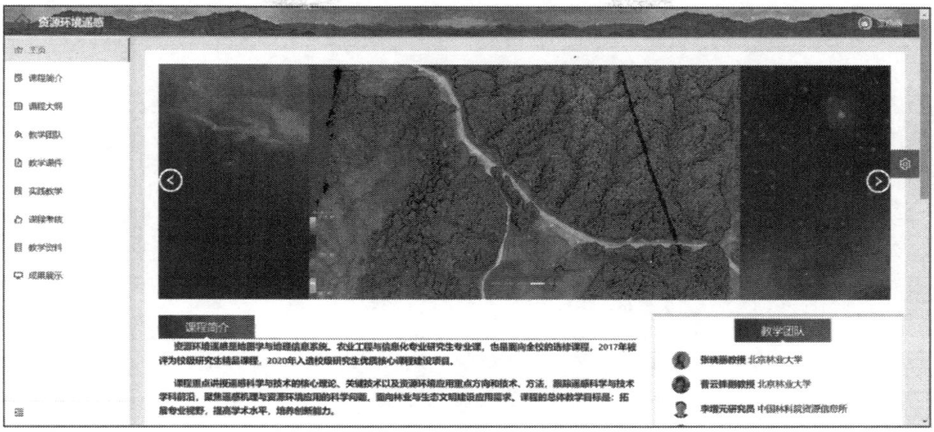

图2　主页功能预览图

图3　课程简介功能预览图

教学大纲栏目按照三部分展示了本课程的主要内容目录(图4)，并对学时和教学方式进行标注，方便学生初步了解课程内容，理顺整体学习思路。

教学团队栏目详细介绍了本课程教师的单位、学科背景等详细信息，学生可与感兴趣研究方向的老师们进行交流和学习，培养学生听课的兴趣和积极性。

教学课件栏目包括各章节内容的上课时间、授课教师，老师可以在教师端提前上传教学视频、教学课件和课后作业，学生可以下载上述文件(图5)，方便学生课前预习上课内容和课后复习与巩固所学知识，加强学生对课堂知识的记忆与回顾。

实践教学环节主要包括几组实用性和适用性较强的上机实验，老师可在网页平台教师端上传实验数据、教学视频和实验指导书；学生可以下载相关资料，并在完成实验后上传实验报告。教师端则可以显示学生实验报告上传情况(图6)。学生通过提前对相关信息的学习，然后亲自动手操作上机实验，对于有问题的部分可以及时回放之前的操作视频，或者在课堂上询问老师解决问题，并完成实验报告。使用所学理论知识进行实验、实践，可更清晰地掌握理论知识，并将理论与实践相结合，提升学生动手能力和综合素质。

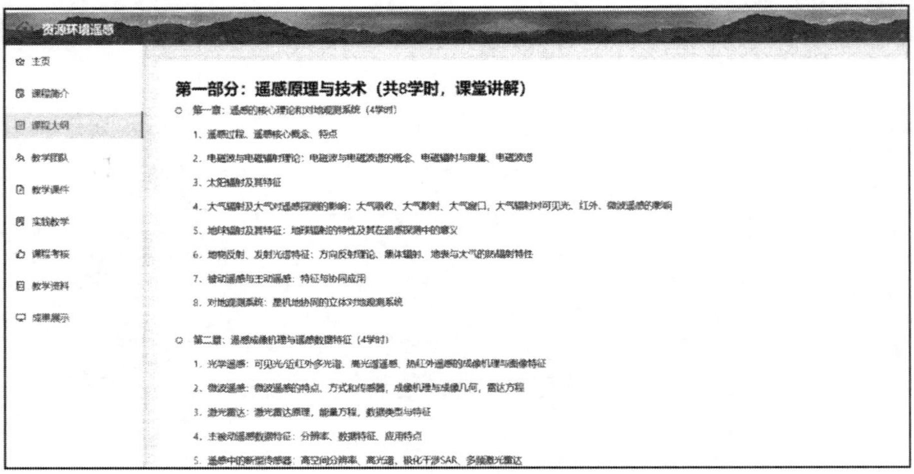

图 4　教学大纲功能预览图

图 5　教学课件功能预览图

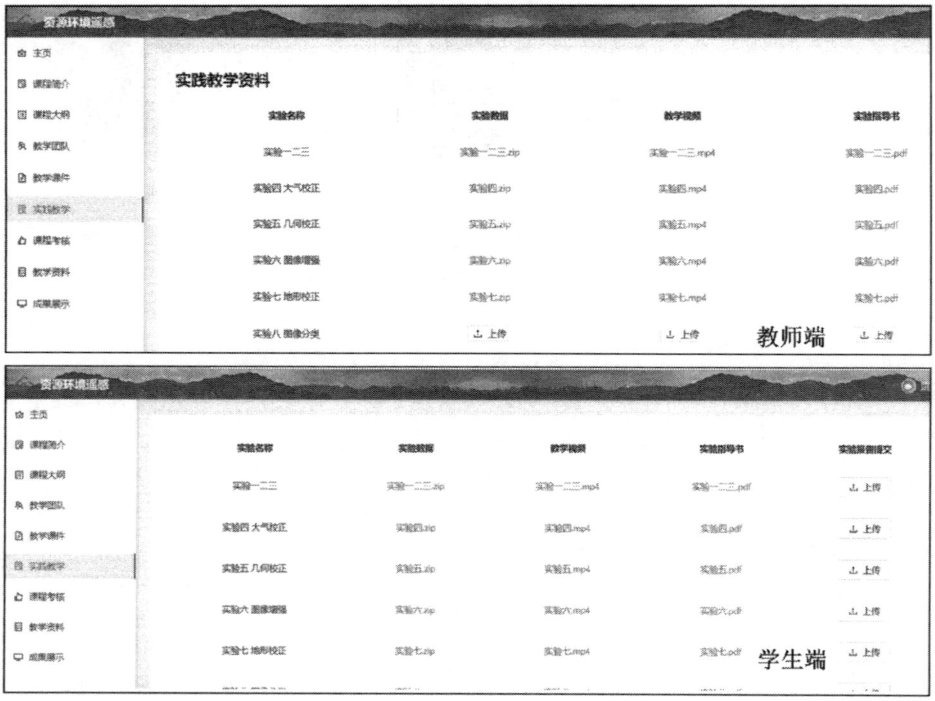

图 6　实践教学功能预览图

在课程考核栏目，老师端上传试题后学生端可以进行下载并答题，答题完成后上传至平台，可供老师阅卷和评分(图7)。此方法改变了传统期末考试的形式，方便学生自由安排时间答题。

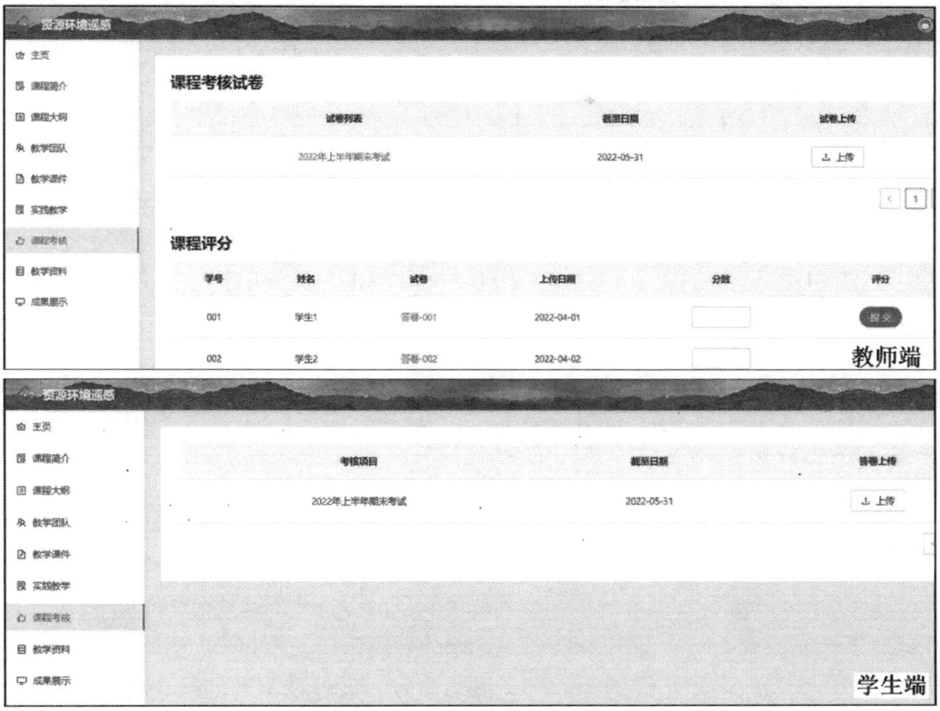

图7　课程考核功能预览图

教学资料栏目中包括参考教材、软件列表、数据下载地址和参考文献。学生可阅读参考教材学习资源环境遥感的原理和应用知识，熟悉遥感软件操作，提高动手实践能力，阅读前沿文献，追踪遥感领域先进方法与技术，开拓学生专业视野，培养学生研究兴趣。

成果展示栏目公示了“资源环境遥感”课程相关的一些讲座和研究成果，可以增加同学们的参与度和荣誉感，进一步提高同学们对该课程的兴趣。

通过使用网络教学平台，不仅可以调动学生的积极性，也方便了老师和学生之间的互动，学生可以更轻松地获取知识，提高了学习效率。此外，学生不仅在此学习了专业知识，同时通过网络平台推送的领域新闻与动态、前沿文献与研究了解专业最新进展，对于开拓学生专业视野，培养学生研究兴趣，提高学生综合素质都有很大的帮助。

(二)平台开发

课程网络平台开发基于Web的B/S结构(浏览器/服务器模式)，该模式具有分布性特点，开发、维护和使用简单方便，且共享性较强。不仅可以执行于所有平台，兼容性较好，并且具有良好的视觉风格，客户端仅需安装常用浏览器(如Microsoft Edge、Google Chrome等)即可实现跨平台、多用户、即时的用户访问。系统功能部分集中于服务器中(例如数据库访问、页面请求等)，包括前端页面展示和后端数据库访问。其中，前端页面采用TypeScript开发语言搭配React+Ant Design框架，能够适配各种主流浏览器；后端数据库访问则是通过WebAPI的方式实现对MySQL数据库的数据请求。

(三)网络平台建设对教学的支撑作用

通过“资源环境遥感”课程网络平台，学生可以有针对性地提前预习课程内容，了解教学重点和知识背景，阅读文献资料，在课堂上能够做到更加针对性的学习，提高学习效率；便于学生课后随时回顾课程内容，查漏补缺，自主学习扩展资料；通过成果共享展示还能增强学生的成就感和荣誉感，促进学术交流与合作；利用网络平台中提供的课程资源，便于学生迅速准确地筛选有用信息，满足学生的个性化学习需求；网络教学平台为师生交流、学生交流与合作、校际学术与教学的交流与合作提供了有效的支撑；将传统教学和网络学习两种教学模式的优势相结合，既能够发挥教师在教学过程引导与启发的作用，又可以充分体现以学生为主体的理念，发挥学生的主动性、激发学生的积极性和自主性，有助于培养学生的交流合作与创造性，使得课堂教学更具智慧，更有实效。

该网络教学平台既可以满足研究生课程教学需求，也可以作为本科生遥感类课程的辅助教学工具。经过学生试用，普遍反映该平台资源丰富、方便易用，不仅满足了学生的多元化需求，还将课上与课下、线上与线下、校内与校外教学有效协同，相互补充，为促进校际交流提供了一个良好平台。

四、 网络平台的作用与效果

“资源与环境遥感”网络教学平台，合理有效地整合了多种教学资源，将多模式教学方式集成于一体，有利于发挥线上线下混合式教学的优势，突出学生的主体地位，激发学生的学习热情，解决多种教学模式协同教学问题，使学生在理论知识、分析能力和创新思维积累等方面得到提高。同时，利用网络平台辅助课程学习还能够很大程度上共享利用网络资源，有利于学生便捷获取与自己专业、兴趣相关的学习内容和资料，满足学生个性化学习的需要。平台还可以有效支撑校际共享联合教学机制，实现校际优势资源整合利用，融通林业院所在专业领域人才培养的深层次交流与协作，促进课程的国际化与可持续发展。

参考文献

[1]梅安新，彭望禄，秦其明. 遥感导论[M]. 北京：高等教育出版社，2001：1-2.

[2]赵凌君，蒋咏梅，匡纲要. “遥感图像解译”课程改革的实践与思考[J]. 高等教育研究学报，2012，35(3)：112-114.

[3]吴妮真. 基于网络教学平台的混合教学模式设计与实践探索[J]. 科技视界，2021(11)：123-124.

[4]武卫莉，杨秀英，祖立武. 聚合物加工实验课程网络平台建设教学改革[J]. 高分子通报，2017(12)：75-79.

[5]王彬. 高校网络课程平台的设计研究[J]. 科技与创新，2015(11)：127，130.

Research and design of network platform for graduate course on *Remote Sensing*

Zhang Xiaoli　Chai Guoqi　Chen Long　Yao Zongqi　Lei Lingting　Jia Xiang　Wang Yueting
(College of Forestry, Beijing Forestry University, Beijing　100083)

Abstract　Aiming at the characteristics of rapid development of remote sensing technology of resources and environment, many teaching contents, strong practicality and limited course hours, and facing the demand of postgraduate students of forestry colleges and universities for the course, the network platform of postgraduate courses is researched and built on the basis of classroom teaching. The network platform covers course learning, teaching videos, teaching courseware, course resource library, course assessment, practical sessions, online seminars and other functions, realizing online and offline mixed teaching. The establishment of the platform not only helps to improve students' learning efficiency, expand knowledge accumulation and cultivate innovative thinking, but also helps to cultivate students' scientific research literacy, promote academic exchanges and cooperation, realize inter-campus joint teaching and resource sharing, and improve the internationalization of the curriculum.

Keywords remote sensing of resources and environment, postgraduate courses, online platforms, teaching model, distance co-teaching

“森林生态学”特色“沉浸式”创新教学模式探讨

——角色代入导向多角度思考的深度学习

王明刚　薛婧怡　曹红燕　杨　清

（北京林业大学林学院，北京　100083）

摘要：“森林生态学”是林学专业基础课程之一，以其涉及学科之多，综合性之强，在林学专业培养中有着重要的地位。然而“森林生态学”目前授课形式单一，课程设计缺少实践活动，学生学习兴趣较低。因此，本文提出“森林生态学”特色“沉浸式”创新教学模式，以角色代入的形式让每个学生以特定工作者第一人称角度开展课程学习，通过课堂小程序扫码答题、可视化实时统计与可视化课堂讨论，提高学生课堂参与度，在自然环境中自主探索生态学问题，多角度学习思考森林生态学知识，同时树立崇高理想，培养学生开拓创新、团队精神等综合能力。

关键词：森林生态学；沉浸式教学；角色代入；人才培养

随着时代发展社会进步，人们逐渐开始重视生态问题，2007 年党的十七大报告首次提出“要建设生态文明”，党的十七届四中全会把生态文明建设提升到与经济建设、政治建设、文化建设、社会建设并列的战略高度。2015 年 9 月 21 日，中共中央、国务院印发《生态文明体制改革总体方案》[1]。到现在，习近平总书记提出的“绿水青山就是金山银山”已经深入人心，十几年间我国生态理念不断进化，一系列生态政策出台落实，人民生态保护意识大幅提高。森林被誉为“地球之肺”，可为人类提供包括经济、社会和生态等多重效益，是衡量一个国家生态文明发展程度的重要指标。“森林生态学”课程是林学专业核心基础课程之一，是林学专业学生认识森林功能及其价值、学习森林经营理论和实践、理解国家林业政策的重要来源。“森林生态学”教学模式创新，对于林业专业人才培养，加快我国生态文明建设具有重要意义。随着我国对于森林生态学研究逐步深入，目前照本宣科式的教学已经不能满足专业人才培养需要，因此要进行具有“森林生态学”特色的教学改革。

“沉浸式”教学在 20 世纪 60 年代始于加拿大的外语教学，近年来，随着虚拟现实（VR）技术的迅速发展，沉浸一词的热度不断攀升。沉浸式学习、全球文化沉浸式教育等概念陆续出现[2]。沉浸式教学体现了以学生为主导的教学思想，它提倡教师为学生提供与实际情况类似的环境条件，让学生通过亲身体验来习得知识。

“森林生态学”特色“沉浸式”创新教学模式，紧跟习近平总书记在全国教育大会上围绕教育事业的重要论述，响应习近平总书记关于立足实践，深化教育改革创新的号召，结合

作者简介：王明刚，北京市海淀区清华东路 35 号北京林业大学林学院，副教授，minggangwang@ bjfu. edu. cn；
薛婧怡，北京市海淀区清华东路 35 号北京林业大学林学院，硕士研究生，xuejenny1204@ 163. com；
曹红燕，北京市海淀区清华东路 35 号北京林业大学林学院，博士研究生，hongyan89945@ 163. com；
杨　清，北京市海淀区清华东路 35 号北京林业大学林学院，副教授，yang. qing1020@ 163. com。
资助项目：北京林业大学课程思政教研教改专项课题项目“经济林栽培学（实习）”（2020KCSZ024）；
北京林业大学教育教学改革项目“‘经济林栽培学（实习）’课程教育改革”（BJFU2021JY003）。

"信息爆炸"的时代特点，以角色代入为主要手段，充分发挥多媒体新功能，将教学与实践结合。从"沉浸式学习""沉浸式探索""沉浸式思考"三个维度全面提高教学质量，调动学生主动性，培养拥有崇高理想，具备创新精神、综合实践能力的学生。

一、 课程现状与局限性

（一）课堂沉寂， 学生课堂参与感差

课堂缺少互动是中国教育几十年来的顽疾，这不仅与我们几千年来传统思想文化有关，也和我们国家的实际情况有关。一方面，中华传统文化有着赞美含蓄内敛的特点，鼓励大家保持谦逊低调的态度，学生有着较强的从众心理；另一方面，由于我国人口众多、资源有限等实际问题多采用大班教学，缺乏对于学生探究能力、自主性与个性的培养，造成学生经常不知道为了什么而学，不知如何提高学习效率、归纳总结等，而在步入大学后突如其来的角色转变也易导致大学生产生迷茫或者错误的想法。因此，高等院校教育需要塑造学生正向思考、独立自主、实践沟通等综合能力。

"森林生态学"课程的传统教学方式主要是以老师讲授为主，学生对于独立思考或者小组讨论的态度并不积极，在课堂上面对老师的提问，学生大多抱着"只要没有点到我，就与我无关"的态度，甚至会产生不满情绪，对于小组讨论或者小组汇报，学生把它当作一个学习任务来完成，很少有同学会把它当作一次思维锻炼去认真对待。营造一个怎样的平台用以提高学生的课堂参与度，让学生在课上主动思考是提高教学质量的关键之一。

（二）纸上谈兵， 理论为主缺少实践

"森林生态学"课程是林学教学中十分重要的一门课程，所涉及的知识面宽，学科跨度大，可以很好地打通林学专业多门课程的学习，如"气象学""土壤学""植物学""森林经理学""景观生态学"等。目前的课程主要从生态因子、种群的基本特征、群落生态学、生态系统生态学和生物多样性等几个大方面来讲授，教学方式多以《森林生态学》教材大纲目录为提纲，课件内容更新缓慢，教材知识几乎作为全部教学内容，教学停留在理论层面而不能很好地延伸到现实生活，更无法触及现代森林生态建设的前沿发展，以及人类生态文明建设的实际需求。目前教师在课上分享自己的调研经历，播放具有一定国际影响力的森林生态保护项目纪录片，但仍然难以引起学生的关注。

学习知识是实践的基石，光有基石是远远不够的，最终都是通过亲身的实践经历，将自己学到的知识沉淀和总结下来。林学专业大部分课程都会有配套的实验或实习课程，帮助学生在实践中巩固课本上学到的知识，同时对课程具体研究内容有一个印象。实践课程要求学生独立思考或小组讨论，亲自动手，同学们在老师引导和辅助下主导学习过程，师生交流接触的机会相较于大班教学有很大提升，解决了实际问题的同时，教学效果也更好。然而，目前"森林生态学"教学中没有设计任何配套的实践探究课程，因此大部分学生对于"森林生态学"没有一个直观的印象，给学生留下的影响与收获甚少。

（三）思维惰性， 机械接受不假思索

大学本科课程属于基础课程，涉及的知识面较广，尤其是林学类专业课程，需要学生有较多基础学科的知识积累，课业较为繁重，有很多课程其实只停留在浅层次，学生并没有深入地学习。从学生的角度来讲，如此多的学科，学生不可能对于每一门课程都有很高的学习兴趣，但是又需要取得自己期望的成绩，因此本科教育中学生不求甚解的情况愈演愈烈，学生学习完全违背课程学习的初衷，上课不听讲，考前突击死记硬背，知识点考完就忘，这显然偏离了学科教学本来的目标。"森林生态学"课程以教师授课为主，久而久之学生接受知识养成了"衣来伸手饭来张口"的不良习惯。学生把思考当作一种负担，不能看

到其趣味和价值，这给提高教学质量带来很大的困难。究其原因，学生在接受高等教育之前，就是以知识性学习为主，进入大学后环境与学习模式的转变让学生不知道自己要学习提高的是什么，再加上大趋势对于学分、论文的重视，让学科教育本末倒置。

二、“沉浸式”创新教学模式设计

（一）沉浸式学习——基于小程序的互动讨论打造沉浸式课堂

在多媒体技术飞速发展的时代背景下，高等学校教育应顺势搭上这列快车，结合互联网技术改变“静默课堂”的教学模式和教学方法[4]，增强学生课堂参与感，沉浸在课堂互动与思维碰撞中，实现“沉浸式学习”。

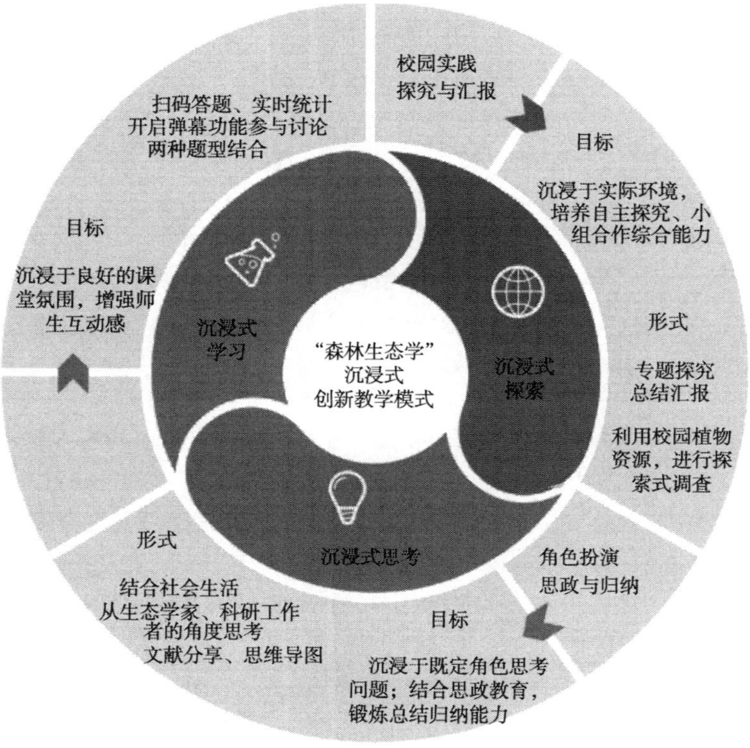

图 1 “森林生态学”特色“沉浸式”创新教学模式

“沉浸式学习”教学模式，充分利用线上科技，增强教学中的师生互动感，在大班教学中实现小班指导体验感。主要采取两种互动形式：①重点知识选择题：教师在授课过程中，每节课上至少设计一次与课堂内容相关重点的选择题，以展示二维码现场统计的形式让学生参与作答，不仅可以收集考勤，更能及时检查课程教学效果，对于没有听到该知识点的学生，也起到了反复强调的作用。②观点对抗题：结合教学内容寻找浅显易懂、有讨论价值的观点，或者重点知识点，分观点让学生进行投票，问题答案不一定有定论，现场统计支持不同观点人数情况，增加学生参与感，并且开启弹幕模式便于同学们匿名发表各自观点。该活动以直观的形式让学生看到自己与他人想法的不同，有助于促进同学们积极参与讨论。以上形式将固定知识点与开放讨论结合，既加强了知识体系的全方位教学，又为学生开放思考提供了契机和平台。

例如，在讲解生存策略类型时加入观点对抗题：“假如你是一只野兔，面对天敌的威胁，你会选择：K 策略(一两个后代，每一个个体都是高质量和长寿命)还是 R 策略(很多很多后代，以数量来博取生存概率，每个个体都比较脆弱，死亡率高)？”教师在教学课件中加入投票与实时统计程序，让学生参与投票，打开弹幕功能邀请大家发表自己的观点，也鼓励举手发言，之后进行讲解。

“沉浸式学习”确保与课堂上每一位学生参与课程学习，产生一对一互动感，以一种轻松有趣的互动方式让学生结合具体问题应用所学，同时了解大家不同的观点和思考，激发学生参与课堂活动的兴趣与积极性，有效提高课堂教学效率。

（二）沉浸式探索——现实小规模的持续调查体验沉浸式实践

实践是检验真理的唯一标准。为培养具备自主创新精神、综合实践探究能力的新一代社会主义建设者，高等教育必须杜绝纸上谈兵的问题，努力将理论教学应用到实践中去。因此，“森林生态学”课程应充分利用农林院校丰富的自然人文资源，设计实践探究教学模块，沉浸在实际调查中，实现“沉浸式探索”。

由于“森林生态学”综合性很强，涉及知识面广泛，学科交叉多，涉及的调查尺度也多种多样，观察研究周期较长，不容易设计实验课或实习，因此考虑以中小尺度观察活动来进行实践。我校校园环境优美，植物资源丰富，可以充分利用校园资源，指导学生开展调查实践。随着“森林生态学”教学进度的推进，在学期中后段课程内容涉及较大尺度生态学知识讲授时，基于此类生态理论难以进行实践的特点，教师根据前半学期较小尺度“森林生态学”的教学内容，以小组讨论的形式组织学生进行专题探究。教师给学生提供专题探究主题选择，同时鼓励学生和老师讨论后自命题进行专题探究，以小组形式在校内进行较长期的探究实践，主要以观察、调查、记录分析数据为主，不要求做高难度实验，但是要求探究思路清晰，调查设计全面完整。例如，在学校内观察记录特定物种的物候变化，根据具体情况每隔一段时间记录同一植株不同性状特征的变化并拍照记录，在课程群内进行日常分享，实践活动持续半个学期，学期末形成小组探究汇报，并在课上进行小组展示，形式可以是汇报演讲、调查记录视频、成员感悟分享等。实践效果以一定比例计入课程成绩，主要着眼于学生的实验设计能力、小组合作能力、对于长期观察是否具备持之以恒的精神和对课程内容思考与感悟的程度等，以求学生能够在实践中对于森林生态学调查有基本认识，同时有自己的收获和见解，让课程教学对于每位学生都能产生独特记忆与体会。

这种自主探索实践可以激发学生创造力，避免了学生思维受到其传统教学体系的限制。在学生亲身进行较长期的“沉浸式探索”中，培养学生发现问题、实验设计、小组协作等综合能力，加深自己对于知识的理解与思考。

（三）沉浸式思考——学生身份转换实现沉浸特定角色的思考

“学而不思则罔，思而不学则殆。”学思并进才能达到良好的教学效果，对于琐碎的知识点，要培养学生的归纳总结能力，根据自己对于知识的理解形成知识体系。创新教学模式主要以学生角色转换的沉浸形式，融入思政教育，引导学生独立思考，构建知识框架，实现“沉浸式思考”。

在“沉浸式思考”教学模式中，学生不再是知识的接受者，而是讲授者与探索者。

首先，教师结合课程内容讲述我国的具体学术成就时，融入我国生态学界德高望重的老先生的研究事迹，或者自己了解到的科研工作者科研实践中的辛勤付出。在涉及国家政策讲解方面，除了大家都知道的指导思想名句如“绿水青山就是金山银山”，也可以结合出台的具体政策措施，例如国家对森林实行限额采伐，鼓励植树造林、封山育林，扩大森林覆盖面积，讨论行业现状背后的原因，如我国的森林面积增长量世界第一，但是人工林质量低，是由于何种原因违背了怎样的生态学规律所致，我国木材进口与消耗量情况、“双十一”快递数量消耗了多少纸箱等，为国家和行业的可持续发展出谋划策。上述采用数据和生活实例的教学模式更能引起学生的关注，使其意识到当前生态问题与我们的生活息息相关，引导学生树立崇高理想，更好地进入角色转换。

第一部分，假设自己是一名科研工作者或者国家决策者，去查阅世界森林生态学领域的发展前沿和生态政策，进行分享。许多国际科研成果虽然是十分异想天开或者包含了十分有趣的发现，但学生并没有充足的渠道或者主动性获取这些信息，教师可根据“森林生态学”课程核心内容搜集小而有趣的新闻，学生自主选题并在老师的指导下查阅资料，每节课安排一名学生进行课前分享，形式不限，可以是演讲、视频分享、推送分享等，用通俗易懂的语言给大家讲解，并提出一个科学问题。在进行正式分享之前需要将自己准备的分享内容发送给老师进行审核，老师提出修改建议，认为合格之后才能进行分享。

第二部分，结合“沉浸式探索”的实践内容，要求学生假设自己是一名生态学家去进行实验设计，总结自己在探究过程中涉及的知识点，形成自己实践探索的完整知识点思维导图，融入最后的实践报告中。

“森林生态学”所包含的内容，小到看不见的微生物，大到包罗万象的生态系统，涉及知识面广，知识点多，联系复杂多样，独立构建完整的知识框架有助于加深学生对于课程的理解，同时锻炼了学生关注细节与归纳总结两手抓的能力。

三、结　语

“森林生态学”的“沉浸式”创新教学模式通过“角色代入”，将学生分别置于森林生态学者、林业理论践行者、森林生态结构参与者，利用不同模拟身份分组讨论并换位思考，对课程知识点进行质询、答疑，与教师形成联动。该教学模式既可激发学生学习兴趣和能动性，锻炼学生自主学习能力，又能鼓励学生通力协作，对知识点追根求源，更能活跃课堂气氛，拉近学生之间、学生与老师间的关系，使“森林生态学”课堂成为林业生态理论研讨阵地和林业知识实践的前沿战场。同时，类似的课堂氛围也能赋予教师们“教”的动力和满足感、学生们“学”的激情和乐趣，最终使得课程教学事半功倍。

习近平总书记认为，教师不仅是“人类灵魂的工程师、人类文明的传承者”，更是承担着“传播知识、传播思想、传播真理”与“塑造灵魂、塑造生命、塑造新人”等重任的育人者[5]，因此高等院校课程教学改革应该致力于打造让每一位学生都有收获的教学，做到专业课教学的理想有高度，理论有深度，知识有温度。“森林生态学”是林学本科教育体系中重要课程之一，在基础课程与专业课程之间起到一定的桥梁作用，“森林生态学”“沉浸式”创新教学模式从学生角度出发，在学习、探索与思考三个维度上为学生提供资源、机遇和平台，培养学生综合能力的同时，起到抛砖引玉的作用，为学生今后的学习生活打下了坚实的基础，也为国家培养了真正热爱森林生态，愿意为我国生态文明建设贡献力量的优秀青年人才。

参考文献

[1]欣华. 所有自然生态空间统一确权登记——聚焦《生态文明体制改革总体方案》提出的八项制度[J]. 农村·农业·农民(A版)，2015(10)：13-14.

[2]郭燕，陈之昶. 智慧教育背景下沉浸式协同课堂的建构研究[J]. 中国现代教育装备，2021(15)：14-16.

[3]田心铭. 教育的“首要问题”和我国教育的“根本任务”[J]. 红旗文稿，2018(19)：4-7.

[4]蔡生力，唐文乔，刘红. 当今高等教育改革的关键是教学方法创新[J]. 大学教育，2014(10)：7-9，12.

[5]周洪宇，程光旭，宋乃庆，等. 学习贯彻全国教育大会精神 加快推进教育现代化[J]. 陕西师范大学学报(哲学社会科学版)，2018，47(6)：5-28.

"Immersive" Innovative Teaching Mode Applied to *Forest Ecology*: Roles-oriented deep learning by multi-angle thinking

Wang Minggang Xue Jingyi Cao Hongyan Yang Qing
(College of Forestry, Beijing Forestry University, Beijing 100083)

Abstract *Forest Ecology* is one of the major courses for forest biology. It is of importance in development of forest biology given that it is a multifaceted and comprehensive discipline. However, currently this course is mostly given in the form of theoretical teaching, and practical activities are often missed, showing very limited attraction to students. Therefore, we propose an innovative model at the teaching of forest ecology, namely "immersive" mode, which allows each student to enjoy the learning process as the primary player. For instance, by utilizing design of app allowing students to scan code for answering questions in class, exposing real-time statistics and initiating in-class discussions, the "immersive" teaching mode can drive students to explore ecological issues in a natural environment. By this way, students may learn the nature of forest ecosystem from different angles and establish initiative and passion that are highly needed for realization of ecological civilization. Hopefully, this innovative teaching mode can contribute to the training of a new generation of forester that are of pioneering, innovation, and spiritual-cooperation.

Keywords *Forest Ecology*, immersive teaching, role substitution, talented person training

“森林有害生物控制”（金课）建设探索

侯泽海　游崇娟　陶　静　宗世祥

（北京林业大学林学院，北京　100083）

摘要：建设具有高阶性、创新性、挑战度的“金课”，既是实现“双一流”建设目标的重要举措，也是深入落实立德树人根本任务的有力抓手。鉴于打造“金课”这一时代需求，对“森林有害生物控制”课程教学进行改革与探索。课程团队对教学内容进行更新，引入最前沿的森林有害生物控制理念和技术，一方面开阔了同学们的视野，另一方面激发了同学们的求知欲。从昆虫生物学特性等教学内容中挖掘思政元素，既有效地传授了专业知识，又充分发挥了育人作用。同时，培养了同学们的林业情怀和建设祖国生态文明事业的责任担当。此外，协调运用多种教学方法，变革考核方式，综合评定成绩，不仅调动了学生学习的主动性与积极性，还激发了同学们的学习兴趣，教学效果得到显著提升，实现立德树人目标。

关键词：“金课”建设；翻转课堂；思政教育；立德树人

“金课”是指具有高阶性、创新性和挑战度的课程，建设“金课”已成为中国高等教育改革的重要举措之一[1]。着力打造具有高阶性、创新性、挑战度的“金课”，既是实现“双一流”建设目标的重要举措，也是深入落实立德树人根本任务的有力抓手。“森林有害生物控制”是北京林业大学林学专业和梁希实验班的专业核心课程，该课程于2004年获北京市精品课程，2006年获国家级精品课程，并于2013年获国家级精品视频公开课，具有非常显著的授课效果。然而，森林有害生物的发生是动态变化的，因而防控策略和技术也需要随之发展和更新。因此，本课程在授课内容、讲授方式、与现代信息技术高度整合等方面均与以往有本质不同，在林学和森林保护国家一流本科专业建设及林学“双一流”学科建设背景下，需对本课程教学进行改革，以满足林学和森林保护专业发展和人才培养需求。同时，鉴于打造“金课”这一时代要求，也亟须对“森林有害生物控制”课程进行教学改革和进一步的探索。课程团队在近几年的教学中，积极修订教学文件，更新教学内容，挖掘教学内容中的思政元素、哲学思想；协调运用多元化的教学方式；改革课程考核方式、综合评定成绩，切实履行好立德树人根本任务。

一、修订教学文件，更新教学内容

（一）教学内容整体设计

“森林有害生物控制”课程培养目标主要有三项：①理解森林有害生物的概念，掌握森林有害生物各主要类群的生物学、分类学特点；②掌握重要森林有害生物发生规律及成灾机制；③能够根据所学知识制定有效的防控预案，为从事森林有害生物防控工作打好坚实

作者简介：侯泽海，北京市海淀区清华东路35号北京林业大学林学院，讲师，houzehai@126.com；
游崇娟，北京市海淀区清华东路35号北京林业大学林学院，副教授，chongjuan_you@126.com；
陶　静，北京市海淀区清华东路35号北京林业大学林学院，副教授，taojing1029@hotmail.com；
宗世祥，通讯作者，北京市海淀区清华东路35号北京林业大学林学院，教授，zongsx@126.com。
资助项目：北京林业大学教育教学研究一般项目“基于在线开放课程的‘森林有害生物控制’课程改革与实践”（BJFU2020JY008）。

的专业基础[2-5]。近年来，课程团队根据教学要求，将教学内容设置为三大模块：①森林害虫识别及标本采集与制作，林木病害识别与诊断及标本采集与制作；②森林害虫生活史、习性、危害特点及发生发展规律和虫害调查及监测，林木病害的症状识别特征以及病原类型、侵染及发生特点和病害调查及监测；③森林有害生物控制策略及技术，包括食叶害虫、种实害虫、根部害虫及蛀干害虫的控制策略及技术，叶部病害、枝干病害、根部病害及立木和木材腐朽的控制策略和技术。通过三大模块的教学，使学生掌握扎实的专业知识，并得到综合技能训练。

（二）教学内容更新

森林有害生物发生是动态变化的，防控策略和技术也是不断发展和更新的，因而在教学中需要引入最前沿的森林有害生物控制理念和技术。例如，在森林有害生物控制策略部分引入一种更“高级”的森林害虫管理策略——生态调控，其基本原则是“预防为主、生态优先、整合治理、精准施策”，优先采用生态的、绿色的调控措施，尽量少使用化学农药，通过多种防控措施的综合运用，将害虫种群密度持续控制在经济损失允许的水平以下[6]。例如，在杨树天牛防控中，强调从生态调控的角度出发，造林过程中应考虑多树种合理配置，在非寄主树种和目标树种混交的基础上，配置一定比例的诱控树种诱杀天牛[7]。通过这些绿色防控措施保证我国林业的可持续发展，为生态文明建设添砖加瓦。森林有害生物控制技术部分，以往的授课内容中讲授的防治技术主要包括植物检疫、营林措施、监测预警、生物防治、物理防治和化学防治等。在新技术迅猛发展的当下，根据森林有害生物控制具体需求不断引进新技术，如遥感监测技术、雷达监测技术、转基因技术、数字化技术及物联网技术等，通过新技术的引进与应用提高森林有害生物防治水平，从而取得良好的防治效果[8]。通过引入前沿防控理念及先进防控技术，一方面开阔了同学们的视野，另一方面激发了同学们的求知欲。

除了在课程中引入前沿理念及先进技术外，还将我校森林保护学科团队在森林有害生物控制研究方面取得的最新研究成果作为实例纳入课程教学。例如，在讲授森林有害生物控制策略及技术相关章节时，和学生分享“灌木林虫灾发生机制与生态调控技术”项目取得的重大研究成果。研究团队成功开发并应用昆虫性引诱剂和植物源引诱剂，阻断了害虫的交配与繁殖，从而降低了害虫的种群密度。通过该实例，让同学们了解到引诱剂作为一种高效绿色的防控手段在森林害虫控制中的重要作用和意义。此外，还分享了该项目的另一个创新点和关键技术突破——灌木林虫灾的遥感监测技术。项目团队通过高光谱遥感数据构建了灌木林虫灾等级划分标准，明确了虫灾最佳监测窗口期。通过该实例的讲解，让同学们认识到虫灾监测的重要性及其在灌木林虫灾防控中的指导意义。在松材线虫病防控部分，讲到松材线虫需经媒介昆虫进行传播扩散时，强调松材线虫病治理过程中需同时防治媒介昆虫才能有效。治理媒介昆虫与我们疫情防控中采取的隔离措施类似，使松材线虫因没有传播媒介而无法侵染健康松树。通过类比，一方面加深了同学们对抗击疫情的认识，另一方面也让同学们深刻理解了松材线虫病防控过程中植物检疫措施的重要性。

二、 挖掘与融入课程思政元素

专业课引入思政元素需要与授课内容有机融合，不能生搬硬套，应做到让学生像听故事一般听课程思政，方能达到教学目的。课程团队不断在昆虫生物学特性、知识点延展内容等方面挖掘思政元素，将其融入课程教学中。将专业知识和思政元素有机融合，既有效地传授了专业知识，又充分发挥了育人作用。同时，培养了同学们“知林、爱林、为林”的林业情怀和建设祖国生态文明事业的责任担当。

（一）基于昆虫生物学特性的思政元素挖掘

1. 蚂蚁—蚜虫互利共生

蚜虫腹部末端具有一对腹管，新陈代谢多余的糖分由腹管排出体外，称为蜜露。蚂蚁会取食蜜露并帮助蚜虫驱赶天敌，保护蚜虫。蚂蚁、蚜虫二者形成的互利共生关系，与我国倡导的“合作共赢、互惠互利”的国际关系具有异曲同工之妙。此外，“合作共赢、互惠互利”也是为人处世的哲学之道[9]。

2. 白蚁的社会性

白蚁是典型的社会性昆虫，个体分工明确，各司其职，共同建设家园；白蚁单独个体的生存能力较差，通过个体间的合作，使得整个种群不断发展壮大。人类也是典型的社会性生物，每个人都是社会的一分子，这就要求个人要顾全大局，在自己的工作岗位上勤奋努力，为国家和民族的发展贡献自己的力量。作为新时代的大学生要有大局意识，团结协作的精神，不断成长为合格的新时代建设者，为社会主义建设添砖加瓦[10]。

3. 昆虫的趋向性

很多种类的昆虫对特定的化学物质、特定波长的光具有趋向性，人们利用昆虫的这些特性进行诱捕，进行害虫的预测预报及防治。告诫同学们在生活、工作中要认清事物的本质，树立正确的人生观、价值观，抵制诱惑，坚守好做人底线[10]。

4. 昆虫的集群防御

一些种类的昆虫在遭遇外界威胁后，会团结奋斗、奋不顾身地保卫自己的家园，就像无数革命先烈一样，为了新中国、为了人民奉献一切。告诫同学们作为新时代的青年要为中华民族的伟大复兴而团结奋斗[11]。

（二）以知识点延展内容的思政元素挖掘

1. 蝗灾

中国自古就是一个蝗灾频发的国家，蝗灾一度造成严重的粮食危机，引起社会动荡。2019 年新闻报道，非洲沙漠蝗肆虐，导致东非 2000 多万人陷入粮食危机。粮食安全是社会稳定的基石，作为新时代农林院校的大学生，要做好农林植物抗病虫的守护神，应勇担使命，做知林、爱林的新时代林业人。

2. 塞罕坝精神

2021 年，习近平总书记在河北承德塞罕坝机械林场考察时强调：“塞罕坝林场建设史是一部可歌可泣的艰苦奋斗史。抓生态文明建设，既要靠物质，也要靠精神。要传承好塞罕坝精神，深刻理解和落实生态文明理念。”[12]作为新时代林业人要学习三代塞罕坝林场人的坚韧和担当，铸就牢记使命、艰苦创业、绿色发展的塞罕坝精神，把伟大祖国建设得更加美丽。

三、 协调运用多种教学方式

（一）翻转课堂教学方式的探索

翻转课堂是近年来逐渐盛行于我国高等教育阶段的教学新方法。在翻转课堂教学模式中，学生是学习活动的主体，教师是学习过程的组织者和引导者，促进学生积极主动地参与学习活动的全过程[13]。“森林有害生物控制”已有视频公开课，授课前，让同学们根据视频公开课进行预习，遇到疑难点，要求同学们在网上查找资料进行初步探索，授课时则将重点放在对学生答疑解惑和更深层次的研讨互动方面。通过课前预习和课堂探讨的形式进行学习，最大限度地激发了学生的主观能动性并锻炼了自主学习能力。

(二)实践互动式教学

"森林有害生物控制"是一门实践性较强的课程，为避免理论和实践脱节，在注重基础理论知识教学的同时强化实践环节。比如，在讲解森林昆虫特征识别一节时，利用昆虫实物标本及昆虫模型进行形态特征识别教学，让学生对昆虫外部形态特征有直观感受，加强学习效果[3]。在森林有害生物控制各论教学中，带领学生到校园中的有害生物发生现场，观察一些重要病虫的危害状、危害特点，这种教学方法激发了学生的求知欲，提高了教学效果[4]。另外，在党支部党日活动中融入专业知识实践教学。例如，邀请同学们参加森林保护学研究生党支部2021年暑期党日活动——北京林业大学校史学习暨鹫峰林场重要森林病虫害调查，既提升了同学们的思想政治素养，又加强了专业知识技能训练。

(三)线上线下混合式教学

疫情期间，理论课尚能通过线上形式开展，但实验课却面临挑战，课程团队老师们群策群力，提出应对之策。例如，在"森林有害生物控制"实验课的"昆虫外部形态特性识别"部分，要求同学们采集鞘翅目、鳞翅目、双翅目和膜翅目昆虫至少8个科的标本，家在农村的同学可以前往山林进行采集，而家在城里的同学可以前往森林公园等进行采集，每一科的昆虫均需要拍照体现主要特征并上传到云端[14]。在"害虫生物学及行为学"实验部分，要求同学们以生活中常见的一种昆虫为研究对象，详细了解其生物学及行为学特性，并录制视频上传到云端。疫情期间的实验课教学，同学们在家进行线下实践，线上提交实验报告，返校后再完成剩余的线下实验任务，这种实验课教学模式得到师生的广泛好评。

四、改革考核方式，综合评定成绩

对学习效果进行有效评价，既要注重对学生专业前沿知识的掌握情况进行考核，又要注重对实践技能基础知识的掌握情况进行考核，还要兼顾对学生的知识运用能力进行考核[14]。"森林有害生物控制"课程是一门理论性和实践性均较强的课程，学生的成绩由理论课成绩和实践课成绩两部分构成，单独记分。课程的理论考核由平时成绩和期末理论考试成绩按比例综合评定。平时成绩占30%，包括出勤、课堂讨论、作业、学习态度等的评定；理论考核占70%，考核内容改革主要是减少概念性考题，增加生产中常见实例的分析题，以期增强学生对知识的综合运用能力[15]。实践技能考核采用"过程+项目"的方法。过程考核占40%，根据学生参加实习的出勤情况、实习态度、团队协作精神等情况进行评定。项目考核占60%，以小组为单位采集并提交森林病虫害标本；此外，每个小组设计一个专题进行调查研究并进行PPT汇报展示。最后，加上个人考核，从大家采集的病虫害标本中随机抽取20种，请同学们识别到科。"过程+项目"的考核方式与以往单一提交实习报告相比，很好地调动了同学们的学习积极性。

五、结　语

通过"森林有害生物控制"(金课)课程培育和建设，初步实现了课程内容重塑，思政元素的有机融入，多种教学方式的协调运用，综合评定成绩的考核方式。通过引入前沿防控理念及先进防控技术，一方面开阔了同学们的视野，另一方面激发了同学们的求知欲。将我校森林保护学科团队在森林有害生物控制研究方面取得的最新研究成果作为实例纳入课程教学，让同学们认识到虫灾监测的重要性及其在虫灾防控中的指导意义。将专业知识和思政元素有机融合，既有效地传授了专业知识，又充分发挥了育人作用。同时，培养了同学们"知林、爱林、为林"的林业情怀和建设祖国生态文明事业的责任担当。这一系列教学改革措施不仅调动了学生学习的主动性与积极性，还激发了同学们的学习兴趣，教学效果得到显著提升。

参考文献

[1]吴岩. 建设中国“金课”[J]. 中国大学教学，2018(12)：4-9.

[2]刘有莲. 高职院校林业有害生物控制技术课程的工学结合教学模式研究与实践[J]. 广西科学院学报，2011，27(3)：281-283，287.

[3]赵红蕊，孟庆繁，高文韬，等. 互动式教学在“森林有害生物控制”教学中的应用[J]. 吉林农业，2012(11)：260-261.

[4]曹书阁. 高职院校林业有害生物控制技术课程教学改革措施及成效[J]. 现代农业科技，2012(9)：33-34，36.

[5]杨丽元. 混合式教学在“森林有害生物防治”中的实践探索[J]. 教育现代化，2020，7(53)：170-173.

[6]戈峰. 论害虫生态调控策略与技术[J]. 应用昆虫学报，2020，57(1)：10-19.

[7]骆有庆，李建光. 杨树天牛灾害控制的应用技术和基础研究策略[J]. 北京林业大学学报，1999(4)：6-12.

[8]宿利军，乌成鹏，白云鹏. 新技术在林业有害生物防治中的应用[J]. 现代农业研究，2021，27(4)：98-99.

[9]孙元星，郝亚楠，刘长仲，等. 昆虫学课程思政元素的挖掘与实施[J]. 信阳农林学院学报，2020，30(3)：128-130，134.

[10]魏岚. 以“森林昆虫学”为例进行课程思政内容的挖掘与应用[J]. 才智，2021(24)：59-61.

[11]范凡，王玉玉，李静，等. 昆虫学专业课课程思政建设的实践与思考[J]. 安徽农学通报，2021，27(17)：189-192.

[12]弘扬塞罕坝精神，绘就绿水青山新画卷[N]. 中国民族报，2022-02-11(004).

[13]王旭，黄羿鑫. 疫情期间线上教学的几点思考——以安徽师范大学生命科学学院为例[J]. 教育教学论坛，2020(50)：297-298.

[14]吴磊. 基层森林有害生物防治工作中的不足与措施[J]. 经济技术协作信息，2009(35)：113.

[15]丁桂琴，关继东. 林业有害生物防治高技能人才培养内容体系的构建——《林业有害生物控制技术》高职教材开发体会[J]. 中国森林病虫，2007，26(4)：43-44.

Exploration of “golden course” construction of *Forest Pest Control*

Hou Zehai　You Chongjuan　Tao Jing　Zong Shixiang

(College of Forestry, Beijing Forestry University, Beijing　100083)

Abstract　“Golden course”, a high-level, innovative and challenging course construction is not only a powerful measure to realize the goal of “double first-class” university project, but also an effective breakthrough to implement the fundamental task of morality education. In view of the needs of creating “golden course” , the teaching reform and exploration of *Forest Pest Control* course was carried out. The course teaching team updated and revised the teaching documents and introduced the most cutting-edge concepts and technologies of forest pest control, which broadened students’ horizons and stimulated students’ thirst for knowledge. Mining ideological and political elements from the teaching contents such as insect biological characteristics not only effectively imparts professional knowledge, but also gives full play to the role of education. At the same time, it cultivated the students’ feelings of forestry and the responsibility of building the ecological civilization of the motherland. In addition, the coordinated use of a variety of teaching methods, the reform of assessment methods and comprehensive evaluation of the teaching effectiveness not only mobilize the initiative and enthusiasm of students to learn, but also stimulate the students' interest in learning. The teaching effect of *Forest Pest Control* course has been significantly improved, and the goal of moral education has been achieved.

Keywords "golden course" construction, flipped class, ideological and political education, morality education

乡村振兴背景下“经济林栽培学”教学模式的创新

白　倩　苏淑钗　孙永江　曹一博

（北京林业大学林学院，北京　100083）

摘要：党的十九大报告提出“实施乡村振兴战略”以来，经济林产业已然成为各地区发展地方经济、实现乡村振兴的首选产业。在国家战略及新时期经济林发展需求下，传统“经济林栽培学”课程存在一定局限，如何转换原有教学模式，助力乡村振兴，是亟待解决的重要问题。北京林业大学“经济林栽培学”教学团队突破传统的教学模式，利用课程思政、灵活教学、多人授课、以研促教等创新模式，教学效果显著提升，可为经济林相关课程的教学模式提供思路和参考。

关键词：乡村振兴；经济林栽培学；课程改革；实践育人

我国是世界第一大经济林生产国[1]，经济林产业发展对保障林业可持续发展、促进生态文明建设、解决民生问题意义重大[2]。在乡村振兴战略背景下，利用经济林产品种类丰富、产业链条长、应用范围广、投资回报相对较快等优势，有助于快速实现生态效益与经济效益的双增。然而，目前各地经济林产业发展普遍存在管理人员老龄化、栽培管理技术落后、生产规模小、品牌意识薄弱、缺乏深加工、销售渠道单一等问题，如何提质增效、促产增收是经济林生产中面临的难题。应新时期国家生态文明、乡村振兴等战略发展需求，北京林业大学于2018年在全国率先成功申办经济林本科专业，以服务国家生态建设和乡村振兴为目标，培养能够从事经济林全产业链工作，具备国家使命感、国际担当和创新精神，基础扎实、实践能力强的复合应用型人才。

北京林业大学自20世纪60年代开始经济林的研究，“经济林栽培学”一直是经济林方向的核心课程。由于该课程具有极强的理论性、技能性及应用性[3]，利用该课程培养经济林专业人才是推进经济林产业发展的重要途径，但也意味着该课程内容需要根据现状不断进行调整与优化。经组织召开全校和全国经济林专业建设研讨会，教学团队充分认识到了以栽培为主的传统经济林专业人才培养方案的局限性，构建了全新的专业人才培养方案，并对“经济林栽培学”的课程教学进行了一系列改革，取得了较好的成效。

一、传统“经济林栽培学”的局限

（一）教学目的未聚焦战略需求

放眼国际，经济林产业与技术相关研究主要包括经济林优良品种选育技术、安全高效

作者简介：白　倩，北京市海淀区清华东路35号北京林业大学林学院，讲师，baiqian0219@ bjfu. edu. cn；
苏淑钗，北京市海淀区清华东路35号北京林业大学林学院，教授，sushuchai@ sohu. com；
孙永江，北京市海淀区清华东路35号北京林业大学林学院，讲师，sunyongjiang12@ 163. com；
曹一博，北京市海淀区清华东路35号北京林业大学林学院，讲师，caoyibo@ bjfu. edu. cn。
资助项目：北京林业大学教育教学改革项目“经济林栽培学总论课程思政教学探索”（2020KCSZ026）。

栽培技术，以及经济林产品的商业化、经济林产业的可持续性发展模式等方面[1]。而我国经济林发展存在品种结构不合理、高效栽培与智慧技术缺乏、三产融合发展不紧密、规模化经营程度不够等突出问题。传统的“经济林栽培学”仅限于栽培理论与技术，对全产业链关注不够，对经济林栽培如何适应时代发展不够重视，常出现丰产不丰收的情况，不能激发经济林学生利用所学振兴乡村的服务历史使命感和创业情怀。

（二）教学方法较为单一

理论教学作为传统的教学方法之一，也是“经济林栽培学”课程教学的主要方法。而对于现在“00”后的大学生来说，单纯的理论灌输，教学效果不明显，不利于教学改革的创新需求[4]。多样化教学方法运用不充分，使学生体验感不强、参与感不足，对知识点的理解不够充分，技术的运用不能熟练掌握，一些略有难度的技术理论和技术操作内容教学效果不佳。

（三）教学内容不够完整

从经济林生产环节来看，传统的教学内容偏重栽培环节，未覆盖全产业链。学生“只见树木，不见森林”，不了解生产现状及后续加工过程，缺乏宏观的生产规划。从理论课程教学内容来看，经济林栽培理论过于单薄，缺乏食品科学、智能机械、经济学等相关理论，涵盖内容不够丰富，也不利于对现代技术人才的培养。

（四）实践教学不到位

实践性是“经济林栽培学”教学过程中的最应体现的鲜明特征，而传统的教学课堂无法满足这一特征[5]。实践教学不够突出，脱离实践环节导致研究问题抓不住生产的痛点，研究成果难以转化落实到生产实践，更难以得到推广应用。实践教学不到位，不利于学生实践动手能力的培养，不利于学生发现问题、解决问题能力的培养，不利于“高素质、创新型”人才的培养。

二、“经济林栽培学”教学模式的转换举措与成效

（一）课程思政，引领使命

针对学生学习目标不明确，动力不足，缺乏使命感等问题，充分挖掘“经济林栽培学”课程的思政元素，采用“5分钟林思考”的教学模式，开辟学生思想政治教育“第二课堂”[6]，从政治认同、家国情怀、道德品格、科学精神、文化自信、生态文明、法治意识、全球视野、专业自信九大维度的思政元素引入授课内容里，引导学生树立正确的三观。例如，通过介绍被习近平总书记誉为“太行新愚公”的李保国教授，讲述其通过带动农民发展经济林产业帮助10余万农民脱贫致富的先进事迹，到李保国先生生前创建的扶贫基地实习，将脱贫攻坚、乡村振兴、美丽中国、“绿水青山就是金山银山”等理念融入教学中，使学生深入思考所学专业的社会责任与历史使命[图1(a)]，激励学生以李保国为榜样，以过硬的经济林栽培技术造福人民、强盛国家。

同时，加强教师自身修养，以身作则，以爱传爱，在教学中体现自己对经济林的热爱，展示自己服务社会的情怀，潜移默化地影响学生们坚定服务乡村的信念，同时树立专业自信。例如，笔者通过讲述自己利用所学在家承包了一片林地，探索并开发了多项创新技术，不仅收获了相关的专利成果（“一种调控桃切花花期并保证开花质量的方法”，专利号：ZL201410394737.6），也推动了家乡经济林产业发展的事迹，让学生们意识到自己也可以为乡村振兴出力。课后不少学生仍振奋不已，有人想要为家乡的经济林发展献计献策，也有人想要把自己家的经济林地贡献出来当实习基地，对经济林栽培学内容也产生了更多的兴趣和学习的动力。

（a）经济林首届学生在李保国先生陵园宣誓

（b）将实物带到课堂进行对比讲解

（c）经济林专业教师在光明日报全媒体发布科普视频

（d）理论与实践相结合的实践教学环节

图 1　“经济林栽培学”教学创新环节

（二）灵活教学，思维创新

笔者经不断探索，发挥自身优势，以灵活的授课方式，调动学生的积极性，增强学生的学习、思考的能力。

1. 提炼串联，加深记忆

通过将知识点进行总结提炼，凝练成简短的句子或口诀，方便学生们理解与记忆。比如通过跟学生分享笔者自己写的一首诗“碧树亭亭地边排，金丸灿灿枝头串。秋蕾冬花夏熟果，形美汁丰味更甘”让学生们猜树种，让学生们加深对枇杷的树型、顶生花序、特殊物候期、果实外观及风味等典型特征的记忆。再比如将嫁接技术要点总结成“快、平、齐、严”四个字，利用这“四字秘诀”进行展开讲解与总结回顾，让学生将嫁接原理与技术的知识点串联起来，利于重点难点的高效学习与快速掌握。

2. 沉浸学习，移步换景

为了让学生能有“沉浸式”的学习体验，把枝叶、果实等实物带进课堂[图 1(b)]，甚至直接将教学场所转换到校园里或公园里，让学生能在听课的同时可以看到、触到、闻到，有时还能尝到，调动感官进行参与，学习状态更为投入，教学效果显著增强。同时，通过对实物的实操与演示，让学生们对于嫁接、修剪、拉枝、刻芽等技术更易掌握。此外，通过让学生们向树学习，可以更充分地了解具体树种生长及开花结果习性，培养学生的观察能力，以及具体现象、措施与知识点相结合的能力。

3. 授之以渔，思辨明理

“经济林栽培学”内容丰富，由于不同树种、立地、地区政策等差异，对应的栽培管理措施也千差万别，因此该课程不仅要为经济林学生传道授业，更重要的是答疑解惑与思维开发。经初步试验，发现几种效果较好的教学模式，包括提问式教学，即老师向学生提问或学生向老师提问的方式，如问学生：“这几天的降雪对经济林木生长有什么影响？”增强师生互动，启发学生的思考；主题探索式教学，例如对“南果北引”和“北果南引”哪种更好实现的主题探讨，带动学生进行课堂讨论；学生汇报及案例教学，例如有学生对家乡某一经济林树种产业进行了调查与规划，经 PPT 演示汇报及同学们的讨论，课堂讨论很热烈，学生们平时交流有时也充满了学术氛围，增强了同学们理论知识的运用能力。

此外，也通过一些案例告诉学生们不可尽信书本，如自己通过技术创新促成了桑葚的二次果，推翻了原教材上桑葚无法结出发育正常的二次果的结论，培养学生们敢于质疑、勤于思考、勇于创新的能力。

4. 运用媒体，形式不一

开发多媒体资源，利用动图、视频、动画等形式丰富教学形式，使课堂的教学讲解更为生动；通过创立“BFU 经济林”公众号、借助学院网站等平台，发布经济林产学研相关信息，记录并分享经济林专业的老师、学生们的教学、科研、实践进展；通过光明日报[图 1(c)]、抖音短视频等方式，发布公益科普及教学视频，让经济林知识以更灵动有趣的方式展示出来，让学生在休闲娱乐中收获知识，培养学生的兴趣的同时，增强了他们服务社会、热心公益的意识，也同时树立了专业自信。

（三）多人授课，完善体系

打破传统内容局限，采取多人授课模式，各任课教师发挥所长，分工讲述各自研究领域相关内容，完善经济林全产业链教学体系不同方向的融合，形成包括育种、栽培、管理、采后加工及销售等经济林全产业链新型实践教学模式。结合先进理论与技术，从理论、技术和实践多层次进行教学与指导，使学生接触并了解经济林产业的上下游产业链及一、二、三产融合，知识结构更完整。

（四）以研促教，知识落地

遵循经济林学专业实践性强的教育规律，制定全新课程教学大纲。形成了由基础课程认知实习、专业课程实习、专业综合实习、社会实践调查、行业技术服务、大学生创新项目等组成的多维实践育人体系[图 1(d)]。实践教学环节学分占总学分的 32.6%。以科研反哺教学，并扩大实践范围，放眼全局，提升学生创新能力和科研素养，让学生学有所成，学有所用，也为今后从事经济林生产、科研等相关工作奠定基础。

三、 教学模式的改革成效

（一）提高了教师自身水平

一方面，教师在服务国家战略需求、充分挖掘思政元素并融入课程教学的过程中，自己的思想境界也得到了提升。另一方面，经济林栽培技术不断丰富与发展，要求授课教师也学无止境，走在经济林产业一线和科学前沿，才能带领学生打开格局，开阔眼界，发散思维。此外，为突出实践教学，通过多维实践体系培养可从事经济林全产业链工作的储备人才，教师也在实践过程中有颇多感悟和收获，自身的综合知识运用能力和教学能力均得以增强。

（二）增强了学生的综合素质

经济林专业的学生在这一次次的感悟、博学、思辨、践行中，领悟到了经济林对乡村振兴的意义，领略到了学习经济林的魅力，明白了经济林栽培的机理，掌握了经济林技术的要义，也终将理论落在了实地。经济林专业的学生对“经济林栽培学”这门课的评价超过 97 分以上，理论课与实践课教学评价均进入全院前两名，其喜爱程度可见一斑。

（三）获得了丰富的实习实践成果

教学团队通过以研促教，解决经济林生产中的卡脖子问题，同时鼓励学生们及时将科研成果输出为学术论文、国家专利等形式，并推动成果落地转化，获得了丰富的实习实践成果。经济林专业首届学生(经济林 19 班)大部分都主持了大学生创新项目，也有利用所学服务乡村振兴和科普教育，获“互联网+”创新创业大赛北京赛区三等奖 2 项，北京市大学生优秀创业团队1个。迁西板栗产业规划、北京市经济林种质资源调查等众多社会实践活动受到行业高度赞誉。

四、结　语

“经济林栽培学”教学团队经一系列创新举措，建立了良好的产学研用一体化培养模式，旨在为祖国培养全面发展的经济林人才。相信经济林专业的学生们通过课程学习，已学会立足于乡村振兴，心怀家国，肩负使命，着眼于全局发展，着力于科学规划，脚踏实地，砥砺前行。正如他们于李保国先生陵园宣誓所说：“我愿拥抱阳光，扎根大地，爱专业，法自然，知花果，具匠心，绘丹青，创辉煌！和树一起，努力成长。把精彩论文写在祖国大地，把科研成果送进万户千家。让青山结硕果，乡村创辉煌！”

参考文献

[1]周晓光. 国外经济林产业技术发展经验及启示[J]. 经济林研究，2020，38(4)：246-252.

[2]许斐然，贾卫国，吕柳，等. 我国经济林产业发展问题分析与对策研究[J]. 中国林业经济，2021(3)：1-3，48.

[3]张雪梅，李寒，张军，等. 新形势下经济林栽培学课程改革探索[J]. 安徽农业科学，2019，47(18)：278-279，282.

[4]刘玉林，李龙. 新时期高校“经济林栽培学”课程教学改革探索[J]. 教育教学论坛，2019(51)：93-94.

[5]包文泉，德永军，斯钦毕力格，等. 基于“参与式”教学法的“经济林栽培学”课程教学改革与实践[J]. 教育现代化，2020，7(6)：54-56.

[6]石彦君，李扬. 五分钟林思考——林业院校课程思政改革的探索与实践[J]. 中国农业教育，2020，21(4)：25-28.

Innovation of teaching model of *Non-wood Product Forest Cultivation* under the background of rural revitalization

Bai Qian　Su Shuchai　Sun Yongjiang　Cao Yibo

(College of Forestry, Beijing Forestry University, Beijing　100083)

Abstract　Since the report of the 19th National Congress of the Communist Party of China put forward the "implementation of rural revitalization strategy", the non-wood product forest industry has become the industry of choice for the development of local economy and rural revitalization in various regions. Under the national strategy and the needs of non-wood product forest development in the new era, the traditional *Non-wood Product Forest Cultivation* course has certain limitations. How to transform the original teaching model to help rural revitalization is an important issue that needs to be solved urgently. The teaching team of *Non-wood Product Forest Cultivation* at Beijing Forestry University broke through the traditional teaching model, using innovative models such as curriculum ideology and politics, flexible teaching, multi-person teaching, and promotion of teaching through research, which significantly improved the teaching effect, which can provide new insights and references for the teaching mode of non-wood forest related courses.

Keywords　rural revitalization, *Non-wood Product Forest Cultivation*, curriculum reform, practical education

北京林业大学森林保护专业“昆虫分类学”课程教学改革探索与实践

徐　晗

(北京林业大学林学院，北京　100083)

摘要：“昆虫分类学”课程作为农林院校森林保护、植物保护、动植物检疫等专业的主干课程，以理论与实践并重，主要讲授昆虫分类学的基本原理与方法以及重要类群的分类形态、常见亚目、总科及科，以及部分类群种类的识别。然而，昆虫的形态和分类繁多且知识点烦琐，学生难以培养浓厚兴趣。本文通过优化教学方法、教学内容，结合科研和思政以及完善课堂教学所用昆虫标本库，在提高学生学习该课程积极性以及培养对今后从事昆虫学相关工作的兴趣方面取得了很好的成效，为培养出具有出色森林保护专业技术水平以及高素质的科技人才提供了重要保障。

关键词：昆虫分类学；方法改进；科研融合；课程思政；标本建设

随着我国高等教育改革的不断深入和国家创新驱动发展战略的推进，各高校越来越重视本科生教学。昆虫分类学是昆虫学和动物分类学的分支学科，主要是研究昆虫的命名、鉴定、描述及其系统发育和演化的科学。其历史悠久，迄今已有260余年的历史。经过长期的发展和完善，“昆虫分类学”已形成一套完整、系统的知识体系，是农林院校森林保护、植物保护、动植物检疫等专业的主干课程。“昆虫分类学”课程理论与实践并重，理论上主要讲授昆虫分类学的基本原理与方法，以及六足总纲各纲、各目的系统发育关系；实践上主要讲授重要类群的分类形态、常见亚目、总科及科，以及部分类群种类的识别。通过该课程的学习，可把握昆虫分类学基本动态，可识别大多数常见昆虫。但是昆虫的形态和分类繁多且知识点烦琐，学生难以培养浓厚兴趣。为此，其他高校也相继做出很多教学改革尝试。王宗庆等开展了“昆虫分类学”课程研究型实践教学模式的探索，建立了“室内实验+野外调查+科研促教学的专业训练”的实践教学模式[1]。杜艳丽等从教学目标的设定、教学内容的优化和教学方法的改进等方面，探索了“昆虫分类学”课程教学改革[2]。高翠青提出了互联网技术、微课、启发式教学等方式应用于“昆虫分类学”课程教学，有效地提高了教学效果[3]。刘军和等以分组教学和分组讨论形式，探讨了“昆虫分类学”互动教学应用模式，在完成学习目标的同时培养了团队合作精神，培育了学生的创新思维，发挥了学生的主观能动性[4]。段亚妮等从教学目标、教学方法、教学内容、考核方式四方面探讨了研究生“昆虫分类学”教学改革[5]。黄晓磊等以“昆虫分类学”为例，探索了领域前沿驱动的研究生专业课程教学模式[6]。本文结合北京林业大学森林保护专业的实际情况，对“昆虫分类学”课程存在的问题进行分析，并以此探讨相应的教改措施及相应成效(图1)。

作者简介：徐　晗，北京市海淀区清华东路35号北京林业大学林学院，讲师，xuhan@bjfu.edu.cn。

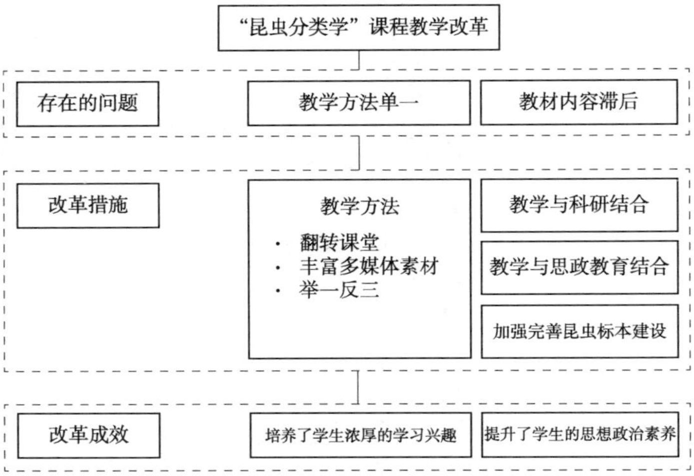

图 1　课程教学改革思路

一、“昆虫分类学”课程教学存在的问题

（一）教学方法单一

虽然“昆虫分类学”课程内容更侧重理论方面的讲授，但是教学方式仍然主要以“教师讲—学生听”的传统教学方式，师生间互动少，难以培养学生的批判性思维；而且当今社会多媒体技术飞速发展，教学中越来越多地依赖于课件形式的多媒体方式教学，然而理论课使用过多的多媒体教学容易使学生疲劳。另外，昆虫种类繁多且特征丰富，存在大量枯燥概念，更难以调动学生积极性并保持注意力。

（二）教材内容滞后

教材内容更新缓慢，教学内容相对滞后，过去昆虫各类群的分类主要是基于传统形态学，随着分子生物学技术的进步，开始利用 DNA 以及 RNA 分子序列进行分类与系统发育研究，很多新的见解由此提出，如被广泛接受的同翅目一直缺乏支持其单系性的自有衍征，后来基于 18S 基因序列的分子系统发育研究表明同翅目应该是一个并系群，应该并入半翅目中。但是 2015 年修订的“昆虫分类学”依然将其认作一个独立的目。另外，原属于蚧总科的珠蚧科的很多亚科以及族现已被提升为科级阶元，但是目前教材中仍未发生变动。内容上的滞后不利于学生创新思维的形成。

二、 教学改革措施

（一）教学方法的改进

首先，利用布鲁纳的认知发现理论提倡发现学习，即让学生独立思考、改组材料、自行发现知识从而掌握原理，实现从传统的“填鸭”式教学到启发式教学的转变，从知识传授向以创新意识和创新能力为核心的素质教育转变。具体来说，可采取传统教学与翻转课堂相结合的教学模式，提前将学生分成不同小组，多次在校园内或周边公园进行昆虫标本采集，根据查资料初步鉴定所采类群，再在课堂上进行相关的理论知识讲解，与学生头脑中了解到的知识形成“碰撞”。如果与学生提前学到的知识一致，可形成正反馈，从而提高学生的自信心以及积极性，倘若不一致，那么学生能对正确的知识记忆深刻，从而达到良好的教学效果。其次，教学手段单一容易使学生倦怠，从而影响课堂教学质量[7]，理论课适当增加板书形式，详细讲解分类原理与方法这类强理论性的内容，而通过多媒体形式展示用于解释理论的图片、影像以及声音等媒体信息。最后，对于一些容易混淆的类群，可通过讲解相关理论或概念。例如，学生一开始很容易依据前足的形状以及相似功能将螳螂与螳蛉混为一谈，但是通过讲解他们已有认知结构中缺少有关“趋同演化”的概念，并与原有的适当经验相结合而区分两个类群。当他们有了“趋同演化”的概念，很容易记住同样有捕捉式前足的双翅目的螳水蝇以及半翅目的螳瘤蝽。

（二）课程教学与科研相结合

教材内容其实是源自科研成果，可见“昆虫分类学”课程的教学内容应与科学研究相结合。学生可在昆虫分类方向的老师指导下，申请大学生科研创新项目或者本科生毕业设计进行课堂之外的补充学习，例如参与“某一地区的蚧虫多样性研究”学生可以了解蚧虫每个科的形态特征，而且通过采集标本，更能深入了解每个类群的生活习性，并且了解不同类群在不同作物上的危害程度。在此过程中学生能深刻理解学习昆虫分类学的意义，不仅是探究昆虫演化机制的理论意义，更能认识到是害虫防治和资源昆虫保护与利用的基础，与我们人类的经济活动密切相关。另一方面，本科生的毕业论文设计是全面培养学生科研能力的一个重要实践教学环节，是所学专业课程内容的延展。通过论文选题、查阅文献、设计实验、整理和分析数据以及撰写论文完整的科研过程，既提高了学生的分析和解决问题的能力，又培养了学生对“昆虫分类学”课程的兴趣，加深了理论知识的学习与运用。

（三）课程教学与思政教育相结合

习近平总书记在全国高校思想政治工作会议上指出，在加强高校思想政治工作中，各类课程都要用好课堂教学主渠道，与思想政治理论课同向同行，形成协同效应[8]。课程思政是通过理论与实践的结合将高校人才培养中育人和育才相统一的过程。教育教学和思想政治工作的有机融合，将生态、社会、文化、政治、经济等思政内容融入“昆虫分类学”的课堂教学，有助于对学生科学精神的培育、爱国主义情感的渗透、民族自豪感的树立、辩证思维的培养。在绪论部分向学生们介绍我国昆虫分类学家陈世骧先生如何通过鉴定带有细菌的昆虫种类来揭露美国在抗美援朝时期向我国发动细菌战的史实，调动了学生们的学习积极性，培养了他们的民族责任感。

（四）加强和完善昆虫标本建设

“昆虫分类学”教学离不开昆虫的实物标本，典型的昆虫标本具应有新鲜、完整、各方面特征明显的特点。这不仅可以使学生直观生动地了解和掌握昆虫的各个组成部分和生物学特性，还有助于激发学生的学习兴趣[9]，强化学生的创新精神和实践能力，提高教学效果。我们从各方面积极采取措施积累更新昆虫标本，利用每年林学认知教学实习组织学生采集、鉴定和制作标本，极大地丰富了用于理论教学部分的标本种类。

三、 教学改革成效

（一）培养了学生浓厚的学习兴趣

丰富的教学手段以及教学方法大大地调动了学生们的课堂积极性，而且大量生动的生物学案例让学生们在课堂上保持了高度的专注力。另外，课下的科研训练锻炼了学生们发现问题、解决问题的能力，加之课堂上丰富的图片、视频等多媒体素材强化了学生们对于枯燥知识理论的理解与吸收，这些在课堂互动以及回答问题过程中得到了很好的体现。而且学生们与老师的良性互动反过来又促进老师在该门课程上的讲课状态，并提高了老师对课程进一步优化的积极性。

（二）提升了学生的思想政治素养

通过将思政内容贯穿于具体的课堂知识讲解中，适时且有针对性地对学生进行正向引导，让学生们了解到了昆虫分类学家们爱岗敬业、无私奉献的故事，使他们意识到了个人发展与国家及民族的命运密切相关，并唤醒了他们为社会发展和国家民族伟大复兴勇于奉献的自觉性。

参考文献

[1]王宗庆，车艳丽，陈力，等. 昆虫分类学课程研究型实践教学模式的探索[J]. 四川动物，2012，31(6)：992-994.

[2]杜艳丽，覃晓春，王进忠，等. 昆虫分类学课程教学改革探索[J]. 课程教育研究，2014(22)：221-222.

[3]高翠青. 浅谈“昆虫分类学”课程教学方法与实践[J]. 教育教学论坛，2016(41)：204-205.

[4]刘军和，杨艳丽，禹明甫. 昆虫分类学互动教学应用模式探讨[J]. 生物学杂志，2017，34(4)：124-126.

[5]段亚妮，李桂亭. 研究生昆虫分类学课程的教学实践与思考[J]. 安徽农业科学，2009，37(27)：13358-13359.

[6]黄晓磊，邓鋆，彭凌飞，等. 领域前沿驱动的研究生专业课程教学模式探索——以昆虫分类学为例[J]. 武夷科学，2018(34)：156-160.

[7]申建梅，胡黎明，宾淑英，等. 多媒体技术在普通昆虫学教学中的应用[J]. 现代农业科技，2011(12)：39-42.

[8]习近平. 把思想政治工作贯穿教育教学全过程，开创我国高等教育事业发展新局面[N]. 人民日报，2016-12-09.

[9]董会，杨广玲，孔令广，等. 昆虫标本的采集、制作与保存[J]. 实验室科学，2017，20(1)：37-39.

Discussion on teaching reform of course *Insect Taxonomy* for Forest Protection of Beijing Forestry University

Xu Han

(College of Forestry, Beijing Forestry University, Beijing　100083)

Abstract　As the main course of Forest Protection, Plant Protection, Animal and Plant Quarantine in agricultural and forestry colleges and universities, the course of *Insect Taxonomy* focuses on the basic principles and methods of insect taxonomy, as well as the taxonomic morphology of important taxa, and the identification of some taxa species. However, the variety of morphology and classification of insects and the cumbersome knowledge points make it difficult for students to develop a strong interest. In this paper, by optimizing the teaching methods, teaching contents combined with scientific research and ideological politics, and improving the insect specimen library used in classroom teaching, we have achieved good results in improving students' motivation to learn the course and cultivating their interest in the future work related to entomology, which provides an important guarantee to cultivate technical talents with excellent forest protection expertise and high quality.

Keywords　*Insect Taxonomy*, method improvement, research integration, curriculum ideology and politics, specimen construction

关于“双碳”目标下森林学相关通识课程设置的思考

田　地　侯正阳　王明刚　张乃莉　付玉杰

（北京林业大学林学院，北京　100083）

摘要：全球变化背景下，提升森林生态系统的碳汇能力是实现“碳达峰”和“碳中和”目标的关键措施。在此背景下，我校“森林学”一流学科在努力攻克落实“双碳”目标的瓶颈问题和科技难关的同时，积极探索创新型林学人才的课程培养方案。本文认为开设与森林学专业课密切相关的通识课程，是与新时期林业人才培养目标紧密结合、发挥一流学科整体带动作用的重要途径。据此，本文为北京林业大学森林学相关通识课程的设置提供了三方面的建议。

关键词：碳达峰；碳中和；森林学；通识课程；人才培养

一、　碳减排与我国“双碳”目标的全球背景

20世纪以来，以气候变暖为典型代表的全球变化及其生态环境效应，成为世界各国共同关注的问题。联合国政府间气候变化专门委员会（IPCC）第五次评估报告已明确指出化石燃料大量使用产生的温室气体是全球变暖的主要贡献者[1]。最新的IPCC报告[2]基于改进的观测数据集，再次确定了人类活动驱动了1750年左右以来温室气体浓度的增加；目前全球地表平均温度较工业化前高出约1℃。2020年全球新冠肺炎疫情大爆发，一度减缓了全球碳排放量[3]；但随着疫情缓解，这种临时现象很快消失。2021年世界大国（G20）的碳排放量持续走高[4]，全球变暖已成定局。

为应对气候变化，碳中和（即通过各种有效途径抵消 CO_2 排放量）成为世界各国的共同目标和任务。截至目前，全球已有超过120个国家和地区提出了碳中和达成路线[5]。由英国和意大利联合主办的第26届联合国气候变化大会上（2021年11月），200多个国家将提交2030碳减排方案，从而加快实现《巴黎协定》和《联合国气候变化框架公约》目标的行动计划[6]。在该背景下，欧洲率先提出了到2050年达到“零碳”（Zero-Carbon）的目标；2020年10月，欧洲议会投票通过了阶段性减排目标，计划到2030年温室气体排放较1990年减少60%，欧盟内部各成员国也制定了差异化的碳中和计划[7]。2021年4月底，美国拜登政府提出到2030年将温室气体排放量减半（相较于2005年的排放量），2050年前达到碳中和[8]。

作为当前全球碳排放量最高的发展中国家，我国在碳减排问题上一贯积极主动。2020

作者简介：田　地，北京市海淀区清华东路35号北京林业大学林学院，副教授，tiandi@ bjfu. edu. cn；
侯正阳，北京市海淀区清华东路35号北京林业大学林学院，副教授，houzhengyang@ bjfu. edu. cn；
王明刚，北京市海淀区清华东路35号北京林业大学林学院，副教授，minggangwang@ bjfu. edu. cn；
张乃莉，北京市海淀区清华东路35号北京林业大学林学院，副教授，zhangnaili@ bjfu. edu. cn
付玉杰，通讯作者，北京市海淀区清华东路35号北京林业大学林学院，教授，yujie_fu@ 163. com。

资助项目：北京林业大学教育教学研究重点项目“基于‘新农科’理念的森林学基础课程的‘3A’教学方法与实践”（BJFU2021JYZD002）。

年 9 月在第 75 届联合国大会一般性辩论上，习近平主席正式宣布：“中国将提高国家自主贡献力度，采取更加有力的政策和措施，CO_2 排放力争于 2030 年前达到峰值，努力争取 2060 年前实现‘碳中和’，即‘双碳’目标。”这意味着我国作为世界上最大的发展中国家，将完成全球最高碳排放强度的降幅，用全球历史上最短的时间实现从碳达峰到碳中和，充分体现了中国作为负责任大国的担当[9]。

实现“双碳”目标是我国加强生态文明建设、构建人类命运共同体的重大举措，其中包括森林在内的自然生态系统固碳减排潜力巨大，是我们林业领域为国家重大需求作出贡献的重要方面。森林生态系统占地球陆地面积的 1/3 以上，其固碳功能对于减缓碳排放具有全球意义[10]，对于实现区域性碳相关的战略目标尤其关键。在此背景下，林业院校森林学科课程体系（尤其是相关校选通识课程）的设置应与时俱进，将课程内容与时代发展紧密联系，并充分考虑未来本科阶段人才培养的实际需求。

二、 设置森林学相关通识课程的必要性分析

林业院校通识课程的设置必须与新时期林业人才培养目标紧密结合。2015 年，国家林业局已经关注到人才支撑新时代林业发展的重要性，指出“林业大计，人才为本，教育为先”“以增强学生就业能力为目的，切实加强素质教育，提高林科学生综合能力”“努力破解林业基层人才短缺难题，构建面向基层、服务群众的林科教一体化服务模式，鼓励更多高素质人才学林、爱林、兴林”[11]。因此，在当前我国努力践行“双碳”目标的庄严承诺之际，林业院校相关人才培养的重要性则不言而喻。然而，当前我国林草行业人才仍十分短缺，人才数量和素质与行业的要求并不匹配[11]。因此，传统林学专业的人才培养必须要适应新时代发展的要求，进行教材、教学形式、课程内容与授课方式、教学模式、实践方式等多方面的深化改革[12-13]。

通识课程是新时期“以人为本”教育理念的集中体现，可拓宽学生知识视野、培养可迁移的能力和综合素养、促进人格的完善，高校专业教育与通识教育的高度融合是该形势下综合型人才培养的迫切需求[14]。开设优秀的本科生通识课程是深化教育教学改革的重要途径，尤其对于新时期林学专业人才培养至关重要。北京林业大学“森林学”是林学一流学科建设的重要方向，是新时期学校整体发展的重要方面，也是强化林学学科引领作用的重要举措。针对国际林学资源与环境研究领域重大战略问题，森林学学科深化森林资源，利用“高精尖”研究团队优势，融合生物学、生态学和林学技术研究手段，深度解读碳固持过程的作用机理，并探索落实“双碳”目标的瓶颈问题和科技难关，在扎实的科学研究基础上，旨在培养能够满足时代需求的新时期森林学人才。在加快推进林学一流学科建设的形势下，开设森林学相关的通识课程，是发挥一流学科整体带动作用的重要途径，同时也有利于促进一流学科团队青年教师教学技能的提升。

具体到我校的人才培育目标，通过开设并培育优秀的森林学相关的通识课程，弘扬勇于奋斗的“梁希”精神，有利于培养多方面的人才：①品格优秀，思想意识先进，牢固树立生态文明理念和社会主义核心价值观，有强烈的社会责任感和时代赋予的使命感，立志扎根祖国大地，把论文写在祖国大地上，具有无私奉献精神的新时代林学青年人才；②与时俱进、开拓创新，能够在新形势下解决实际问题，专业技能过硬的林学人才，尤其是在“双碳”目标下，面对固碳减排的新形势和新问题，敢于创新、勇于探索问题解决途径的创新型人才；③博采众长，汲取多学科能量，融合通识课程知识和传统专业基础知识，全面、综合的新型林学人才。

三、 关于我校森林学相关通识课程设置的建议

聚焦我国“双碳”目标，对接国家“双碳”战略和人才培养需求，我校“森林学”学科瞄准新林学发展领域的前沿重要科学问题，系统开展森林植物资源调查评估理论、森林资源地上和地下生态耦合扰动机制以及森林植物资源功能成分代谢调控与开发利用等工作，探索落实“双碳”目标的瓶颈问题和科技难关，并将其作为新一轮双一流林业学科建设的重要内容之一；同时在此基础上，积极建设具有学科特色的本科专业和通识课程。参考国际著名高校和国内一流大学通识课程体系架构，我校“森林学”相关通识课程可酌情考虑以下几个方面：

（一）课程内容应与时俱进，凸显我国生态文明建设和全球碳减排高度关注的热点问题

我国近30年的高校通识教育发展历程中，通识教育课程内容的设置存在杂、乱、无明确考核标准、与专业教育对立等问题，导致学生兴趣度低、逃课、“混学分”等现象的出现[15-17]，促使教育科研人员和教师不断反思通识教育课程内容设计的合理性[18-19]。基于我校森林学学科“全球变化对森林生态系统碳库的调控”的研究方向，结合全球对碳排放和减排的高度关注，打破传统通识课程内容设置杂乱的局面，融入新的、系统性的前沿知识，同时避免通识课程内容过于专业化，森林学相关通识课程内容应考虑以通俗的方式展现国际热点问题及其研究进展，体现出林学研究在实际应用中的价值，提高学生的兴趣度和责任感。例如，全球碳减排的任务分配如何保持其公平性？在国际碳排放谈判中，碳减排清单核算的指标如何确定（选择历史累积碳排放量，年均排放量，还是人均累积碳排放量）？碳交易及其对发展中国家和发达国家的影响是怎样的？森林生态系统在全球碳循环中的重要性及其在全球变化背景下的变化趋势是怎样的？我国生态文明建设过程中主要的森林生态工程及其现实意义是怎样的？国内外典型森林生态系统及其碳源汇特征是怎样的？如何通过提高森林植物资源的开发和利用效率，达到资源利用和固碳的双赢？

（二）课程以培养全面的、复合型创新人才为目标，尤其注重学生能力的培养

如上文所述，在林业发展的新时代，林草行业人才仍十分短缺，人才数量和素质与行业的要求还很不适应，其中传统课程无法适应新时代的要求是非常重要的一个原因[12]。例如，2021年10月国家林业和草原局举办了第15期全国林业和草原应对气候变化政策与管理培训班，国家发展和改革委员会、生态环境部、中国林业科学研究院等单位分别就国家碳达峰碳中和目标、林业和草原应对气候变化基础知识与管理、生态产品价值实现机制、国际应对气候变化最新进展和趋势、林业碳汇项目开发与交易等内容进行详细的讲授讲解，各单位碳汇计量监测技术骨干参加了培训，并在会上反馈了对这些具有很强针对性和实用性理论知识、碳源汇核算方法的迫切需求，以及当前存在的局限性和困难[13]。对于地方林业部门，尤其是基层林场、地方林业和草原局等，在局部地区碳汇潜力评估、碳汇核算、碳交易与碳金融等方面，还存在明显的理论和技术的双重掣肘，很多地方林业科学研究院、林业和草原局正在花大力气邀请林业院校的专家到当地，通过开设“碳汇专班”等形式，普及碳汇计量相关的知识。可见，如果在林业高校中开设聚焦碳排放与减排相关热点问题的通识课程，瞄准当前“双碳”目标，促进学生知识涉猎面的扩展和专业技能的提升，在培养适应时代发展需求的林业人才方面，将具备明显的前瞻性。

（三）课程体系设置与国内外“双一流”高校接轨

国际著名高校，如美国哈佛大学的通识教育发展历史较长，课程体系相对完善，课程内容覆盖面广，尤其是对当前全球热点问题的关注度很高。2021秋/2022春两学期，哈佛大学通识教育类别下有103门课程，其中社会科学与技术（*Science and Technology in Society*）

门类下有27门，涉及生态环境大类的通识课程包括“能源与环境”（*Energy Resources and the Environment*），“水和环境”（*Water and the Environment*）以及“应对气候变化：科学、技术和政策的基础”（*Confronting Climate Change：A Foundation in Science，Technology and Policy*）；另外，将气候变化、环境污染与碳减排的主题与“地球与行星科学”“环境科学与工程”“环境科学与公共政策”等学科特色相融合的通识课程包括“全球变暖科学”（*Global Warming Science*）、“全球变化之争：阅读课”（*Climate Change Debates：The Reading Course*）及“气候动态的奥秘”（*Mysteries of Climate Dynamics*）等[21]。我国“双一流”高校（如北京大学、清华大学、复旦大学等）正在加速构建通识教育的“中国模式”[22-23,14]。以北京大学为例，与碳排放相关的通识（核心）课程包括“气候变化：全球变暖的科学基础”“可再生能源与低碳社会”“全球环境问题”和“人类生存发展与环境保护”（主要由物理学院和环境学院教师讲授）[24]。

四、结　语

我校林学相关专业的特色和优势十分明显，在“林学”一流学科建设的过程中，创新教学方式、促进科教融合、深化国际合作，打造聚焦全球碳相关热点问题并彰显传统林学特点的通识课程“名片”，如以“全球变化与森林生态”“森林碳汇计量”“森林健康与功能”“森林植物绿色资源开发与利用”等主要内容的通识课程设置，将有助于我校与国际和国内一流高校接轨，同时服务于全面、复合型创新人才培养。综上，我们建议森林学教研室面向国家“双碳”重大需求，以服务学校人才培养的实际需求，与时俱进地开设持续巩固提升森林碳汇相关的通识课程。

参考文献

[1]IPCC AR5. Climate Change 2013：The Physical Science Basis[R]. 2013.

[2]IPCC AR6. Climate Change 2021：The Physical Science Basis[R]. 2021.

[3]Le Q C，Jackson R B，Jones M W，et al. Temporary reduction in daily global CO_2 emissions during the COVID-19 forced confinement[J]. Nature Climate Change，2020(10)：647-653.

[4]Climate Transparency. Climate Transparency Report：comparing G20 climate action towards net zero[R]，2021.

[5]柴麒敏，郭虹宇，刘昌义，等. 全球气候变化与中国行动方案——“十四五”规划期间中国气候治理(笔谈)[J]. 阅江学刊，2020，12(6)：36-58.

[6]UN Climate Change Conference UK 2021. Waiting the world to tackle climate change[EB/OL].（2021-11-1）https：//ukcop26. org/.

[7]UNFCCC. Long-term low greenhouse gas emission development strategy of the European Union and its Member States[R]. 2020.

[8]The White House. FACT SHEET：President Biden sets 2030 greenhouse gas pollution reduction target aimed at creating good-paying union jobs and securing U. S. leadership on clean energy technologies[R/OL]. 2021. https：//www. whitehouse. gov/.

[9]中华人民共和国外交部. 2021年9月3日外交部发言人汪文斌主持例行记者会[EB/OL].（2021-9-3）https：//www. fmprc. gov. cn/web/fyrbt_673021/jzhsl_673025/202109/t20210903_9171334. shtml.

[10]Pan Y D，Birdsey R A，Fang J Y，et al. A large and persistent carbon sink in the world's forest[J]. Science，2021(333)：988-993.

[11]张建龙. 为林业改革发展提供有力人才支撑——致全国林业教育和培训工作者的慰问信[J]. 国家林业局管理干部学院学报，2015，14(3)：2.

[12]张永生. 新时代林业院校传统学科人才培养现状及对策[J]. 国家林业和草原局管理干部学院学报，2019，18(4)：33-38.

[13]龙洪旭. 林业院校本科拔尖创新人才培养模式探索与实践—以中南林业科技大学为例[J]. 现代职业教

育，2021(33)：76-77.
[14]陈乐. 构建"中国模式"：我国研究型大学通识教育理念与实践——以六所"双一流"高校为例[J]. 现代教育管理，2018(8)：112-118.
[15]王洪才，解德渤. 中国通识教育20年：进展、困境与出路[J]. 厦门大学学报(哲学社会科学版)，2015(6)：21-28.
[16]庞海芍，郇秀红. 中国高校通识教育：回顾与展望[J]. 高校教育管理，2016，10(1)：12-19.
[17]盛欣. 新时代高校生态文明教育的现状分析——基于湖南省高校的调查与研究[J]. 当代教育论坛，2020(6)：35-41.
[18]杨允菲，王德利，邢福. 浅析高校通识教育中的生态学课程设置与改革[J]. 教育教学论坛，2018(17)：137-139.
[19]宋春晓. 北京林业大学通识教育改革探究[D]. 北京：北京林业大学，2020.
[20]国家林草局生态修复司. 第15期全国林业和草原应对气候变化政策与管理培训班成功举办[EB/OL]. (2021-10-15) http：//www. forestry. gov. cn/zlszz/4262/20211015/163956432955914. html.
[21]Harvard University. Course list of Harvard University[EB/OL]. (2021-11-1) https：//pll. harvard. edu/catalog? keywords=climate+change&op=Search.
[22]吴坚. 哈佛大学与复旦大学通识教育课程设置比较研究[J]. 高教探索，2016(2)：28-33.
[23]魏志强. 通识教育与核心价值观塑造——美国高校通识课程改革及其启示[J]. 当代教育科学，2018(9)：93-96.
[24]北京大学教务处. 北京大学通识教育课程清单[EB/OL]. (2021-11-1) https：//www. pku. edu. cn/education. html.

Suggestions for general courses' arrangement in forestry under the background of carbon peaking and carbon neutrality goals

Tian Di　Hou Zhengyang　Wang Minggang　Zhang Naili　Fu Yujie
(College of Forestry, Beijing Forestry University, Beijing 100083)

Abstract In the context of global environmental changes, improving carbon sink capacity of forest ecosystems is a key way for achieving the carbon peaking and carbon neutrality goals. Under this background, the team of Forestry in our university is actively exploring the course schemes for the cultivation of innovative undergraduate students in forestry, while striving to overcome the bottlenecks and technological difficulties in implementing the carbon peaking and carbon neutrality goals. We believe that the opening of general education courses closely related to traditional specialized courses in forestry is an important way to fulfill the goal of talent cultivation in the new era and to play the leading role of first-class discipline as a whole. Based on this, here we provided three suggestions for the establishment of general education courses related to forestry in our university.

Keywords carbon peaking, carbon neutrality, Forestry, general education course, talent cultivation

农林院校“林学概论”通识教育新探索

付玉杰　靳豪杰

（北京林业大学林学院，北京　100083）

摘要：利用优质的课程内容和教学设计，提高课堂教学效果，提升学生知林、爱林的意识和为林草事业奋斗的使命担当，是为林业事业培养、输送新时代林业人才的关键。针对“林学概论”作为大学新生通识课教育存在的问题，以学生对专业学习的热情和好奇心为基础，重点激发学生在其专业方向外的综合兴趣培养，使学生全面掌握林学基础知识和林业产业发展趋势，培养新时代以林为基础的创新性复合人才。本文系统总结了“林学概论”在课程内容、教学设计、学生互动、课程思政环节上所存在的问题，并以此提出改革措施。通过本文的探索，推动“林学概论”课程提升学生对林业的全新认识，以谋求学生与林业产生“心灵共鸣”。

关键词：林学；通识教育；教学设计；课程改革

在大多数的通识教育课程上，教师更偏向于对专业知识和技能的传授和讲解，往往忽略或者淡化了对学生的思维引领。通识教育课程的目的在于打破狭隘的传统教育模式，引领学生在接触不同领域的学科知识上，由点向面扩散出思维火花，而不是局限于对本专业、本方向的技能知识学习。

林业产业作为国民经济的重要组成部分，在我国生态与经济建设中都举足轻重[1]。北京林业大学作为我国林业高等教育的领军者，时刻以林业人才培养为目标，为持续推动中国生态文明建设添砖加瓦，贡献力量。“林学概论”作为我校的特色课程，受到了众多北林学子的喜爱，是带领学生步入林业教育的第一基石。因此，一个与时俱进的优质“林学概论”课程是学生了解和学习林业的最好引路人。

“林学概论”课程开设的目的是使学生充分吸收学习林学学科的基本理论和有关林业生产的技术知识，了解整个林业生产过程，在林业事业的发展上大展拳脚[2]。除此以外，与林业行业有关领域的学科特征和知识结构对学生塑造林业大局观也有十分重要的作用，如植物学、土壤学、环境科学等。学生可通过该课程的学习，了解、掌握相关知识，提升解决林业生产中存在的一些实际问题的能力，并为其专业课程学习和未来的工作提供有关林业产业的常识性理论知识。由于该课程属性为通识素质教育，对涉及不同领域的知识面要求广，故该课程的授课多由经验丰富，教学时龄较长的知名教授完成。

一、 创新教学方式

“林学概论”课程主要针对学生在课堂教学与实践教学过程中，存在的对该课程认知和重视程度不高、师生互动性不强、课程实际案例较少、现用教材课件与专业的契合度不足、学生实践能力不强等问题，在分析学院培养目标和学生情况的基础上，提出农林院校该类

作者简介：付玉杰，北京市海淀区清华东路 35 号北京林业大学林学院，教授，yujie_fu@163.com；
靳豪杰，北京市海淀区清华东路 35 号北京林业大学林学院，讲师，haojie@bjfu.edu.cn。

资助项目：北京林业大学教育教学研究重点项目“基于‘新农科’理念的森林学基础课程的‘3A’教学方法与实践”（BJFU2021JYZD002）。

课程的教学改革新思路。在理论教学过程中，聚焦学校特色，通过挖掘“将科技论文写在大地上”等思政元素践行课程育人；在实践教学过程中，结合林学专业特点和人才培养目标，必做实验和选做实验有机结合，提升学生独立开展科学实验的能力。该课程开设的目的是使学生掌握林学学科的基本理论和有关林业生产的技术知识，强化学生的科研思维，应用相关知识解决林业生产中存在的一些实际问题。在课程教学设计上，还存在以下可改进之处。

（一）减少课件中文字比例，丰富课件元素

长时间浏览或阅读大段的文字，会减少学生对课堂知识汲取的欲望，甚至造成思维的停滞，出现开小差、犯困的现象。应尽可能减少课件中大篇幅的文字叙述，引入相关图片或视频。森林昆虫学老师可在授课过程中展示部分昆虫标本，树木学老师可在树木分类教学过程中将部分林木的枝叶带进课堂。另外，老师也可充分利用北京林业大学丰富的校园林木环境，让学生们近距离感受到林业的魅力，提高授课趣味性。

（二）提高课程相关案例的引入

大量且长时间的知识传授，会逐渐降低学生的专注度。任课教师可结合自身专业背景将亲身外业及实验经历分享给学生。案例的引入可以有效提高学生的代入感，唤起学生对相关经历的感知与体会。

（三）适当调整教材知识框架与授课顺序

教材多为字多图少，大篇幅的理论文字倾泻往往让学生感到无趣，甚至逐渐失去学习的积极性。因此可对教材进行一定程度的改版，按照学生兴趣程度适量增加或减少具体章节的知识细节、图片、案例等内容，增加教材的可读性和趣味性，从而提高学生的学习积极性。

将“植物学科”内容融入理论教学，突显课程林业特色；结合梳理整门课程的脉络、注重讨论教学法的运用、挖掘代谢途径的相关性等构建了多维度理论教学改革体系。

（四）增加课余实践教学环节

林学教学的目的是使学生通过课上知识与课余实践增强一些专业技巧、技能和知识，使学生的学科素养及理论知识储备得到提高。在课程讲述过程中，既要重视课程基本知识点的讲授，又要重视知识点的扩展和应用。启发式讲授法仍是目前学生掌握所学内容尤其是专业基础课的重要途径，在授课过程中，结合小组讨论式教学法，可以收到很好的授课效果[3]。在面对一些设备、设施问题及课程所需材料不全的情况时，可以利用课余时间，以小组活动实践、案例数据采集分析、走进树木园等方式，开展一些实践性比较强的课程实践活动。

外业实践是林学专业学子的必修课程，可安排高年级学生分享外出实践经验，对一些趣味性较强的实践课程如“森林昆虫学”“森林经理学”等进行着重分享，多用图片和视频的方式进行，以激发低年级学生的兴趣，丰富课程内容。也可利用校园内部的林木环境在林中讲学，就地取材，让学生对林木知识有更深刻更立体的认知。树木的轮回转动着四季，也塑造着实验教学最佳的情境。当树木认知活动在自然和文化情境中展开，不仅知识不再枯燥，而且对将来设计和环境塑造中树木的科学运用具有积极意义[4]。

（五）测评方式多样化和多元化

课程测评方式多为单一的纸质考试形式，使学生产生快速应试心理，以至于出现“考前临时抱佛脚”的现象，对课程知识的掌握造成走马观花、快速过脑的结果。针对学生人数过多的大班授课难题，我们分设不同的兴趣小组、专题小组和实践小组，通过小组汇报、专题研讨和实践总结等多种形式开展课堂大交流，让学生之间进行互相检查，互相点评，将

成绩的一部分评估结果交由学生进行，给学生留有一定的评估权力，这样可以充分调动学生的思考积极性，锻炼学生的批判性思维。

（六）非课时前后安排疑问解答

主动学习的重要途径是带着问题去学习，老师如果是单方面灌输给学生知识，学生缺乏提问的习惯，就会造成学生对课程知识的思考领悟程度降低。因此，我们提出教师课前和课后预留时间，安排学生进行提问，提出对近期所学内容的疑问或不解，由老师进行系统严谨的回答，增加学生与老师互动，提高他们对难点重点的理解与记忆，同时学生也可通过邮箱等联系方式向老师进行疑点难点的提问，让学生真正成为自己学习的主人。

（七）强化课程考核

“林学概论”作为一门通识教育课程，其考核一个当贯穿教学始终。奖罚分明考核可以提高学生学习的积极性，对表现优异的学生进行奖励进而引导全体学生学习的方向；对不遵守考核规则、表现差的学生适当惩戒可以敦促其进行改正并专心学习。奖罚难易程度相同，在体现考核导向性的同时又能坚守考核的原则性[5]。

根据“林学概论”课程的教学内容及其特点，课程成绩在100分的分值上可分为优(90~100分)、良(60~89)和不合格(0~59)三个等级。课程成绩的类别又可分为平时成绩40%、考试成绩40%和奖惩成绩20%。其中平时成绩又可分为课堂表现25%、考勤25%、课程作业25%和外业成果25%，且根据每组内容完成情况可在奖惩成绩中获得一定分数的奖励或扣除。

二、 提高课堂参与

课堂参与是师生互动的必然环节，课堂的效果受学生的参与程度影响较大，而“林学概论”这门课程包括相当大的通识教育和实践教育部分，尤其需要学生参与到课堂中来，因此在“林学概论”课堂教学中如何提高学生的参与度是迫切需要解决的问题。基于上述认识，老师需要在教改实践中积极创造条件，引导学生从敢于参与到乐于参与，再到善于参与，并摸索出一些合理有效的方法。与此同时，高校学生课堂的人数正在逐年增加，要充分考虑到大课堂教学的特殊性。针对因材施教较难和教学评价复杂程度加剧等问题，如何改变课堂上以老师为绝对主导、学生处于被动接受的状态是一个亟待解决的问题，以下几点措施有益于增加学生课堂参与度。

（一）小组合作学习

小组合作学习不仅培养学生的合作能力，还能给学生提供更广阔的空间和更充足的思考时间，让学生的创造能力得到提高[6]。在小组合作中，学生互帮互助，相互学习，学生的语言表达能力、自尊心和自信心都能在交流中得到提升，课堂参与度得到提高。在关于“林学概论”课程教育改革实践中，小组讨论的形式多应用于学习概念和知识点辨析阶段，着重于对林学相关的基础概念、林业实践中的基础知识等理论知识的讨论和认识。

例如：在学习森林经营管理相关课程时，老师介绍案例背景并提出相关问题，为了充分调动学生的积极性，我们把重点内容学习按小组学习—交叉研讨—凝练总结三步来进行，显著提高了学生的参与度。在课堂实践上同学们以小组为单位，阅读信息并讨论问题，针对不同问题提出不同的解决方案；再以小组为单位交叉讨论，更多学生在新的小组内进行进一步的分享，交换观点并进行思维的碰撞；最后代表总结发言，老师针对引起学生共鸣的重点问题答疑解惑。通过一些实际案例的分析与研讨，可以增加学生习得理论知识的成熟度与灵活度，便于日后的社会实践。

（二）充分利用二课堂

老师设计一些测试题让学生在课堂上做，测试题内容以刚讲过的内容为主，题型以选择题和判断题为主[7]。做题方式可以多样化，随时回答学生疑惑，可充分利用二课堂，当场根据学生的做题情况进行讨论，对一些有争议的问题可以进行充分的辩论，这样能激发学生的兴趣和参与意识。

对于许多易混淆的知识点，在二课堂上进行知识的辨析和讨论，为同学们对知识点的掌握提供了极大的帮助。例如，在讲授森林抚育章节的时候，向同学们展示皆伐、间伐、渐伐等不同抚育方式的图片，再让同学们作出判断。这种方式能够十分轻易地发现问题，弥补知识点的不足。

（三）鼓励学生走上讲台

在以往的课堂教学中，老师单方面填鸭式的知识灌输难于充分调动学生的积极性，因此让学生走上讲台，负责一部分内容的讲解和交流是一个行之有效的解决办法，尤其是在知识应用方面。

"林学概论"这门课程中所涉及的知识点庞杂繁复，涵盖了和林学相关的方方面面。在这种背景下，当涉及应用实践相关的知识点时，鼓励学生走上讲台，分享和讲解自己所感兴趣的、熟悉的和林学相关的知识点，不仅促进了该学生对林学的认知，也丰富了课堂所有人的视野。而作为老师也会针对"林学概论"内容多和散的特点，合理分解为几个学生自学讲解单元，给学生教学指明重点和难点，合理地分配课程任务，认真审核修改学生的讲解内容，为学生的课堂分享成功提供保障。

在教学实践中，也有很多意想不到的收获。例如，在讨论林木育苗工作章节时，有的同学从森林抚育方向来分析，有的同学从分子生物学来分析，还有的同学从实际经济效益方向来分析。这种方式使学生学习目标明确，课堂参与的积极性被充分地调动起来，可以有效解决"林学概论"课时少和学习内容繁重而带来的课堂效率低的问题。

（四）创建和谐民主的课堂教学氛围

"林学概论"的学生大多数学生为非林学专业学生，对于通识教育普遍存在应付的思想。因此，如何创设和谐民主的师生关系很重要。要通过对学生专业的认知和肯定出发，要学会赏识学生，善于发现学生身上的闪光点，给不同层次的学生提供表现成功与进步的机会。当师生之间心理上亲近、情感上融洽时，学生的课堂参与度及参与意识会得到很大的提高。

此外，学生通过讨论的形式所表达的观点也间接地形成了对于这门课程的教学反馈，使得老师在以后的教学中不断修正教学侧重点。通过学生课堂讨论，达到了老师与学生双赢的目的，师生间相辅相成，共同进步。小组合作学习不仅培养学生的合作能力，还能给学生提供更广阔的空间和更充足的思考时间，让学生的创造能力得到提高。在小组合作中，学生互帮互助，相互学习，学生的语言表达能力、自尊心和自信心都能在交流中得到提升，课堂参与度得到提高。

三、 突出课程思政课程

课程思政是立德树人的中心环节，把思想政治工作贯穿教育教学全过程，实现全程育人、全方位育人的一种综合教育理念[8]。将林学课程与思政环节有机结合，是当前林业高等教育背景下的新模式，也是教育改革的新领域。大学所有课程都具有传授知识培养能力及思想政治教育的双重功能，承载着培养大学生世界观、人生观、价值观的作用。"课程思政"也是一种思维方式，教师在教学过程中要有意、有机、有效地对学生进行思想政治教育；体现在教学的顶层设计上要把人的思想政治培养作为课程教学的目标放在首位，并与专业发展教育相结合。在“林学概论”教学过程中，把国家战略、林业行业需求和社会需求贯穿其中，让学生明白林业行业的过去、现在和未来发展历程，把我国林业改革四十年的丰硕成果逐渐介绍给学生，融入每个章节，把生态文明的千年大计和“双碳”战略目标的实施作为他们未来发展的使命，使他们养成家国情怀、崇尚科学、拼搏奉献、团结奋斗、勇于创新的品格，他们是具有中国特色的社会建设的接班人，中华民族伟大复兴是他们共同的历史责任。同时提炼专业课程中蕴含的文化基因和价值，将其转化为社会主义核心价值观具体化、生动化的有效教学载体，在“润物细无声”的知识学习中融入理想信念层面的精神指引和思维启迪[9]。

（一）课程思政元素融入教学重在画龙点睛

学校在进行课程思政教学改革的顶层设计时强调一个原则，就是要遵循思想政治工作规律、教书育人规律和学生成长规律，为此，要做到三点：第一，贵在自然融入。将思政元素融入课程教学，目的是有效提升育人水平，强行将一些思政教育的内容嫁接到学科教学中，牵强附会，容易造成思政元素与学科知识“两张皮”，效果会适得其反。第二，重在严谨贴切。教师在设计教学时，相关思政理论吃不透、拿不准时，要研究学习相关书籍，或向高校马克思主义学院的教师请教，一定要做到严谨贴切，不能模棱两可或以讹传讹。第三，妙在画龙点睛。一堂课、一个教学环节到底融入多少思政元素合适？现实生活中，道德规范、哲学原理、做人道理无时无处不在，许多事情都能跟学科育人联系起来，但并非越多越好，妙在得当。思政元素在学科教学中运用恰当、适量，在紧要处起到画龙点睛的作用，才能达到理想的效果。

（二）践行课程思政理念，教师要先行

课程思政理念能否落实到课程教学中，关键在教师。教师要有课程思政的意识，要有学科育人的意识，同时还要有将学科内容与思政教育融合的能力，找到二者有机融合的教学方式方法。教师要加强理论学习，提高对课程思政的理解和认识，从而能够在具体教学中做到学科知识性与育人性并重。在“林学概论”教学过程中，我们针对不同内容提前收集各种思政信息，与讲授内容相结合，以实例为先导，激发学生的兴趣，同时引出思政理念和科学内容的有机结合，提高思政的效果[10]。

（三）创新课程思政协同育人的评价体系

要让课程思政理念落实到课堂教学中，变成教师日常教学的自觉行为，而不是仅仅做出一两堂展示课、示范课，需要通过建立科学合理的评价机制进行激励和引导，鼓励教师投入更多时间和精力研究课程思政。在课堂上，结合“立德树人”的教育理念和北京林业大学“知山知水，树木树人”的校训，不仅教授学生专业知识，也要教给学生如何做人做事，同时向学生传达新时代新思想，丰富学生多元的知识和价值观。通过这一环节，老师成为学生们真正的领路人，不单单是在学生的学习道路上，也在引领学生走上一条更美好的人生坦途。

现代林业人才的培养不仅注重学生的专业知识培养，更要融入林业是生态文明建设的重要实施者的理念，激发学生作为林业行业未来的建设者的使命、责任和自豪感，做未来的现代林业发展和民族复兴接班人。针对林业行业的特点，生态服务功能提升和生态产品开发是林业的两大主要任务，林业具有周期长、产效低、技术不高等问题，鼓励学生深入理解和领会林业的社会、经济和人文生态价值，要秉承老一辈林业人的奉献精神与林业情怀，要有辛勤奋斗耕耘在林业行业的理想和目标。作为林业大学的一名教师，更感到行业人才储备所面临的挑战，在实际的教学科研工作中深深认识到既要培养掌握现代林业产业相关技术，又要鼓励学生坚定情怀，做甘于为现代林业的发展建设投入自己的身心以及无悔的奉献精神的林业人。

参考文献

[1]张平. 应用型人才培养视角下林业高等教育管理体制改革研究——评"林学概论"[J]. 林业经济，2020，42(12)：102.

[2]丁梦娟. 浅谈"林学概论"的教学方法[J]. 吉林林学院学报，1991(4)：78+81.

[3]李晓岩，许志茹，王宏伟. 林学专业生物化学多维度教学改革体系的构建与实践——以东北林业大学林学类成栋实验班为例[J]. 生命的化学，2022，42(4)：814-820.

[4]陈昕. "园林树木学"实践教学改革探索[J]. 江苏第二师范学院学报，2014，30(5)：30-32.

[5]王圣印，周国鑫. 通识教育课程考核方法的创新改革研究[J]. 大学，2021(31)：52-54.

[6]黄月. 混合式教学中小组学习的策略及应用研究[D]. 昆明：云南师范大学，2019.

[7]李君，丁文斌. 高校大课堂教学提高学生参与度的方法[J]. 亚太教育，2016(31)：78.

[8]高德毅，宗爱东. 课程思政：有效发挥课堂育人主渠道作用的必然选择[J]. 思想理论教育导刊，2017(1)：31-34.

[9]高燕. 课程思政建设的关键问题与解决路径[J]. 中国高等教育，2017(15)：11-14.

[10]贺娟. "课程思政"发挥课堂育人主渠道作用的实践路径探索[J]. 科教导刊，2019(31)：76-77.

A new exploration of general education in *Introduction of Forestry* course

Fu Yujie　Jin Haojie

(College of Forestry, Beijing Forestry University, Beijing　100083)

Abstract　Using quality course content and teaching design to enhance teacher-student interaction and increase student engagement in the classroom is key to training and delivering new-era forestry talent for the forestry industry. University freshmen have a strong enthusiasm and curiosity for professional learning, but the difference in knowledge structure and teaching methods between high school and university makes it difficult for students to achieve a clear and comprehensive understanding of the profession through their own learning outside the curriculum, thus limiting the cultivation of comprehensive interest in the direction of the profession. In this thesis, authors systematically summarize the problems in the course content, teaching design, student interaction and course thinking in *Introduction of Forestry* and proposes reform measures. Through the exploration of this paper, we hope that the Introduction of Forestry course can bring students a new understanding of forestry, in order to seek a "spiritual resonance" between students and forestry.

Keywords　Forestry, general education, teaching design, curriculum reform

林业院校服务乡村振兴的路径探索与实践

贾忠奎　陈　仲　李海英　赵婉凝　贾黎明

（北京林业大学林学院，北京　100083）

摘要：乡村振兴是我国实现稳固脱贫成果，彻底解决“三农”问题的关键举措，林业院校在乡村振兴中有着得天独厚的“人才、林业、生态”优势，应利用好自身优势，并结合自身的学科体系和特色。通过在产业振兴中贡献林业院校的科技服务和智力支持，人才振兴中开展学历提升与技术帮扶等，文化振兴中开展森林—生态—绿色—农耕文化等，生态振兴中开展山水林田湖草沙综合治理与绿化美化科学规划等，组织振兴中开展党团共建与政治教育培训等路径，主动积极服务于乡村振兴，贡献科技服务和智力支持，为新时期乡村振兴、美丽中国及中国梦的实现，为实现我国的第二个百年奋斗目标作出新的贡献。

关键词：林业院校；乡村振兴；产业振兴；人才振兴；文化振兴；生态振兴；组织振兴

党的第十八次全国代表大会以来，以习近平同志为核心的党中央始终把精准脱贫攻坚放在治国理政的突出位置，将其作为实现第一个一百年奋斗目标的核心任务，并为此做出一系列重大安排和部署，全面打响精准脱贫攻坚战役。到2020年，脱贫攻坚取得全面胜利，提前10年实现了“联合国2030年可持续发展议程”的脱贫目标，脱贫成果获得世界广泛赞誉。

乡村振兴发展战略是由习近平总书记在2017年10月18日党的十九大报告中首次提出。报告中指出，“三农”问题是关系国计民生的根本性问题，必须始终把解决好“三农”问题作为全党工作的重中之重，实施乡村振兴战略[1]。2018年9月，中共中央、国务院联合印发了《乡村振兴战略规划(2018-2022年)》[2]。2020年12月16日，中共中央、国务院联合发表了《关于实现巩固拓展脱贫攻坚成果同乡村振兴有效衔接的意见》。2021年2月21日，《中共中央 国务院关于全面推进乡村振兴加快农业农村现代化的意见》发布[3]。2021年4月29日，十三届全国人大常委会第二十八次会议表决通过了《中华人民共和国乡村振兴促进法》[4]。2021年5月18日，司法部印发了《“乡村振兴 法治同行”活动方案》[5]。一系列文件的相继出台，都表明了中国政府对于稳固脱贫成果、实现乡村振兴战略、彻底解决“三农”问题的决心，表明了我党对于人民群众生活的深切关怀和走向共同富裕之路的使命和担当。

乡村振兴是农业全面提升、农村全面发展和农民全面进步。包括产业振兴、人才振兴、文化振兴、生态振兴、组织振兴。林业院校在乡村振兴中有着得天独厚的“人才、林业、生态”优势，应利用好自身优势，并结合自身的学科体系和特色，找到切入点，精准对位服务于乡村振兴，为新时期乡村振兴、美丽中国及中国梦的实现作出新的贡献。

作者简介：贾忠奎，北京市海淀区清华东路35号北京林业大学林学院，教授，jiazk@bjfu.edu.cn；
陈　仲，北京市海淀区清华东路35号北京林业大学林学院，副教授，sharazhonger@126.com；
李海英，北京市海淀区清华东路35号北京林业大学林学院，助理研究员，lihaiying1209@163.com；
赵婉凝，北京市海淀区清华东路35号北京林业大学林学院，助理研究员，furongzhuoqiuyu@bjfu.edu.cn；
贾黎明，通讯作者，北京市海淀区清华东路35号北京林业大学林学院，教授，jlm@bjfu.edu.cn。

资助项目：北京林业大学教育教学研究名师专项“‘森林培育学’批判性思维教学研究”(BJFU2020MS008)。

一、 国家对农林高校服务乡村振兴战略的要求

全面推进乡村振兴，乡村人才是关键。2019 年在浙江省安吉县召开的新时代农林学科建设研讨会过程中，全国 50 余所农林院校科技工作者代表 130 万农林师生给习近平总书记写信，表达了兴农报国、矢志奋斗的决心。习近平总书记在回信中赞扬了全国农林高校在新中国成立以来牢记办学使命、精心培育英才、加强科研创新，为“三农”事业作出了积极贡献。同时也提出了中国现代化离不开农业农村现代化，而农业农村现代化关键在于科技和人才。为彻底解决和保障我国生态安全、粮食安全和能源安全，全面促进经济、生态、社会可持续发展，农林院校应在促进山水林田湖草系统治理、推进乡村全面振兴、实现美丽中国建设作出新的更大的贡献[6]。

吴翔宇对 36 所农林高校的文本分析结果表明，当前农林高校的人才培养并未实现与乡村振兴战略的深度融合，理念与现实之间存在偏差。农林高校应精准布局“四个面向”的发展定位，突出强化“知农爱农”型的人才培养目标，深入贯彻“三位一体”的人才培养模式，从而创新人才培养理念[7]。教育部在《高等学校农村振兴科学技术创新行动计划(2018—2022 年)》中明确提出提高大学服务乡村振兴能力的质量。培养造就“懂农业、爱农村、爱农民”的人才队伍，将高校建设成支撑乡村振兴战略的科技创新和成果供给主体、人才培养高地、体制机制改革试验田及政策咨询智库[8]，并为此制定了“七大”行动(表 1)。行动中国家对高校提出了新目标、新要求，农林院校更是中坚力量，应结合自身资源和优势，积极探索助力乡村振兴的切入点和有效模式。

表 1 教育部《高等学校农村振兴科学技术创新行动计划(2018—2022 年)》行动

序号	行动名称	任务内容
1	科学研究支撑行动	农业领域重大基础理论研究、承担农业农村重大科技任务、建设乡村振兴战略研究智库
2	技术创新攻关行动	现代农业产业关键技术创新、农业生态安全科技创新、美丽乡村建设
3	能力建设提升行动	乡村振兴示范基地、乡村振兴服务基地、乡村振兴科技服务联盟
4	人才培养提升行动	创新乡村振兴人才培养模式、乡村振兴高层次人才培养、乡村振兴基层人才培训
5	成果推广转化行动	乡村振兴创新联盟、大学生参与创新创业、重大成果推广应用
6	脱贫攻坚助力行动	精准脱贫机制综合试验示范区、区域农业生态治理创新工程
7	国际合作提升行动	高水平国际合作平台、国际乡村建设高峰论坛

二、 高度重视涉林乡村在实施乡村振兴战略中的重要地位

涉林类乡村在我国农村中占有较大的比例。我国涉林乡村面积广，体量大，林业部门管辖的林地、沙地、湿地面积占乡村总面积的 55%以上[9]。这些地区曾经为国家的经济建设和国防建设提供了大量木材和林副产品，作出过巨大的牺牲和贡献。目前，这些涉林类乡村在改善生态环境、保护生物多样性、建设生态文明、提供生态产品和生态服务方面仍然持续发挥着显著的贡献作用。由于种种原因，这些地区提供的生态产品和服务，并未得到社会认可及相应的回报，导致他们无偿或廉价地为全社会生态建设和保护买单。同时，涉林类乡村大多位于偏僻、落后的贫困地区，尤其是山区，山高路远，交通、通信、水利、发电等基础设施比较薄弱。教育、医疗、信息、文化、卫生健康等公共服务相对落后，干旱、冰雹、大风、山洪、泥石流、塌方等自然灾害和野生动物损害相对严重。从农村整体

来看，涉林类乡村的自然因素和历史原因相互重叠，导致发展慢，收入低。国家在制订有关乡村振兴战略的政策计划、计划相关项目的布局、安排相关投资计划时，必须给予涉林类乡村更多的倾斜和支持。

三、 林业院校的特点及与乡村振兴的纽带

我国各区域建设的林业院校在老一辈林学家、教育家开拓进取和艰苦创业精神的激励下，经过几代人的不懈努力，在奠定造林绿化重要理论基础、持续开展国土绿化技术攻关、支撑重大林业工程建设、提供国家林业发展战略咨询、林业战线人才培养等方面，作出了应有的贡献。林业院校广大工作者正继往开来、不忘初心，学习和发扬“牢记使命、艰苦创业、绿色发展”的塞罕坝精神，在森林质量精准提升、困难立地科学造林，助力“碳达峰”“碳中和”目标实现，保障国家生态安全、木材安全、粮食安全等方面，持续为我国林业事业的高质量发展提供科技支撑，为推动我国生态文明和美丽中国建设贡献林业智慧。

林业院校自身资源和优势与乡村振兴发展需求存在的关系如图 1 所示。林业院校可以发挥自身优势在生态、人才、文化、组织、产业 5 个方面服务乡村振兴，服务现代农业农村农民发展。林业院校与乡村振兴存在着教学相长、教用助长的良好互补关系和相互支撑的纽带。纽带的作用和价值重点体现在：乡村振兴过程中，农村广阔的田野为林业院校提供了检验成果的最好舞台，林业院校师生可以真正地把论文写在祖国大地上；而林业院校的林业科技成果转化、智力资源应用、人才实践会促进农村变得更加美好，林业生产更加高效，农民生活更加幸福。

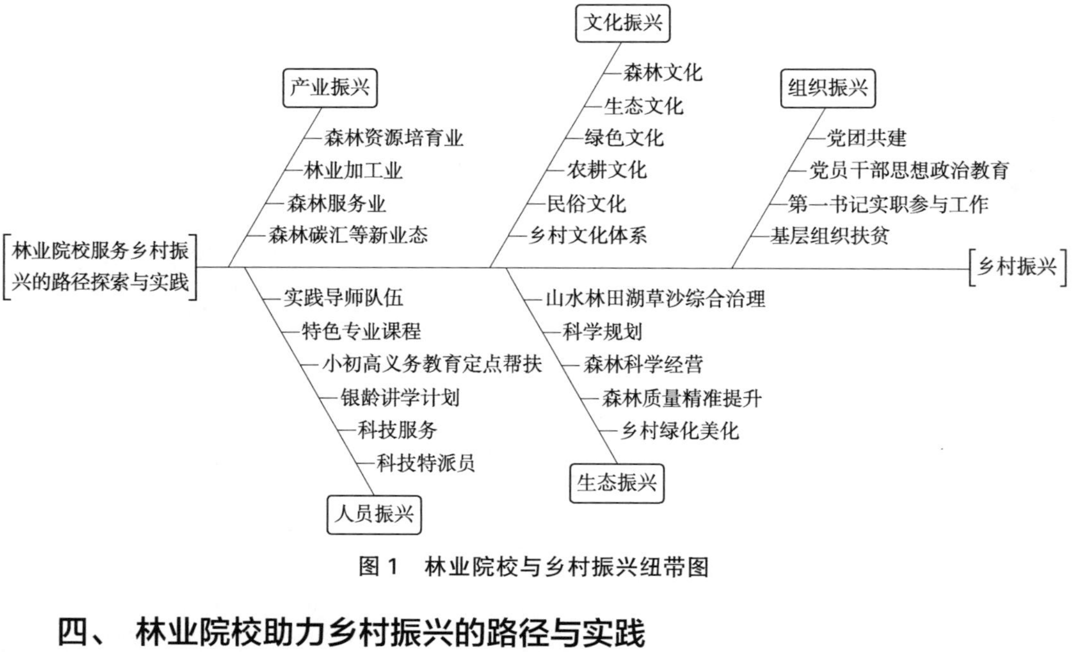

图 1 林业院校与乡村振兴纽带图

四、 林业院校助力乡村振兴的路径与实践

（一）产业振兴

林业院校应立足“三农”、服务“三农”，坚持把论文写在大地上、把成果留在农户家，为推动地方“三农”发展作出重要贡献，切实发挥林业院校在实施乡村产业振兴战略中的重要作用，建设发达的林业产业体系，促进乡村产业兴旺。森林是人类的摇篮，自始至终为人类的生存、发展和进步提供着多种多样的生态产品，同时也培育了包括一、二、三产业

在内的林业产业。林业院校能够依托校地合作[10]、校企合作[11]，促进产学研结合[12]、科教企结合、个人合作社企业结合，通过中央财政项目、林业科技成果转化项目、林业成果推广应用项目等渠道，助力乡村林业特色产业发展壮大和提质增效，在三个产业中贡献林业院校的科技服务和智力支持。

具体包括第一产业森林资源培育业的林业新品种创制、良种选育与推广、种苗花卉培育、用材林培育、经济林培育、能源林培育、林下经济培育、林特副产品生产等，重视研发、推广和应用绿色种植技术、绿色优质品种、高效节水高抗品种，实现乡村地区农业生产方式的转变和创新；第二产业林业加工业的家具制造、林产品加工、林下经济产品开发利用、森林食品加工等，支持农村地区培育有机林产品、绿色森林食品、地理标志林产品；第三产业森林服务业的森林旅游(民宿、农家乐、森林人家等)、森林疗养、森林保健、森林碳汇等产业。在促进经济社会发展的同时，还发挥着固碳增汇、水土保持、水源涵养、环境美化、生物多样性维持与提升等多种生态功能，是绿色低碳节能环保绿色产业。林业产业传统优势明显，发展潜力巨大，符合生态文明建设宗旨，已成为实现“两山”发展理论和绿色发展理念、促进农村产业繁荣的第一选择领域。

（二）人才振兴

素质提升是人才振兴的基础，人才振兴是乡村振兴的关键，开展多种渠道的教育培训是提升乡村整体素质的根本有效措施。2019 年 6 月，农业农村部办公厅、教育部办公厅联合印发了《关于做好高职扩招培养高素质农民有关工作的通知》，启动实施“百万高素质农民学历提升行动计划”[13]。该计划总目标是完成 2019 年度高职扩招培训高素质农民的任务，经过 5 年努力，开展 100 万人的学历职业教育，培养具备市场意识、能够推进农业农村发展、培养能领导农民增收致富的高素质农民，形成高素质、创新型乡村振兴领导集体。行动计划建立了涉农大学、农业广播电视学校、职业大学、科学研究院和县级职教中心等多类型的 100 所乡村振兴人才培养优质学校，明显提升了高素质农业农村人才的质量水平。林业院校应响应号召、主动作为，将“三农”工作与教育工作紧密结合，整合资源、形成合力，加速形成政企校多方联动格局，加快发展面向农村、农业、农民的职业教育，助力乡村全面振兴。

林业院校助力乡村人才振兴，一是可以聚焦基层乡村林业发展领域，建立和培养一批师德高尚、学识渊博、接地气、具有影响力、能带动、有专长、愿分享的乡村振兴实践导师队伍，开办满足乡村振兴总体要求的特色专业课程。培养爱林、专林、兴林的新型务林人员，提升在职林农素质，培养一批能扎根乡村的复合应用型与实用技能型林业人才，在推进区域乡村振兴中发挥专业优势和人才优势，为新时代“三农”事业发展发挥出应有的作用，为进一步推动乡村振兴作出应有的贡献。二是可以通过小初高义务教育定点帮扶、银龄讲学计划等形式，开展全员教育、全方位教育，服务于乡村教育振兴。三是在科技服务、科技特派员、乡土专家等方面发挥林业院校的自身优势，建立长期有效的技术指导和咨询服务，在林业科技成果推广转化和林业技术普及中，通过现场开展林业技术人员培训、林农专业合作社培训、林农创业培训、林业实用技术培训、生态管护员培训等方式，将技术成熟、效益明显、简便易行的技术手把手传递给基层技术人员和务林人员，培养乡村人才和技术能手。四是搭建技术服务平台，助力乡村振兴。通过“互联网+”建立林业科技服务和林业成果推广转化平台，对林农生产经营提供全产业链的服务，不限地域、不限时空地服务林农的生活、生产、销售，助力和加快实施林业现代化和林业高质量发展。五是可以针对乡村人才需求，有针对性地出版配套教材、录制电视广播和 MOOC 课资源，方便基层随时学习相关林业知识。林农作为农村现代化的参与者和建设者，需要不断学习新技术、新知识，不断提升自身职业技能，在农业农村建设中大显身手。通过多种方式的内培和外引，激励各类林业人才在农村大地上大施所能、大展才华，打造一支真正对三农有感情，“懂农业、爱农村、爱农民”的乡村振兴人才队伍。

（三）文化振兴

林业院校作为林业教育的传播者，在促进繁荣的森林文化、生态文化、绿色文化、农耕文化、民俗文化、乡村文化体系的发展，引领乡村乡风文明，建设生态文明等方面具有广阔的施展空间。部分林区农民长期扎根于深山密林，生活在贫穷落后、交通及信息不畅的偏僻地区，物质生活、文化生活均比较匮乏，但同时传承了艰苦奋斗、吃苦耐劳的优良传统，厚植了尊重自然、崇尚自然、爱护自然的朴素情怀。林业院校应充分发掘、培育和宣传林业先进典型，如个人先进典型李保国、单位先进典型塞罕坝机械林场，加强对林业行业先农精神的挖掘、培养和宣传，引导乡村干部和林农作为乡风文明的实践者，传播林业文化。为广大乡村、整个社会树立榜样，提高乡村文明程度，以生态文化和林业行业精神塑造人、鼓舞人、教育人，促进乡风文明和生态文明建设，实现乡村文化振兴。

（四）生态振兴

林业是生态建设主体，在创建生态宜居的乡村环境过程中，林业始终承担着重要的使命。曾几何时，广阔的乡村是一个静谧、和谐、如织如画的美丽田园。伴随着工业化、城镇化的发展，“能看见水、能看见山、还记得乡愁”的优美景象，成了对旧时乡村之美的模糊记忆。林业院校工作者和林农应树立和践行“绿水青山就是金山银山”的理念，遵循尊重自然、顺应自然、保护自然，与自然协调发展，统一山水林田湖草沙综合管理。高效及高质量推动生产生活方式快速转变，持续推进林业绿色发展，持续改善乡村人居环境，加强农村生态保护与生态修复，参与实施生态保护与生态修复重大项目，健全重要生态保护和生态补偿机制，发挥自然资源多重作用，持续富有成效地推进生态环境建设。构建健康稳定、功能显著、人与自然和谐共生的生态系统和美丽田园。

具体涵盖的工作方向包括：积极参与到美丽乡村的科学规划中，与乡村配合完成造林规划、资源保护规划、生态修复规划、生态旅游规划；合理构建林种、树种结构，促进森林科学经营和森林质量精准提升；加强生态空间全面保护、修复与改善，重现农村原有生态风貌，促进乡村生态环境整体功能全面提升。推进乡村村旁、路旁、水旁、宅旁绿化美化，通过增彩延绿工作，打造不同季相森林景观；加快城乡绿化与林果业发展建设，实现乡村四季有景、花果飘香。因地制宜，打造生态特色，形成品牌和规模效应，持续改善生态环境，切实推进宜居乡村、美丽乡村建设，构建完整的林业生态体系，实现生态振兴。

（五）组织振兴

乡村基层组织是乡村发展的组织者、领路者和带头人，组织建设是否完备、是否完全理解和吃透了国家的方针政策、是否全面掌握现代林业发展的最新动向、是否有能力和号召力带动村民共同富裕，是实现组织振兴的关键。林业院校可以通过校地党团共建、党员干部思想政治教育培训、第一书记实职参与工作、到基层组织扶贫等多种形式，积极参与到基层组织建设工作中。在助力服务型政府建设、农村法治建设、村民组织自治、农村德治水平提升、农村集体经济组织壮大等方面发挥林业院校优势，实现农村各类型组织的全面振兴。

五、 结论与展望

乡村振兴是我国民族振兴的伟大工程，是社会各界的共同责任与义务。林业院校在乡村振兴战略中拥有自身的资源和得天独厚的优势，应充分利用好、发挥好自身特点，着眼于促进乡村振兴战略实施，实现生态宜居、产业繁荣、生活富足、管理有效、乡风文明，在新时代的历史舞台上，促进政产学研用的有效结合，真正把论文写到祖国大地上，在美丽乡村、美丽中国建设中贡献林业院校智慧，高效推进乡村全面振兴。

参考文献

[1]新华社. 习近平强调，贯彻新发展理念，建设现代化经济体系[EB/OL].（2017-10-18）. http：//www.xinhuanet.com/politics/19cpcnc/2017-10/18/c_1121820551.htm.

[2]新华社. 中共中央 国务院印发《乡村振兴战略规划(2018-2022年)》[EB/OL].（2019-01-02）. http：//www.gov.cn/zhengce/2018-09/26/content_5325534.htm.

[3]新华社. 中共中央 国务院关于全面推进乡村振兴加快农业农村现代化的意见[EB/OL].（2021-02-21）. http：//www.gov.cn/zhengce/2021-02/21/content_5588098.htm.

[4]新华社. 乡村振兴促进法通过，6月1日起实施[EB/OL].（2021-04-29）. https：//baijiahao.baidu.com/s? id=1698342083073196449&wfr=spider&for=pc.

[5]司法部. 司法部关于开展“乡村振兴 法治同行”活动的通知[EB/OL].（2021-06-09）. http：//www.gov.cn/xinwen/2021-06/09/content_5616380.htm.

[6]新华社. 习近平给全国涉农高校的书记校长和专家代表的回信[EB/OL].（2019-09-06）. http：//www.gov.cn/xinwen/2019-09/06/content_5427778.htm.

[7]吴翔宇. 乡村振兴视域下农林高校人才培养的理念框架与现实审视[J]. 黑龙江高教研究，2021(7)：155-160.

[8]张英彦，周冲. 地方高校服务乡村振兴战略的思考[J]. 安徽农业科学，2021，49(8)：280-282.

[9]吴剑波. 在实施乡村振兴战略中体现林业的担当和作为[EB/OL].（2018-01-12）. http：//www.forestry.gov.cn/main/72/content-1066471.html.

[10]窦瑞木，张翠翠，陈建军. 农业高校助力脱贫攻坚和乡村振兴路径探讨——以河南农业职业学院“校地结对帮扶”实践为例[J]. 河南教育，2021(5)：28-30.

[11]刘媛. 乡村振兴战略背景下涉农高职院校开展校企合作的路径探索[J]. 安徽农业科学，2021，49(18)：276-278.

[12]唐菊，花张磊. 地方高校产教学研合作助力乡村振兴[J]. 乡村科技，2021(8下)：7-8.

[13]农业农村部. 推进实施百万高素质农民学历提升行动计划[EB/OL].（2019-12-8）. http：//www.gov.cn/xinwen/2019-12/08/content_5459459.htm.

The path exploration and practice of forestry universities and colleges to serve rural revitalization

Jia Zhongkui Chen Zhong Li Haiying Zhao Wanning Jia Liming

(College of Forestry, Beijing Forestry University, Beijing 100083)

Abstract Rural revitalization is a key measure for China to achieve stable poverty alleviation and thoroughly solve the problems of agriculture, rural areas and farmers. Forestry universities and colleges have unique advantages in “talents, forestry and ecology” in rural revitalization. They should make good use of their own advantages, combine with their own discipline system and characteristics, By contributing science and technology service and intellectual support of forestry universities and colleges in industrial revitalization, carrying out education promotion and technical support in talent revitalization, forest-eco-green-farming culture etc. in cultural revitalization, comprehensive management of mountains, rivers, forests, fields, lakes, grasses and sand and beautify the scientific

planning in ecological revitalization, party building and political education training in organizations revitalization, they need actively serve the revitalization of rural industries, talents, culture, ecology and organizations, contribute scientific and technological services and intellectual support, and make new contributions to the revitalization of rural areas, the realization of beautiful China and the Chinese Dream in the new era, as well as the realization of the second Centennial Goal of China.
Keywords forestry universities and colleges, rural revitalization, industrial revitalization, talent revitalization, cultural revitalization, ecological revitalization, organizations revitalization

林学专业新开课程“种子生物学”教学研究

杨钦淞　李国雷　王佳茜　刘　勇

（北京林业大学林学院，北京　100083）

摘要：种子是林业、农业和园艺生产的基础，也是植物种质资源长期保存的理想材料。林学专业的种子生物学是林木种苗培育学、植物学、分子生物学等学科的交叉，因此非常有必要新开此门课程。本文主要从林学专业视角，梳理了“种子生物学”的课程现状、课程内容、教学模式以及评价体系，旨在完善林学专业的知识结构体系，为创新型、科研型人才培养奠定基础。

关键词：种子生物学；新开课程；林学；林木种苗培育学；教学改革

一、引　言

种子是林业、农业和园艺生产的基础，是国家科研投入和技术攻关的重点方向。种业是国家战略性、基础性产业。2020 年中央经济工作会议指出，要解决好种子和耕地问题，要开展种源“卡脖子”技术攻关，立志打一场种业翻身仗。对于林学专业学生而言，需要对种子有一个全面、深入的认识，为国家发展、林业振兴打下坚实基础。“林以种为本，种以质为先”，林学专业有必要开设“种子生物学”课程以完善林学专业的知识体系，提升学生的行业自信，培养学生的家国情怀。

“种子生物学”是研究种子生理基础和生命活动规律以及种子与环境之间关系的基础课程[1]，内容主要包括种子的形态结构和组成、种子的发育与成熟、种子的休眠及其调控、种子萌发与出苗、种子贮藏物及其动员、种子生命力与寿命、顽拗性种子生物学等[2]，是林木种苗学、植物学以及分子生物学交叉的课程。课程的开设能够提高我国林学专业种子方向的研究与教学水平，对于保障国家植物资源安全、实现林业可持续发展具有重要理论和实践指导意义，培养的林学专业学生能够更加适应国家当前的发展需要。

二、课程现状分析

（一）课程定位及特点

“种子生物学”是一门历史悠久的课程，主要开设于农学、种子科学与工程等专业下。如今，针对种子生物学的研究已然成为一门新兴的交叉学科，是林木种苗培育学、植物学、生物化学与分子生物学的有机结合。然而林学专业目前专业课设置对“种子”的关注度不够，我国林学专业的培养方案中均未独立开设“种子生物学”。而在林学专业开设“种子生物学”能够结合林学特色，是林木种苗培育学、植物学、生物化学与分子生物学的综合与深入。在此背景下，北京林业大学首次开设面向林学专业的“种子生物学”课程，有助于完善林学

作者简介：杨钦淞，北京市海淀区清华东路 35 号北京林业大学林学院，讲师，qsyang@ bjfu. edu. cn；
李国雷，北京市海淀区清华东路 35 号北京林业大学林学院，教授，glli226@ 163. com；
王佳茜，北京市海淀区清华东路 35 号北京林业大学林学院，讲师，wjx198979@ 163. com；
刘　勇，北京市海淀区清华东路 35 号北京林业大学林学院，教授，lyong@ bjfu. edu. cn。

专业课程知识体系。

林学专业"种子生物学"作为一门林学专业选修课，其目的主要是让学生利用生物学的基础知识，从植物本身的视角去认识林木种子，掌握种子生命活动的基本规律，启发学生的科研思维，锻炼学生提出问题、分析问题和解决问题的能力，提高学生在林学专业钻研的积极性。目前林学专业课程仅"林木种苗培育学"涉及一部分种子相关的内容，但"林木种苗培育学"侧重于林业生产和应用，是一门实践性和应用性较强的课程[2]，对于种子生理生化以及分子机理的讲解较少。大学三年级学生已经学习和掌握了"植物学""植物生理学""生物化学"等课程知识，相关知识储备能够使学生具有学习"种子生物学"的基础，因此"种子生物学"于第五学期开设。同时，"林木种苗培育学"于第四学期开设，如此一来，"种子生物学"课程也是对"林木种苗培育学"的深入和拓展，侧重于种子相关植物学理论的讲解，使学生能够更加全面地认识种子，认识植物生命活动规律。综上，林学专业"种子生物学"课程的开设，能够与"林木种苗培育学"等课程相辅相成，为培养林学专业创新性、科研型人才奠定基础。

（二）开设课程的必要性和优势

"种子生物学"是已经在农学等专业开设多年的核心课程[1]，但在林学专业尚无此类专业课。种子是林业的基础，同时种子生物学是一门交叉科学，在林学专业非常有必要开设此门课程。本课程的教学将使学生掌握种子的基本形态结构以及种子发育、成熟、休眠和萌发等基本生物学过程，了解其内在的生理与分子调控机制，完善学生的林业知识体系，提升学生科学素养，培养学生的科研兴趣以及分析问题、解决问题的能力。林学专业"种子生物学"课程的开设，借鉴了农学专业相关课程的经验，并在此基础上融入了林学特色的元素如栎类种子的顽拗性及其萌发出苗特性等，同时，根据林学特色，对一些章节的内容进行了合并和压缩(如贮藏物的合成与动员)，强调了播种过程中实际会遇到的种子休眠与出苗问题。因此，本课程不是农学专业"种子生物学"课程的照搬，而是在前辈教学研究的基础上，根据林学专业特色和实际情况进行优化和改进的一门适用于林学专业学生的专业课程。

农学的"种子生物学"主要关注农作物的种子，如水稻、玉米等单子叶植物种子或大豆、黄瓜等双子叶植物种子，研究基础已经非常扎实，学生所学知识大多是多年前的研究。林学专业的"种子生物学"则不同，侧重于油松(*Pinus tabuliformis*)、银杏(*Ginkgo biloba*)、云杉(*Picea asperata*)等木本裸子植物以及栎树(*Quercus* spp.)、核桃(*Juglans regia*)等木本双子叶植物种子，研究相对较少，还有很多科学问题可以与学生共同探讨，更容易激发学生的专业认同感和历史使命感，也能够培养更多有志于林木种子生物学研究的科研型人才，打好林木种业翻身仗。同时，开课教师有多年"林木种苗培育学"的教学经验和林木种子相关研究经验，能够在前期教学研究的基础上进一步深入拓展，在授课时引入林木种子方面的最新研究进展，不断丰富教学内容，教与研相结合，以科研促进教学，以教学反哺科研。此外，结合翻转课堂[3]、研讨式教学等教学手段，能够让学生真正参与到研究式教学当中，培养学生的科研思维和科学素养；在教学中通过对《种子法》、种业振兴政策等内容的讲解，融入思政元素，培养学生的历史使命感以及专业责任感；通过实验教学，培养学生的创新思维和科学素养。总之，课程内容是种子相关基础研究和前沿科技的汇总、提炼和追踪，对于学生完善知识体系、提升科学素养、培养科研兴趣、追踪科学前沿具有重要意义。

三、 课程内容设置

林学专业"种子生物学"课程共32学时，其中包含24学时的理论教学、8学时的实验教学。课程内容参考国内高校课程设置以及国内外教材如胡晋主编的"种子生物学"、Bewley等主编的*Seeds*[4-7]等进行设置。理论课程内容不仅包含常规种子生物学的内容，也突显林学专业特色，将针对一些常见林木种子如油松、银杏以及栎属植物等进行讲解，让学生认识常见林木种子的外观以及掌握其休眠、萌发特性，了解常见林木种子出苗与形态建成的过程，提升学生的专业认同感。

在课程讲解过程中，可以突出“种子生物学”和“林木种苗培育学”的区别与联系，加深学生对种子科学的认识。教师可以根据“林木种苗培育学”中生产问题所涉及的科学原理，在“种子生物学”课程中进行详细阐述。比如“林木种苗培育学”中提到种子的休眠与破眠技术，在“种子生物学”中可以深入讲解种子休眠的机理，在学生掌握种子休眠的内源调控基础上，引导学生自主思考如何针对不同的休眠类型开发新的破眠技术。这样一来，“种子生物学”课程不仅仅是理论知识的传授，仍然服务于林业生产，同时能够培养学生独立思考能力和创新能力。此外，根据学校整体课程规划，调整课程的学时数，将课程压缩，挑选林木种子中常见问题如种子休眠、出苗不齐以及顽拗性种子贮藏等进行重点讲解，完善林学专业学生的知识体系，在课程最后开创性地增加一些种子相关的前沿技术如高通量测序和基因编辑技术，让课程内容与时俱进；实验教学部分内容与研究生阶段的科学研究相结合，培养学生的数据分析能力、创新思维能力以及实验操作能力，可以充分利用学生课余时间，对不同类型的林木种子进行收集、观察，同时，作为林木种苗学实验的补充和延伸，进一步加强学生的实验操作能力和数据处理分析能力，尤其是添加了 DNA 提取这一部分实验内容，让学生涉及一些分子生物学方面的实验，为今后科研学习打下基础。具体课程大纲、学时分配与教学要求见表 1。

表 1　“种子生物学”课程大纲学时分配与教学要求

章节与学时数	教学内容	授课方式	教学要求
第一章 绪论 （1 学时）	种子的概念	课堂讲授； 多媒体展示	使学生理解和掌握种子的基本概念，了解种子研究的重要性，了解种子生物学的研究范畴以及课程的主要内容。通过榜样事迹，培养学生的家国情怀与专业认同感
	种子研究的重要性		
	种子生物学的研究范畴与课程内容		
第二章 种子的结构和组成 （2 学时）	种子的结构	课堂讲授； 多媒体展示	使学生掌握种子的基本结构和内部贮藏物质，了解常见林木种子的形态结构，能够识别常见的林木种子，提升林学专业素养，建立行业自信
	种子的贮藏物		
	常见林木种子的形态结构		
第三章 种子的发育与成熟 （2 学时）	授粉受精	课堂讲授； 多媒体展示	使学生了解授粉受精过程，了解胚胎发生和贮藏组织形成过程，掌握种子发育过程的植物激素调节，掌握种子成熟过程中发生的一系列基因表达变化和生理生化变化
	胚胎发生和贮藏组织形成		
	种子发育的调节		
	林木种子成熟与传播方式		
第四章 种子的休眠及其调控 （4 学时）	种子休眠的生物学意义	课堂讲授； 多媒体展示； 小组讨论	使学生了解种子休眠的生物学意义，通过种子休眠，揭示大自然的奥秘，激发学生的学习兴趣；使学生了解种子休眠的分类并重点掌握胚休眠的相关知识，掌握种子休眠的内在遗传调控和激素调控以及外在的环境调控。融入生态文明思想，使学生树立正确的价值观，培养学生的科学精神。本章是本课程的重点和难点
	种子休眠的分类		
	胚休眠		
	种子休眠的遗传调控		
	种子休眠的激素调控		
	种子休眠的环境调控		
	常见林木种子的休眠特性及其调控		

（续）

章节与学时数	教学内容	授课方式	教学要求
第五章 种子的萌发与出苗 （4学时）	种子萌发的定义与一般特征 种子萌发和出苗过程的细胞内事件 种子萌发的遗传调控 种子萌发的激素调控 种子萌发的环境调控 林木种子出苗与幼苗形态建成	课堂讲授； 多媒体展示； 小组讨论	使学生掌握种子萌发的定义与一般特征，了解种子萌发和出苗过程的细胞内时间，了解种子萌发的遗传调控，重点掌握种子萌发的激素调控，掌握种子萌发的环境调控，了解种子出苗与幼苗形态建成的过程与调控。融入生态文明思想，培养学生的科学精神。本章同样是本课程的重点
第六章 贮藏物的合成与动员 （4学时）	贮藏组织中贮藏物的沉积 淀粉合成与分解代谢途径 双子叶植物贮藏糖类的动员 贮藏三酰甘油的动员 贮藏蛋白的动员 双子叶植物贮藏物动员的调控	课堂讲授； 多媒体展示； 小组讨论	使学生掌握贮藏物的合成和动员过程，了解双子叶植物贮藏物动员的调控，引发学生思考植物利用营养物质的规律，以及作为林业人的使命担当
第七章 种子贮藏生物学 （2学时）	种子的呼吸作用 种子的后熟作用 种子贮藏期间的变化 种子的寿命与劣变	课堂讲授； 多媒体展示	使学生掌握种子呼吸作用和后熟作用的基本概念以及生物学过程，了解种子贮藏期间的变化以及种子的寿命和劣变。培养学生逻辑思维能力和科学精神
第八章 顽拗性种子生物学 （3学时）	顽拗性种子的概念与类型 顽拗性种子的生物学特性 顽拗性种子脱水敏感性的生理基础 顽拗性种子的贮藏 栎类种子的顽拗性及其萌发出苗特性	课堂讲授； 多媒体展示； 小组讨论	使学生掌握顽拗性种子的概念与类型，掌握顽拗性种子的生物学特征，了解其脱水敏感性的生理基础，了解顽拗性种子的贮藏方法，了解以栎类为代表的顽拗性种子萌发出苗特性。使学生对种子生物学有较为全面的认识，树立生态文明思想和林业使命担当
第九章 种子生物技术前沿 （3学时）	体细胞胚与人工种子 高通量测序与分子标记技术 基因编辑技术与植物育种	课堂讲授； 多媒体展示； 小组讨论	本章为拓展内容，要求学生了解即可，引入最前沿的种子生物学技术，激发学生的科研兴趣和培养学生跟踪最新研究的能力。通过对国家针对新技术的最新方针政策的讲解，增强学生的行业自信，进一步培养学生的家国情怀
实验课 （8学时）	种子贮藏物质（可溶性糖、可溶性蛋白）含量测定 种子DNA提取与质量检测	课堂讲授； 学生实践	实验课旨在培养学生基本的科研动手能力，学会微量移液器、离心机、分光光度计等常用仪器设备的使用，学会实验数据的简单分析，为研究生教学奠定基础

四、 教学手段与课程评价体系

课程教学主要采用课堂讲授，多媒体展示和学生小组讨论的形式展开（表1），同时，结合BOPPPS教学方式，让学生主动参与教学活动，达到以教促学，教学相长的效果。

BOPPPS 教学模式主要由导言(bridge-in)、学习目标(objective or outcome)、前测(pre-assessment)、参与式学习(participatory learning)、后测(post-assessment)、总结(Summary)六部分组成，运用一些种子萌发出苗的视频、林业人的故事等作为导言，自然而然地提出需要解决的生产问题和理论问题，随即引出学习目标，采用课堂提问或者小问卷的方式，进行前测，结合案例分析、角色扮演等方式让学生进行参与式学习，再利用后测检验学生对知识的掌握程度，最后进行总结。

对于基础较好的学生，可以结合“翻转课堂”，让学生通过预习，以教师的身份跟大家分享知识点，能够很好地达到“以学生为中心”的教学目标[8-9]，结合林业生产上的实际问题如栎类种子出苗不齐等，让学生自由探讨如何运用种子生物学理论知识去解决生产上的难题。此外，本课程作为专业选修课，引起学生的学习兴趣也是本门课程的目的之一。在课下引导学生采用概念图的方式[10]，构建课程的核心概念和衍生概念，帮助学生更好地构建种子生物学甚至整个林学的知识体系[11]，使学生能够将所学知识灵活理解掌握，并能够将本课程所学知识放置于林学专业的大背景下，使其知识体系更为完善。

本课程将建立一种全新的考核和评价体系。本课程将不再采取传统的“成绩=出勤+实验+考试”评价方式，而是更注重学生的参与度，将多种考核方式相结合，建立合理有效的评价体系[12]。例如课堂参与度(回答问题、讨论发言、提出疑问、出勤等)占10%，概念图小组作业占10%，小组课堂讨论占20%，实验课成绩占20%，期末考核以课程论文的形式开展，占总成绩的40%。这样的评价方式能够真正反映学生学习的整个过程。同时，期末课程论文能够锻炼学生的写作能力和科研素养，是对课程目标的一种检验。书本知识的讲授只是把前人多年研究的积累传达给学生，而课程论文则让学生能够主动跟踪热点前沿问题，选择种子生物学中自己感兴趣的方向为主题撰写论文，为将来的科学研究做准备。

五、展 望

“林以种为本”，林学专业开设“种子生物学”是历史进程的必然结果，是林学未来发展的必经之路。林学专业的“种子生物学”课程也是林学专业从一个重视实践性的专业过渡到实践与理论研究齐头并进的专业的一个标志，为研究生阶段的教学研究做好铺垫，也为培养高层次人才做好了准备。总之，教学是一个不断实践的过程，需要不断地总结、探索和创新，林学专业新开课程“种子生物学”是我们对林学课程知识体系的一次突破性创新，其课程效果还需要之后的实践和授课教师的辛勤付出来验证。

参考文献

[1]宋文坚，胡晋，胡伟民，等.“种子生物学”教学改革与实践[J]. 高等理科教育，2009(1)：119-122.

[2]郭其强. 高校林木种苗学课程理论与实践环节一体化的思考[J]. 吉林农业，2019(17)：89.

[3]张金磊，王颖，张宝辉. 翻转课堂教学模式研究[J]. 远程教育杂志，2012(4)：46-51.

[4]胡晋. 种子生物学(1)[M]. 北京：高等教育出版社，2006.

[5]Baskin C C，Baskin J M. Seeds：ecology，biogeography，and evolution of dormancy and germination[M]. 2nd ed. Elsevier，2014.

[6]傅家瑞，宋松泉. 顽拗性种子生物学[M]. 北京：中国科学文化出版社，2004.

[7]Bewley J D，Bradford K J，Hilhorst H W M，et al. Seeds：physiology of development，germination and dormancy[M]. 3rd ed. Springer，2013.

[8]任怡，宁洪，刘丹，等. BOPPPS 模型在微课教学设计与实践中的运用[J]. 计算机教育，2017(4)：104-108.

[9]王爱淳. BOPPPS 教学模式下的课堂教学设计[J]. 教育观察，2021，10(43)：65-67.

[10]关朝珠. 巧用概念图 提升化学教学效果[J]. 数理化解题研究，2021(7)：103-104.
[11]董夕媛，许晴，刘丽杰. 概念图在高中生物教育教学研究中的应用[J]. 黑龙江教育(理论与实践)，2021(12)：75-76.
[12]秦宁，王军，徐日福. 新开课程“设施养殖”的教学研究[J]. 黑龙江畜牧兽医，2018(13)：233-234.

Teaching research on *Seed Biology*, a new course for forestry major

Yang Qinsong　Li Guolei　Wang Jiaxi　Liu Yong
(College of Forestry, Beijing Forestry University, Beijing　100083)

Abstract　Seed is the basis of forestry, agriculture and horticulture production, and it is also an ideal material for long-term preservation of plant germplasm resources. *Seed Biology* for forestry major is the interdisciplinary of cultivation of forest seeds and seedlings, botany, molecular biology and etc. It is very necessary to set this course. From the perspective of forestry major, this paper introduces the curriculum status, curriculum content, teaching mode and evaluation system of seed biology, in order to improve the knowledge system of forestry major and lay the foundation for the training of innovative and scientific research talents.

Keywords　*Seed Biology*, new course, forestry, cultivation of forest seeds and seedlings, education reform

美育视角下“森林文化与美学”课程教学探索与实践

耿　燕　王轶夫　杨　华

（北京林业大学林学院，北京　100083）

摘要：美育是我国高等教育中的薄弱环节。林学专业大学生的审美素养，直接影响着未来森林经营中森林美学价值的发挥，对促进传统林学向现代林学的转型，实现“绿水青山”“美丽中国”建设中起到重要作用。本文总结了北京林业大学“森林文化与美学”课程渗透美育的途径：通过在教学中运用“五感体验教学法”“自主探究式学习”“课上教学与课外实践相结合”等方法，探索如何充分发挥“森林文化与美学”课作为林学院校渗透美育主阵地的作用，如何多渠道、多方式地培养大学生的审美素质和生态文明意识。

关键词：美育；森林文化与美学；审美素养；生态文明

北京林业大学是一所林业类重点特色学校，开设的林学类课程涵盖了林学的各个学科和方向。其中，“森林文化与美学”是一门极具特色的课程。与其他林学类课程侧重于自然技术科学不同，“森林文化与美学”这门课从人文社会科学领域探讨森林的文化与美学价值，以及如何在森林经营管理中注入有效的文化与美学因素。本课程是以植物学、景观生态学、森林经理学、保护生物学和美学等为理论基础，研究人与森林关系的文化现象以及人对森林审美规律认知的一门学科。通过本课程的学习，引导学生重新认识和协调人与森林的关系，认识到森林的文化功能与美学价值及其在我国生态文明建设中的作用。

一、在“森林文化与美学”课程中加强美育渗透与融合的可行性和必要性

习近平总书记指出，德智体美劳全面发展，字字千金，都是经过多年总结摸索才得出来的。在全国教育大会上，习近平总书记强调，美是纯洁道德、丰富精神的重要源泉。没有美的滋养的人生必然是单调的、干涸的人生。要全面加强和改进学校美育，配齐配好美育教师，坚持以美育人、以文塑人，提高学生审美和人文素养。为全面加强和改进新时代高校美育工作，切实提高学生的审美和人文素养，2019年4月11日，教育部下发《关于切实加强新时代高等学校美育工作的意见》，指出提高学生的审美和人文素养，全面加强和改进美育是高等教育当前和今后一个时期的重要任务[1]。林学专业大学生的审美素养，直接影响着未来森林经营中森林文化和美学价值的发挥，对促进传统林学向现代林学的转型，实现“绿水青山”“美丽中国”建设中起到重要作用。“森林文化与美学”作为一门林学和森林艺术相互交融的学科，既拓宽了林学的理论与实践，又是培养大学

作者简介：耿　燕，北京市海淀区清华东路35号北京林业大学林学院，副教授，gengyan@bjfu.edu.cn；
王轶夫，北京市海淀区清华东路35号北京林业大学林学院，讲师，wyfbing@163.com；
杨　华，北京市海淀区清华东路35号北京林业大学林学院，教授，huayang@bjfu.edu.cn。

资助项目：北京林业大学课程思政教研教改专项课题“森林文化与美学”(2020KCSZ022)。

生鉴赏美、创造美能力的良好载体，在林学院校素质教育中具有鲜明特色和无可替代的地位和作用。因此，利用"森林文化与美学"的教学课堂为阵地，传播森林文化、渗透审美教育，同时提升学生的理性与感性素质，使大学生做生态文明的传播者和践行者，意义重大。

长期以来，美育是我国高等教育事业中的薄弱环节。在当下的大学本科生培养体系中，由于缺乏对美学知识的认识与理解，美育至今没有得到应有的重视，一些高校甚至从未开设美育类课程。我校森林经理学科率先在国内提出文化与美学层次的森林经营理念，"森林文化与美学"课程自2000年起成为林学专业的专业选修课以及全校公共选修课。如何在这门课程的教学中有效渗透美育，提高学生的森林文化与美学的欣赏和审美能力，肩负起爱林兴林的使命，是授课教师一直在探索和总结的。

二、"森林文化与美学"课程有机融入美育的有效途径

（一）以精心选材为载体，在五感教法中体验美育

教学内容的选材是教师开展课堂教学、与学生进行互动的重要资料，教师要能够准确把握森林美学的概念及内涵，并紧贴学科发展与当前社会现实，对相关内容进行适当整合并加以高效利用，让学生在学习中找到美的感觉。"森林文化与美学"课程的本质内涵是挖掘森林的文化与美学要素，而森林的美学价值源于人的精神需求，这就为我们在此课程中融入美育提供了先天的优势。一方面，我国历代有关森林的诗歌、小说等文学作品，画家笔下的山水草木、飞禽走兽等美术作品，"虽由人作宛自天开"的园林艺术等，反映了我国古代劳动人民对森林的情感，直观、形象地展示中华民族独特的艺术和美学成就，是森林美学、也是古代中国文化的载体。学生对这些素材有着极大的兴趣和学习热情，课堂上时常传出赞叹之声。同学们纷纷表示，以前看似平常的某些树木、建筑、园林，在学习本课程后发现"原来它们是那样美"。另一方面，结合林学院学生的专业背景，将森林美学与森林经营紧密结合，使得学生能学用结合。通过19世纪德国的施业林、日本的森林体验基地、我国的国家森林公园规划等大量实例，使林学学生体会到"森林经营的一半是技术，一半是艺术""即使采伐一株树也要为了美"[2]。

森林美学价值从层次上分为感官美、意象美及意境美，从构成上分为色彩美、声音美、形态美和韵味美等。充分感受森林美，需要教师积极调动学生的"五感"。人类的学习需要通过感官来进行，但高等教育往往疏忽了这一点，大部分的学习都成了替代性的、抽象的活动。而美育恰恰是唯一真正能激发五感体验的领域[3]。树木和森林充满了丰富的结构、令人兴奋的形态与形式和多重的色彩，学生能通过对这些的体验而产生愉悦感。本课程在课程设计上运用"五感教学法"引导学生体验森林的美学因素和价值(图1)。

（二）以开放课堂为阵地，在自主探究中渗透美育

建构主义理论认为：学习不是知识由外部(家长、教师、书本等)向学习者传递的过程，而是学习者主动构建自己知识的过程。学习者不是被动的信息吸收者，而是意义的主动构建者，这种建构不可能由其他人代替[4]。对于美育类课程，如果仅采用传统的讲授式教学，效果并不理想。"森林文化与美学"课程尝试多种教学方法和手段，以自主探究式教学最为突出。在本课程的教学中，教师通过设计一些小专题，让学生去调查了解具有时代印迹、地域风格或民族特色的森林文化和美学形态。例如，当今大学生喜欢刷视频、追剧，影视作品不是单一的故事情节的展现，而是糅合了多种艺术形式，并将其以最具表现力和感染力的一种美学形式展现在观众面前，其中森林、山水等场景美学在很多知名影视作品中展现出各具特色的表现形式，使观众产生共鸣。教师由此设计了"影视作品中的森林美学因素

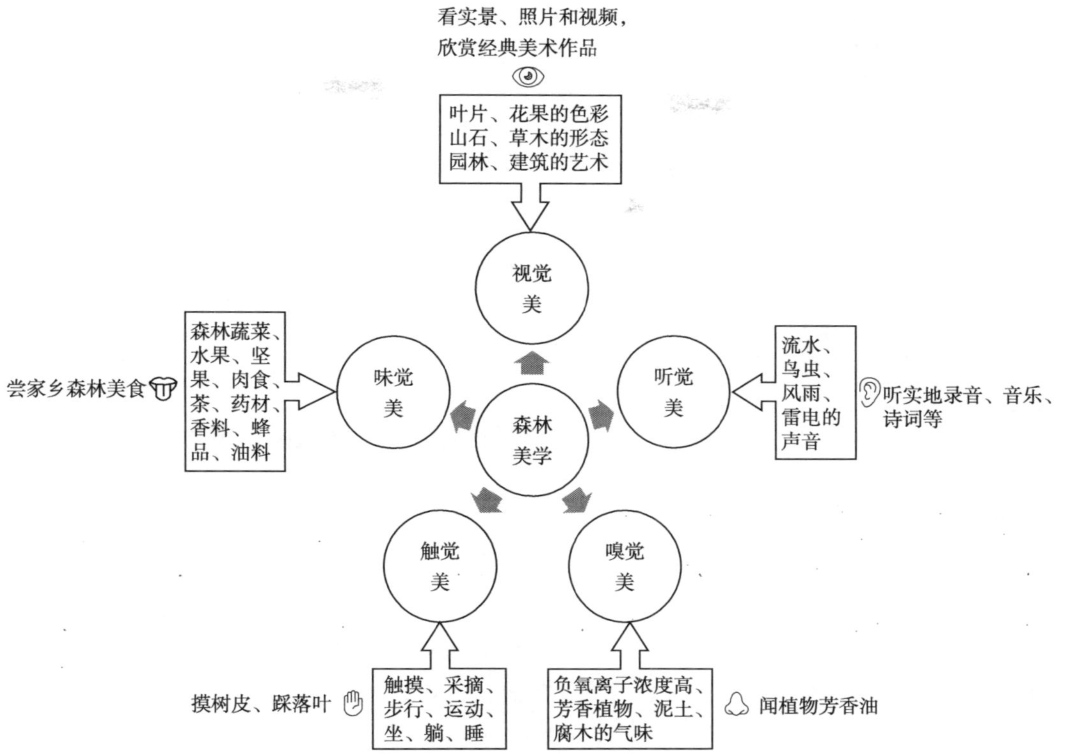

图1 "五感教学法"在课程学习中的应用

赏析"这一专题讨论，让学生在自己喜爱的影视作品中，充分发现并审视森林美学元素。讨论以小组为单位，从森林文化与美学价值构成要素的发掘、赏析等方面进行汇报，并采用教师评价和小组互评方式打分。

林学15-1班的同学听到这个讨论主题，起初找不到头绪和主题。经过教师和学生的讨论，小组成员决定从电视剧《西游记》中气势磅礴的山林入手，以视觉上的冲击为主题，提取并赏析了剧中经典片段的取景地贵州黄果树瀑布源国家森林公园、四川青城山原始森林植被、湖南张家界国家森林公园、九寨沟原始森林的文化和美学价值。而林学16-3班则从听觉上的享受入手，从美国《国家公园3D交响乐系列》中反复精选出在森林中收录的乐器演奏及合唱，引领大家从森林协奏曲感受"地球上最美的录音"。每个班级和小组从不同角度进行探索，均按时交上了精彩纷呈的汇报(表1)。通过一系列森林文化和美学形态的展现、分析，引导学生不断思考森林美学的性质，以及实现森林经营之美的可能和途径，将"山水林田湖草沙共治，人与自然和谐共生"的意识根植于学生心底。这样的课堂教学从内容到形式都会呈现出蓬勃的生命力，美育与德育贯穿其中。

表1 课程专题汇报"影视作品中的森林美学因素赏析"案例

影视作品名称	森林美学价值构成	具体示例	审美感受反馈
《西游记》	山水形态美（视觉）	花果山、水帘洞、流沙河、白虎岭等	"《西游记》把山水之美与人文之美糅合在一起，加强了我与著作之间的联系。让我感受到山水有灵，需要始终保持对森林的敬畏，对自然美的崇尚。" ——林学15-1班 王开

（续）

影视作品名称	森林美学价值构成	具体示例	审美感受反馈
《千与千寻》（日本）	植被色彩美（视觉）	相逢：如火的杜鹃花海 离别：幽蓝的绣球盆栽 仙境：不同花期同时绽放	“小时候看宫崎骏的动画我常常感动于其中的童真。而现在重温动漫时，森林这个元素占据了我的眼球。不禁感叹宫崎骏先生不仅是动漫大师也是一位植物学家！动漫场景处处蕴含着他对于森林美学的独到见解。”　——林学 17-1 班 魏祥云
《万籁之声》（美国）	森林音响美（听觉）	钢琴、小提琴、吉他的美妙音乐和流水潺潺、鸟叫蛙鸣的自然乐韵	“音乐与自然声音的融合令我听到了环回的天然立体声，感觉置身森林之中，得到极大的放松，真有如入仙境之感。”　——林学 16-3 班 董婧怡
《小森林》（日本）	四季食品美（味觉）	春：野蒜苗炒鲑鱼 夏：酒曲大米粥 秋：糖炒板栗 冬：纳豆	“日本的乡村森林景观包含了森林、农地、渔村等要素，是凝结劳动人民智慧而形成的美丽和谐的景观。剧中的家常时令美食勾起了我儿时的回忆。”　——水保 173 班 聂抒真

（三）以课外活动为延伸，在实践环节中深化美育

高校美育多样性较低。在相关通识课上一般只做理论知识传授，忽略了大学生对自然环境真善美的情感性体验。美国著名教育学家杜威在《我们怎样思维》一书中说：“在学校里，学生思维训练失败的最大原因，也许在于不能保证像在校外实际生活那样，有可以引起思维的经验的情境”[5]。这种理论脱离实践的教学模式，很难使学生把所学的知识外化为自身的行为习惯。由于大学生对互联网的依赖性与日俱增，“宅男”“宅女”成了一个庞大的次文化族群，由于缺少对大自然的直观感受，因而要体验到自然之美、达到热带自然的境界甚为勉强。“森林文化与美学”课程的实践环节设计就是要学生将森林文化与美学的理论知识和社会环境、自然环境真实联系，探索蕴含在自然山水、人文建筑、植物动物中的美。结合我校的特色和优势，教师采用多种形式的课外教学设计形式，开展丰富多彩的校内外实践活动。例如，“寻找校园内最美的一棵树”实践活动，引导学生从树木形态、色彩、芳香、栽培历史、生态功能、文化背景与校史校训的融合等方面，了解校园植物，通过讲故事、晒照片等进行课堂交流，感知校园树木的多方面的美学元素。同时，利用林学野外综合实习、暑期家乡社会实践等活动，支持学生进行实地考察、森林体验等活动，鼓励学生宣讲森林美学、弘扬森林文化，通过这些活动让学生们实地感悟建筑古迹、古树名木中的森林文化，提升森林审美品质，保护、传承和创新发展森林资源，形成人与森林资源的良性互动。

三、结　语

结合我校办学特色和学生专业特点，从森林文化和美学入手，加强美育建设，有助于增强学生的审美感知能力和理解能力。“森林文化与美学”课程自开设以来，始终受到林学院以及全校其他专业学生的喜爱，平均评教分一直在 92 分以上。“森林文化与森林美学课程建设”项目曾获北京市高等教育教学成果二等奖，该课程教学曾获北京林业大学青年教师基本功比赛二等奖。基于课程改革的探索和实践曾多次获批北京林业大学教育教学改革与研究项目、课程思政教研教改专项课题等。需要强调的是，美育和德育、思政教育并不是脱节的，通过这样的自然美育，激发大学生对祖国壮丽山河的热爱，培养大学生高尚的爱

国主义情操。同时，加深对习近平总书记“山水林田湖生命共同体”这一治国理政方针的理解，做生态文明的倡导者、绿色发展的维护者和推动者，努力培养社会主义核心价值观和德智体美劳全面发展的社会主义建设者和接班人。

参考文献

[1]教育部. 教育部关于切实加强新时代高等学校美育工作的意见[EB/OL]. [2019-04-02]. http://www.moe.gov.cn/srcsite/A17/moe_794/moe_624/201904/t20190411_377523.html.

[2]郑小贤. 森林文化、森林美学与森林经营管理[J]. 北京林业大学学报，2001，23(2)：93-95.

[3]李鲜花. 课程思政背景下新时代高校生态美育发展路径研究[J]. 大学，2021(32)：80-82.

[4]李方. 教育知识与能力[M]. 北京：高等教育出版社，2011.

[5]约翰·杜威. 我们如何思维[M]. 伍中友，译. 北京：新华出版社，2015.

An exploration of teaching strategies in *Forest Culture and Aesthetics* from the perspective of aesthetic education

Geng Yan　Wang Yifu　Yang Hua

(College of Forestry, Beijing Forestry University, Beijing　100083)

Abstract　Aesthetic education is a shortcoming in China's higher education. The aesthetic experience of college students who major in forestry directly affects the exertion of forest aesthetic values in future forest management. Aesthetic education plays an important role in promoting the transformation from traditional forestry to modern forestry and realizing the construction of "Clear Waters and Green Mountains" and "Beautiful China". This paper summarizes effective ways of aesthetic education in the course of *Forest Culture and Aesthetics* in Beijing Forestry University. By using the "Five-Senses-Experience Teaching Method", "Independent Inquiry Learning" and the combination of classroom teaching and extracurricular practice, we explore how to give full play to the role of "Forest Culture and Aesthetics" course in aesthetic education in Forestry College, as well as how to enhance students' aesthetics and ecological consciousness through multiple ways.

Keywords　aesthetic education, *Forest Culture and Aesthetics*, aesthetic accomplishment, ecological civilization

基于案例式教学的“林下资源培育与利用”教学实践

侯智霞　贾黎明　白　倩

（北京林业大学林学院，北京　100083）

摘要：针对林下资源及林下经济内容丰富、实践性强且发展快速的实际情况，结合研究生课程教学特点，在各章节教学内容的组织上引入相应的典型案例，建立了基于案例式教学的课程体系，便于传播科技成果和技术应用最新进展；在引入典型案例时，注重强化对案例的选择、解析和引导，实践了以案例教学为基础，启发式和参与式相结合的教学方法，并调整增加了过程性评价的考核方式。经过多年教学实践，完善了以案例教学为基础的研究生课程体系和教学方法，协调了课堂讲授、课程实习、案例解析、专家讲座、主题讨论等多环节的核心内容，并通过多种途径的教学实践，建立了已有近百个主题的课程案例和专题讨论题库，取得了优秀的教学效果，拓宽了学生的就业和深造渠道，培养出了受用人单位欢迎的学生。

关键词：林下资源培育与利用；课程体系；教学方法；案例教学；主题讨论

林下资源培育与利用，主要是指对“在森林范围内，除了林木木材以外的森林资源”的培育和利用。林下经济则是指依托森林、林地及其生态环境，遵循可持续经营原则，以开展复合经营为主要特征的生态友好型经济，包括林下种植、林下养殖、相关产品采集加工、森林景观利用等[1]。林下资源利用和林下经济发展是我国林权制度改革的出路和重要方向，是当前林业产业化探索和发展的热点，是践行绿水青山就是金山银山的有效的突破点。近年来，支持和指导林下资源利用和林下经济发展的政策连续出台，尤其是2012年的《关于加快林下经济发展的意见》[2]全面推动了林下资源的利用以及林下经济的大力发展。2021年《全国林下经济发展指南(2021—2030年)》发布，提出至2030年我国林下经济总产值将达1.3万亿元[1]。随着政策和各地支持及关注力度的提高，林下经济在全国各地发展异常快速却存在一定的盲目性，亟须科学指导。而相比于各地的生产实践，林下资源利用以及林下经济发展方面的科学研究和教学工作相对滞后。基于此，北京林业大学于2015年开设“林下资源培育与利用”课程，主要培养对象为林学等相关方向的研究生。通过该课程学习，学生能够了解我国林下资源及林下经济的内涵、特点和发展态势、开发利用层次和途径，主要的林下经济模式及其发展特性，掌握不同发展模式的林下资源特征及开发利用要点；并通过所学知识增强对我国主要林下资源发展及其利用模式的大局意识，为开发和充分利用林地资源，提升林下经济效益奠定基础；满足我国快速发展的林下经济产业对高层次专业人才的需求。

作者简介：侯智霞，北京市海淀区清华东路35号北京林业大学林学院，教授，hzxn2004@163.com；
贾黎明，北京市海淀区清华东路35号北京林业大学林学院，教授，jlm@bjfu.edu.cn；
白　倩，北京市海淀区清华东路35号北京林业大学林学院，讲师，baiqian0219@163.com。

资助项目：北京林业大学研究生课程建设项目“‘林下资源培育与利用’教学改革与实践”(JXGG18004)。

一、“林下资源培育与利用”教学中存在的问题

（一）教学内容与生产实践脱节

林下资源培育与利用方式及林下经济的各种模式，是在长期农林业实践中形成和客观存在的，实践性强，这是由于科学理论需要在实践中探讨和检验。因为本课程是研究生课程，设课之初教学团队对于理论知识以及相关科研进展的重视程度较高，对于其与实际生产问题的关联以及科研进展在实践中的合理利用重视不足，使课程内容与生产实际关联性不强。

（二）教学方法相对刻板

前期授课过程中老师们较重视对于理论知识和科研进展的讲授，比如对于农林牧等复合体系中的生态、生理以及物种间的相互作用等基础研究数据的分析，这对目前还没有太多实践经验的学生们来说有些刻板和抽象，不利于同学们将当前的研究和生产实践相关联，从而拓展思路和提升对科研服务于生产的理解和应用能力。

（三）考核方式单一

设课之初主要采用传统的考试方式对该课程的学习成效进行评价，学生往往只重视考试相关的“重点”问题。一上课就想问“啥时候考试？主要考试哪些方面？”等问题，而忽视课程过程中的踏实学习和对前沿知识的挖掘。缺乏激发研究生学习的积极性。

二、 基于案例式教学的“林下资源培育与利用”教学实践

（一）完善了基于案例式教学的课程内容体系

林下资源的种类繁多，并且林下经济的模式涵盖了从资源的天然采集到种植、养殖以及林副产品的加工利用等多个方面，涉及多物种、多层次的植物、动物、微生物和生理、生化、生态、种植、养殖、加工、营销等方方面面的专业知识。教研组力图将科学研究深度与生产实用性有机结合，使同学们既能掌握林下资源利用和林下经济发展的基本模式及其核心技术，又能把生产应用背后的科学知识和基本原理紧密联系，以提升同学们对其利用和创新的可能性，而“典型案例”正是关联这两者的最佳方式。于是在课程内容体系中引入相应的典型案例，有效地把科研进展与生产实践高效的关联起来。同时，增加实践环节，完善了基于案例式教学的“林下资源培育与利用”课程体系。

在课程体系构建的各个章节引入典型案例充实和关联相关教学内容（表1）。课程整体分总论和各论。前两章为总论，分别介绍我国林下资源和林下经济的发展状况。重点介绍林下资源和林下经济的内涵及发展态势、理论基础、优势和特征、主要模式及利用要点，是整个课程的基础，旨在提升同学们对我国林下资源及林下经济的现象、规律、特性的认识以及对发展需求的把握。这些典型案例的引入主要设置在对于林下资源和林下经济优势、特征、不同模式利用要点的体现方面，使同学们能理论联系实际，利用基本理论分析理解林下资源利用和林下经济生产中的现象。后六章为各论部分，介绍林下资源利用和林下经济的主要发展模式。分别围绕林下种植、林下养殖、林源产品采集加工、森林景观利用四种林下经济类型来组织课程内容，在每一章节针对性地引入典型案例来展现和升华相应类型的科技发展与实践利用前沿。

表1 林下资源利用与林下经济发展教学体系的部分案例

理论知识点	案例	拓展与启示
林下资源的重要性	紫杉醇的开发利用及其近15年在中国的发展状况	林下资源是开拓新产品的重要途径
林下资源的特点	大兴安岭五味子（花、果、叶、种仁、茎皮）综合利用技术及产品开发	资源综合利用潜力、途径和方法

（续）

理论知识点	案例	拓展与启示
林下资源利用要点	河北地区“三月茵陈四月蒿，五月砍了当柴烧”的蒿草地方应用习俗	资源利用的时间性特点
林茶模式	浙江林茶复合经营模式	林下经济组成体系中的基本生理、生态、生产特征及管理要点
林粮模式	北京地区栗粮间作的生态与经济效益分析	林下种植类型的重要性和生产管理要点
林粮模式	华北平原枣粮间作、核桃粮食间作	传统林粮间作的新发展
林药模式	浙江林下石斛仿生栽培的几种途径	林药发展新思路
林参模式	长白山林下参由药用向新食品原料的跨越	林参仿生栽培的产业新发展
林下综合模式	广西七坡林场的林下经济多元模式	由一元向多元发展的经营理念和要点
林药林化模式	河南杜仲胶、杜仲雄花综合发展	林、药、化工、新食品原料综合发展利用要点
林药林化模式	黄芪、板蓝根、木豆等药食植物体外毛状根高效培养体系及活性成分制备	资源保护、人工合成功能成分综合利用
林菌模式	庆元县林粮菌复合经营模式	由袋装香菇向林菌模式的转变
林禽模式	北京林下别墅鸡	养殖空间合理控制、生态经济综合调配要点
林禽模式	广西宁明县的八角香鸡发展	多种资源优势产业结合发展
林畜模式	云南林下藏香猪养猪产业	资源优选、适地发展理念和技术
林游模式	北京市森林游憩环带的建立	人文、地理、旅游资源科学综合利用

在新一轮教学计划中增设8学时的课程实践拓展环节，并与北京林业大学林下经济示范基地、北京青神山水花木有限公司等林下经济相关的基地建立长期合作，让同学们切身参与到基地发展的真实“案例”当中，不仅能丰富教学环节，而且使学生们可以在课余时间积极参与林下经济基地的实践操作和学业实习，并将实际情况与个人的研究计划相结合，做到学以致用，共赢提升。

（二）改进了课程教学方法

针对本课程培养目标、课程内容和研究生学习的特点，在完善“案例式”课程内容的基础上，实践了以案例式教学为基础，前沿讲座和主题讨论为辅助，配以启发与参与式教学等多种方式相结合的教学方法。

1. 通过案例教学激发学生的学习兴趣

案例教学是引用真实案例授课的教学方法，教学案例是沟通基本理论与实践的桥梁和纽带[3-4]。良好的案例应用不仅在于代表性案例的恰当选择和展示，更在于教师对于案例的解析，以及由此引起的学生积极参与和双向交流讨论；更重要的是案例分析和讨论之后所引起的进一步思考，以及由此归纳总结而获得的对于知识和技能的拓展延伸。在该过程中重点培养学生分析问题、综合运用知识解决问题的科学思维方式和能力，以及对知识技能的运用和创造力的提升。

（1）合理的案例选择是重要前提。关于林下资源和林下经济发展的实例非常之多，单是近几年中国林学会林下经济分会推出的“中国林下经济”微信公众号中的各地林下经济发展实况报道就浩如烟海，如何在众多发展实例中选出代表性的案例，是本课程案例教学的关键。本课程案例筛选遵循：优选具备传统实践发展优越性、一定的研究基础和发展规模，并具有模式类型典型性、新颖性、完整性、地域代表性、发展趋势引导性等多方面或者某一方面优势突出的实例，进行整理编选和讲授。

(2)对案例的解析和引导至关重要。案例利用要能拓展学生思维，提升其举一反三的运用能力。本课程中基本上每一类林下资源特性，都以案例展现的形式来加深学生对课程内容以及该产业的认知。对于林下经济发展各个模式的讲授，同样以案例的方式展现出了各自的特色，直接使学生掌握林下经济各模式中的典型发展状况及开发利用和培育要点(表1)。林粮复合经营模式中，通过案例“栗粮复合”“枣粮复合”“桐粮复合”讲授不同林下种植复合经营模式的不同构成部分间的相互关系、生理生态特征和发展管理要点，并引导同学们以此为基础正确认识其他林下种植类型中的科学问题和利用要点；林药复合经营模式中，引入“林下石斛仿生栽培”“东北林下参”“广西七坡林场的林下经济多元模式”等案例，通过示范性讲授分析、讨论和归纳总结，不仅使学生掌握我国林药发展的国家政策支持、指导、区域布局、发展原则、策略，更重要的是引导同学认识到掌握该类林下资源的培育要点以及发展契机的重要性；又如林游资源复合经营模式讲授过程中，从世界森林游憩发展概况，讲到中国的《森林法》和《旅游法》的颁布、国家公园的建设、发展历程和社会需求，讲到森林环境对人的心理和生理影响，讲到我国各地森林旅游资源的特色和发展潜力，每个环节都引入了相应的案例。例如以“塞罕坝的发展以及林游模式在其中的贡献”作为案例，深深吸引了同学们对林游资源发展的关注和理解；“北京西山侧柏油松林的建立和游憩资源利用”“城郊森林游憩机会谱”“北京市森林游憩环带的建立”“中国国家公园和自然保护区发展”等案例，不仅解析了森林游憩资源的培育利用要点，而且引起了产业就在身边的感触。同时，在各个环节的设置和讲授、讨论过程中积极引入思政点，在掌握专业知识的同时也激发了学生的家国情怀。

2. 利用前沿讲座拓宽学生视野，充实“案例”内涵

根据课程内容邀请专家针对相关领域的研究、产业发展及利用要点进行前沿讲座。上通前沿，下接地气，既能拓展教学内容，又可紧密联系生产经营实际。讲座内容涉及来自国家林草局管理层面对林下资源利用及林下经济发展规划和政策的解读，以及多年奋斗在林下资源相关领域的科研、教学、生产一线的专家教授对资源利用、培育要点、产品研发、产业发展、贸易利用等方面关键环节的展现和引导(表2)。实际上前沿讲座更是以高度凝练的权威性综合“案例”的方式向同学们展示了某方面的科学问题、产业实践以及发展趋势。前沿讲座进一步引发了师生的共鸣和积极讨论，既拓宽了学生视野，增加了接触产业发展的机会，又显著提升了课程教学效果。

表2　“林下资源培育与利用”课程部分前沿专题讲座

讲座主题	要点	问题解析
我国林下资源及林下经济发展	从管理视角解析我国林业改革形势；从林下经济发展现状、范畴、主要存在模式、机遇与挑战、政策走向等方面分析林下经济发展的重要性及其发展方向；并提出林下经济发展本身亟须解决的科学问题	林下经济政策、科学问题导引
京郊特色林下经济发展状况分析	以研究团队的科研成果为基础，分析北京周边林下资源利用和林下经济发展需求、形势及前景，近距离展示北京地区的林下经济发展特色	京郊林下经济综合实践案例解析

（续）

讲座主题	要点	问题解析
林下特色浆果及色素资源开发利用关键技术	针对当前森林资源中开发前景看好的小浆果类野生资源，重点解析保健功效突出的花青素类物质调控利用及产品研发现状	资源利用要点及功能成分开发案例解析
越橘等浆果类资源的开发与利用	研究东北林区林下越橘野生资源的利用状况，详细分析我国越橘资源引进及产业化发展历程、新品种选育和培育的发展方向	资源利用要点、知识产权维护等案例解析
我国传统名花牡丹与林下经济发展	围绕牡丹种资源收集、评价与可持续利用进展和关键技术，解析牡丹花色、香、油、药用等方面的培育和开发利用途径及其对林下经济发展的助力	资源综合利用、林油发展案例解析
悬钩子属林下资源植物利用	解析悬钩子属植物的国际生产、消费和贸易趋势、育种新成就及其对中国悬钩子属资源利用的启示。展示了一个林下资源植物从资源开发到经济利用全球化的全产业链发展过程	林下资源利用的产业化链条延伸
大兴安岭野生资源保护培育和利用	解析大兴安岭野生大型经济真菌资源保护、选育和开发利用、低温型草腐菌“荷叶离褶伞”工厂化培育、林菌仿生培育等综合发展策略及实践经验	林下资源挖掘保护、多途径利用案例解析

3. 通过主题讨论提升学习积极性和主动性

在教学过程中，侧重启发引导式、参与式等教学方式的运用[4-5]。随着政策和各地支持和关注力度的提高，林下经济在全国各地发展都非常快速。如何快速并相对准确地抓住不同区域、不同发展模式的林下经济和林下资源利用特色？教研组引入“问题导向”模式，利用主题问题启发引导同学们讨论交流。一方面提升学生的参与感和主人翁精神，一方面利用相对较短的课程时间，高密集度地使同学们获得广域尺度的知识和信息，而这些知识和信息往往也是以“案例”的形式得以体现和分享。

开课之初，教师根据课程内容设置讨论主题，将全班分成若干小组，以小组为单位，选定讨论的主题。比如，将全国分成不同区域，每组选择一个相对熟悉的区域，结合选定区域的资源和地理环境等特点，分析该区域林下资源和林下经济的培育利用现状、发展特色、面临的问题、相关科学研究需求等内容。组长负责统筹协调组内成员讨论任务的分配、完成与课堂交流，其中1位组员介绍区域发展概况，另外4~5位组员分别讲述本区域内某一项特色林下经济产业的发展状况，每个小组内容总分结合，展示该区域的整体特色。同学们需要提前开展大量文献搜集、阅读、整理，才能够做到课上有效地讨论和分享，同时开展各组互评，这样就切实参与到课程教学环节中来。当前，获取知识和信息的途径很多，尤其是年轻人，特别是研究生阶段已经具备较强的知识基础和学习能力，为“问题导向”的教学模式提供了可能。同学们集思广益，能够就自己感兴趣的知识点进行资料查询、总结归纳并加入自己的思考。既充实了课程内容，又增强了课堂互动、思考和对知识、现象的理解及融会贯通，综合提升了教学效果。

（三）调整增加过程性评价的考核方式

课程考核方式也相应调整，改变期末考试和单一课程论文结课的方式。调整平时的讨论、分享、互评、交流以及小组合作情况占50%分值，期末成绩占50%分值。尽管研究生对于分数比较淡然，但仍然激发了同学在课程学习和交流过程中的积极性。在当下人与人线上交流比例日益提高的现状下，努力创造活跃的课堂环境，利用以小组为单位的资料整理以及阐述等方式，在整个教学过程中，随着各具特色的大量地方林下资源和特色发展信息的汇集，不仅促成了小组成员相互熟悉和积极交流，还大大提升了个人归属感、集体荣誉感，以及家国情怀的增强等多方面的收获。研究生对本课程学习兴趣浓厚，通过师生共同努力，以及相关专家的讲座和深入交流，大家对课程的满意度显著提高。

三、 基于案例式教学的“林下资源培育与利用”课程建设成效

（一）完善了基于案例式教学的课程体系和教学方法

改革之后的“林下资源培育与利用”建立了以林下资源培育利用基本理论支撑培育技术，以前沿技术拓展基本理论和实践领域，和以典型案例链接基本理论与关键技术的教学内容体系，紧扣为林下经济产业培养中高层次应用型管理人才的需求。在教学中通过大量搜集整理相关领域的文献资料、各地各类林下资源及其利用发展模式的案例，结合多年来的切身教学、社会服务和科研经历自编讲义授课；协调了课堂讲授、课程实习、主题讨论、案例分析、专家讲座等环节的核心内容，并通过多种途径的教学实践，建立了已有近百个主题的“林下资源培育与利用”案例和专题讨论题库，完善了基于案例式教学的课程体系和形式多样的教学方法。本课程2018年获得了学校的研究生教学教改项目支持，2021年联合6所农林院校经济林和林下经济教学科研相关的专家学者，申报了国家林业和草原局普通高等教育林草领域“十四五”规划研究生教材《林下经济资源培育与利用》的编著任务。

（二）获得了优秀的教学效果

本课程已经完成5轮教学，培养研究生215人，教学效果优秀，在同类课程教学质量评价中名列前茅。该课程也拓展成为经济林专业本科生的专业必修课。整个课程着眼于全国的林下资源以及林下经济发展态势，通过该课程学习，充分提升了学生对林下资源和林下经济发展的理解和认识，掌握了不同模式林下资源的培育和利用要点，拓宽了学生的视野和操作管理技能，我们的毕业研究生已有多人加入林下经济发展相关的企事业单位并成为其中坚力量。

在课程学习的各个环节中，尤其是在小组讨论以及组间、组内同学的合作、讨论、展示、分享、互评，甚至辩论、竞争过程中，不仅锻炼和提升了自身的综合能力，也增加了同学之间的友谊，为后续科研试验过程中的人际交往奠定了基础；该课程已邀请举办8人次的专家前沿讲座，邀请的专家都是本行业内的佼佼者，与专家之间的近距离接触、提问、交流在增加同学们见识的同时，很大程度上为同学们的发展打开了一些通路，建立了同学们与专家团队沟通、深造乃至合作的桥梁，目前已有6名研究生加入到了讲座专家研究团队，并且获得了研究团队的好评。

四、 结 语

“林下资源培育与利用”课程内容丰富、实践性强且发展快速，而研究生是知识及技能接受能力和思维能力很强的学习者，怎样使该课程真正有价值是值得深入思考和实践提升的重要问题。教研组针对客观现实和学生的特点，建立了基于案例式教学的课程体系，实践了以案例教学为基础，启发式和参与式相结合的教学方法，并调整增加了过程性评价的考核方式。建成了一门上通前沿，下接地气的实用性的林下经济课程（图1）。经过多年教学实践，取得了优秀的教学效果，拓宽了学生的就业和深造渠道，也为我国林下经济产业的发展培养出了有用人才。

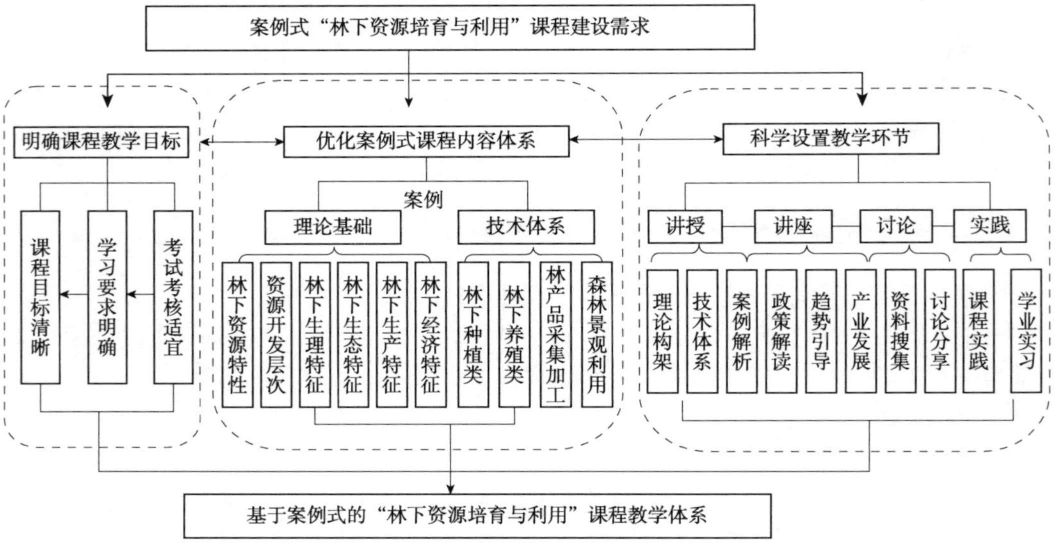

图1 “林下资源培育与利用”课程教学体系建设

参考文献

[1]国家林业和草原局．全国林下经济发展指南(2021—2030)[EB/OL]．(2021-11-30)．http：//www.forestry.gov.cn/main/5461/20211203/160612597293947.html

[2]国务院办公厅．关于加快林下经济发展的意见[EB/OL]．(2021-08-02)．http：//www.gov.cn/zwgk/2012-08/02/content_2197041.htm

[3]胡小雪，陈勇，朱扬，等．案例式教学在食品物性学课程教学中的实践应用[J]．科教文汇(中旬刊)，2021(5)：75-76.

[4]郑晓齐，马小燕．专业学位研究生案例教学的相关问题辨析[J]．北京航空航天大学学报(社会科学版)，2021，34(2)：147-153.

[5]侯智霞，刘勇，徐程扬．“城市种苗学”课程教学体系建设的探索[J]．中国林业教育，2019，37(3)：47-51

[6]贾黎明，赛江涛．面向情怀和方法养成的“森林培育学”课堂教学[J]．高等农业教育，2020(4)：77-81.

Teaching practice of *Cultivation and Utilization of Non-timber Forest-based Resources* based on case teaching

Hou Zhixia　Jia Liming　Bai Qian

(College of Forestry, Beijing Forestry University, Beijing　100083)

Abstract　In view of the fact that non-timber forest-based resources and the non-timber forest-based economy are rich in content, highly practical and developing rapidly, combined with the teaching characteristics of postgraduate courses, the organization of teaching contents in each chapter follows the principle of combining theory with practice, introduces a large number of typical cases pertinently, and establishes the curriculum teaching system based on case teaching. Strive to fully reflect the latest progress of scientific and technological achievements and technology application related to the course content; At the same time, the teaching method was improved by introducing a large number of typical cases on the basis of teaching scientific theories, strengthening the selection, analysis and guidance of cases, practicing the teaching method based on case teaching, combining heuristics and participation, and adjusting and adding the assessment method of process evaluation. After many years of teaching practice, the predominantly case teaching graduate course teaching system and teaching methods have been perfected through coordinated classroom teaching, curriculum practice, case analysis, expert lectures, topic discussion. A case library of nearly 100 related topics has been established during the teaching practice. It has formed a graduate course of closely combining theory and technology of the non-timber forest-based economy, which has achieved excellent teaching effect.

Keywords *Cultivation and Utilization of Non-timber Forest-based Resources*, curriculum system, teaching method, case-based teaching, topic discussion

新时期北京林业大学“经济林栽培学”课程教学改革初探

曹一博　张凌云　孙永江　白　倩

（北京林业大学林学院，北京　100083）

摘要：经济林占我国林业总产值的60%以上，对生态文明建设和乡村振兴起着至关重要的作用。“经济林栽培学”课程是我校林学类相关专业本科生的核心课程之一。针对在国家推动乡村振兴战略目标引领下，现代林业对经济林栽培、管理等高层次专业技术人才需求增加的问题，结合实际教学经验，本文对新时期北京林业大学“经济林栽培学”教学模式中存在的问题和弊端进行了剖析，并在实践中对立足产业需求建立以学生为主体、激发学生学习兴趣、提高学生理论与实践综合能力的新型教学方式和方法进行了初步探索。新形势下，创新课程教学模式、提高学生解决经济林产业发展中实际问题的能力已成为该课程教学改革中的重点问题。

关键词：经济林栽培学；乡村振兴；课程教学；教学改革

2017年10月，习近平总书记在党的十九大会议上明确提出实施乡村振兴战略，这一战略部署立足我国农情发生的深刻变化，直接关系到我国全面建成小康社会和实现城乡均衡发展[1]。林业是农民增收致富的主要渠道之一，经济林占我国林业总产值的60%以上，是我国林业的第一大产业[2-3]。大力发展经济林产业在推动农村经济发展、生态环境改善、实施乡村振兴战略方面具有重要作用。新形势下，促进经济林产业快速发展亟须高等学校大量输出经济林专业人才。然而，当前我国高校培养的经济林专业人才严重不足，生产上普遍存在基础欠缺、对实际生产认知片面、解决实践问题能力薄弱等问题。“经济林栽培学”是我校林学大类本科生的专业选修课之一。该课程以植物学、植物生理学为基础，涵盖经济林木花果特性、育苗技术、整形修剪、建园等多方面内容，是一门实践性很强的综合课程，也是培养经济林产业创新型人才的关键课程之一[4]。因此，针对该课程的理论和实践教学如何紧跟国家需求，对课程内容设置、教学方法及教学效果评价等方面进行了改革探索，以期培养更多经济林产业发展所需的高层次专业人才，助力乡村振兴。

一、“经济林栽培学”课程教学中存在的问题

（一）教学内容局限

1. 课程内容知识点分散

“经济林栽培学”课程涉及“植物学”“植物生理”“植物病理”“土壤学”等多门课程，存在课程间的交叉融合。该课程包含经济林木生长发育、器官形态建成、育苗建园、整形修剪等多方面内容，涉及面广、知识点多。这就导致学生进行理论学习时容易混淆重点，对

作者简介：曹一博，北京市海淀区清华东路35号北京林业大学林学院，讲师，caoyibo@bjfu.edu.cn；
张凌云，北京市海淀区清华东路35号北京林业大学林学院，教授，lyzhang@bjfu.edu.cn；
孙永江，北京市海淀区清华东路35号北京林业大学林学院，讲师，sunyongjiang12@163.com；
白　倩，北京市海淀区清华东路35号北京林业大学林学院，讲师，baiqian0219@163.com。

资助项目：北京林业大学教育教学改革项目“经济林栽培学总论课程思政教学探索”（2020KCSZ026）。

基础知识掌握不够扎实。同时，对理论和技术难点学习效果不佳，导致在生产实践中“一用就错”的问题频发。

2. 实践教学效果不佳

从高校实际教学情况来看，作为实践性较强的综合性专业课程，目前“经济林栽培学”课程教学中还存在实践教学学时少、学生参与度低，或多采用在特定区域内学习指定经济林树种栽培管理模式等问题。这导致学生的实践认知存在明显的地域性，对不同树种了解不够全面，理论联系实际不够，导致课堂教学和实践脱节，不利于全方位培养高校学生解决生产中实际问题的能力。

3. 教学内容缺乏前沿性

随着科学技术发展，经济林方向有许多前沿性研究成果产出，包括生理机制解析、栽培技术创新等。然而，传统的“经济林栽培学”课程内容缺乏对科学、技术前沿内容及时有效的整合，具有一定的局限性。这会导致学生在理论学习和生产实践认知上相对滞后，不利于培养满足乡村振兴需求的创新型经济林专业人才。

4. 教学内容缺乏对当前产业问题的思考

在乡村振兴战略引导下，经济林产业正处于快速发展的时期。而传统的“经济林栽培学”教学仅着眼于栽培技术环节，缺乏对当前产业发展的思考，导致学生在学习过程中看不到产业的出路和希望。新时期的“经济林栽培学”不仅要解决栽培问题，更要解决后续产业的问题，实现产业一体化及上下联动，最终实现整个经济林产业的提质增效。

（二）教学方式和方法缺乏创新

1. 教学方法相对单一

传统的“经济林栽培学”课程主要以“老师讲，学生听”的单一课堂讲授方式为主，但对于现在的大学生而言，单纯的理论灌输并不能达到良好的教学效果。这种教学方式容易引起学生疲劳式听课，不仅不利于掌握理论知识，还会导致学生因被动接受，丧失学习兴趣。

2. 学生课堂参与度不高

由于“经济林栽培学”课程内容涵盖知识点较多，且主要以教师讲述为主，容易出现课堂以老师为主体、学生普遍参与度不高的现象。学生上课时忙于记笔记，与老师缺乏互动，课堂氛围不够活跃。这对于培养学生主动、独立思考和解决问题的能力非常不利。

3. 实践教学环节严重不足

“经济林栽培学”课程作为培养学生综合技能的专业课程，实践性是其重要的组成部分之一。然而，传统的教学方式偏重理论讲授，对实践教学重视不够。实践环节的缺少容易使学生对理论知识的理解停留在抽象层面，无法与生产实践中的实例对应，动手能力差。

（三）教学考评方式不完善

1. 教学考评方式相对单一

教学考评是评估学生学习效果的主要方式，是学生对所学知识的反馈，也是教师课后进行教学反思的主要依据。目前高校的考评方式主要仍以传统的课程考卷形式完成，依据最终的考试成绩评判学生对专业知识的掌握程度。这种考评方式较为单一，容易以偏概全，导致对学生的评价不够全面，也容易影响学生学习的积极性。

2. 实践教学考评重视度不高

基于“经济林栽培学”课程较强的实践性，以及新时期对培养创新型经济林专业人才的要求，在考评过程中，应加强学生实践能力和对产业问题思考的评估。目前对于实践教学的考核多以提交实习报告的形式进行，以文字叙述实习过程为主，形式单一，并不能很好地反映学生分析、解决生产问题的能力。

二、 乡村振兴对培养创新型经济林专业人才的要求

乡村振兴战略是新时代“三农”工作的总抓手，开启了加快我国农业农村现代化的新征程，而保证其顺利实施的关键因素是人才振兴[5]。高等学校作为高层次专业人才的主要输出地，培养以新时代产业需求为导向的新型专业人才已成为亟须解决的问题。经济林产业作为农民脱贫致富的主要手段之一，其人才培养的重要性不言而喻。

（一）注重应用技术型人才

长期以来，“经济林栽培学”课程在北京林业大学的林学、森林保护专业及城市林业方向的专业课程体系中，主要以专业选修课程的形式开展，教学实践环节课时数较短。2019年我校获批教育部增设经济林专业，至此对于经济林专业人才的培养进入一个新征程。作为核心专业课程，“经济林栽培学”的主要教学目的是使学生通过学习，重点掌握经济林栽培的基本理论知识、获得基本专业技能，并能够解决经济林木生产中的实际问题。目前高校培养的经济林专业人才在生产实践中往往无法很好地将理论应用于实际，存在应用技术短板。而在全面实施乡村振兴战略的背景下，培养能解决经济林产业中实际问题的专业人才和大国工匠，才是符合实际需要的。因此，加强培养应用技术型人才的力度是当前新形势对人才培养的必然要求。

（二）亟须培养理论过硬的创新型研究人才

乡村振兴战略是进行农业现代化建设的纲领，而实现农业现代化离不开科技创新。创新型专业人才是科技进步的关键，往往对产业发展具有引领性和带动性[6]。对于经济林产业发展也是如此，培育高效、优质、丰产的新品种，创建提高产能的新技术，树立名优品牌效应等都需要创新型人才的支撑。由于经济林专业人才培养的断代，经济林产业不但缺乏专业技术人才，理论研究也严重滞后，进一步限制了技术创新和产业高质量发展。因此，培养具有一流研究水平的经济林专业人才是保障产业高质量发展的基石和动力，也是推动生态文明建设、促进农民增收、加速乡村振兴的必要条件。

三、“经济林栽培学”课程教学改革措施

基于新时期对高校人才培养的新要求，本文作者在教学实践中对“经济林栽培学”课程的教学改革进行了初步探索，并尝试立足产业需求，通过以下几点措施建立以学生为主体、激发学生学习兴趣、提高学生理论与实践综合能力的新型教学模式。

（一）完善和拓展教学内容

1. 引入课程思政元素

习近平总书记在全国教育大会上强调要“培养德智体美劳全面发展的社会主义建设者和接班人”，在高等教育中，“立德树人”更是对高校教师的基本要求[7]。因此，根据“经济林栽培学”课程的专业知识特点和教学特点引入思政元素，达到思想政治教育和专业知识学习的有机结合。例如，在讲述经济林产业发展时引入榜样人物事迹——“太行山上的新愚公”李保国教授对我国经济林产业发展所作出的重要贡献，采取实例教学法，让学生切身体会到经济林产业在脱贫攻坚和乡村振兴中的作用。以优秀北林学子担任驻村干部、返乡创业、助力乡村发展等实例鼓舞学生，以此来激发学生的学习热情，引导学生热爱经济林专业，知道为什么要学、为谁学、为谁服务等问题。

2. 整合课程内容，积极引入最新国际前沿进展

为解决学生在学习过程中对重点内容把握不够准确的问题，对教学内容进行相应的整

合，帮助学生区分基础知识与重点难点，保证学生有层次地学习课内知识。在此基础上，适当引入经济林领域的最新研究成果，引导学生积极查阅科技论文、关注各类科技公众号推送等。将科研成果融入课堂教学中，帮助学生拓宽知识面，跟踪前沿理论和技术研究。此外，对于专业内的研究热点，采用翻转课堂模式，促使学生实时分享最新研究进展，深入理解科学问题。这种将培养研究型专业人才融入“经济林栽培学”理论教学环节的理念，大大提升了学生的科研素养。

3. 加强实践教学，提倡科研教学

针对“经济林栽培学”课程目前实践教学占比较低的实际情况，结合乡村振兴对应用技术型人才的需求，应更新并加强实践教学内容。如让学生实际参与多个树种的嫁接、修剪过程，提高技术水平；将室外实习与室内实验相结合，在外观察枝芽生长特性、在内观察其解剖形态特征，做到夯实基础以及理论与实践有效结合。乡村振兴战略的实施要求经济林产业实现提质、增效的可持续发展。在实践教学中引导学生思考经济林产业发展中存在的问题，与实际生产接轨，为企业发展出谋划策，提高了学生解决问题的综合能力。同时尝试以问题为导向的启发、探索式教学，开发学生的科研思维，为培养可引领和带动产业发展的创新型人才奠定基础。

4. 针对不同专业学生开启个性化教学

“经济林栽培学”课程担负着培养我校林学、森林保护专业及城市林业方向等多个专业方向的学生具备经济林理论知识和实践技能的任务。针对不同专业学生采取个性化教学是我们正在探索的教学模式。首先针对不同专业学生设置不同的培养目标，尝试个性化教学内容和方式，为培养创新型研究人才及基于技术层面的大国工匠奠定基础。例如，林学专业学生侧重讲解经济林花果发育、整形修剪等方面的内容，让学生了解大林业与经济林的区别以及经济林在推动林业发展中的重要作用。森林保护专业学生已完成植物病原学、普通昆虫学等课程学习，具备扎实的病、虫害基础知识，结合“经济林栽培学”的学习，一方面学习栽培学知识，同时加强学生对有效防控经济林有害生物的认知，拓展他们未来在林业产业中解决问题的能力。这种专业交叉融合的方式提高了学生的综合实践能力，为林业产业发展提供了新的思路和人才。

（二）改变传统教学方式和方法

1. 灵活采用多种教学方式

在教学方法上，以授课为主的传统教学方式仍有着不可替代的作用。在此基础上，引入新兴授课模式，灵活采用多种教学方式，相辅相成，以达到提高教学效果的目的。如充分利用多媒体教学工具，使抽象的理论知识具象化到图片、视频等，帮助学生更加深刻地理解理论知识。在讲述果园栽培管理措施等内容时，邀请专业技术人员配合教师对技术要点进行讲解，帮助学生不拘泥于课堂学习，同时掌握生产中的关键技术。此外，部分内容采用翻转式教学模式，鼓励并引导学生课下自学，课堂进行讨论、交流，答疑解惑，尝试由传统的教授式教学向辅导式教学转变。

2. 加强以兴趣为导向的教学

如何激发学生学习兴趣、提高学习动力是以理论教学为主的课程中普遍存在的问题。传统的教学方法多以课堂为中心，对理论知识的讲解容易枯燥、乏味，使学生丧失学习兴趣。针对这类问题，采取现场教学法进行了适当改进。如讲解经济林木生长发育规律、枝芽特性、器官发生等理论性较强的知识点时，可以带领学生走出教室，利用校园树木引导学生现场观察实物，既能提高学生的学习兴趣，又能促使学生将理论知识和实践观察相结合，提高教学质量。

3. 引入多种实践教学方式

传统实践教学主要以教师带领学生去指定实习基地参观、学习的方式完成，缺乏对实际生产中各个环节的了解。对此，在实际教学中可以合理利用校园资源，以小组为单位完成实习任务。如将学生分为3~5人小组，在校园内选定几个树种对其整个生长季的生长特点、枝芽特性等进行观察，并以小组形成实习汇报。此外，也可以增加模拟实训课程教学。利用互联网，模拟设置由经济林基地营建规划到经济林产品上市营销的整个产业链，在此过程中引入真实的经济林企业参与[8]。学生以小组形式进行项目设计、实施，最终由教师和企业技术人员对设计方案进行评价和认定，让学生熟悉实际生产中的项目流程，提高学生对理论知识的应用和实践能力。

（三）健全教学考评方式

1. 丰富理论教学考评方式

传统的闭卷考试是评估学生对理论知识掌握程度的最有效方式，但考试内容多为知识点记忆，对此可以适当调整考核题目，从日常生活中选题，着重考查学生对知识点的综合运用和解决问题的能力。在此基础上，增加对学生课堂参与度、独立完成主题报告等方面的考核，丰富理论教学的考评方式，更为全面地评估学生对理论知识的学习效果。

2. 增加实践教学考核环节

实践教学考核普遍以学生提交实验报告的形式完成，这种单一的考核方式会出现学生提交实验报告模式化、形式化的问题。在实践教学的考核中可以增加对实习过程的考核环节，如在实习过程中考查学生实际操作的规范性及动手能力，包括嫁接实验、播种实验等；或要求学生以小组为单位，收集并提交实习过程中的照片及视频资料，作为实习过程的考核依据之一。

四、“经济林栽培学”课程教学改革成效

经过长期探索与实践，北京林业大学“经济林栽培学”课程教学立足产业发展需求，探索出了以学生为主体、激发学生学习兴趣、提高学生理论与实践综合能力的新型教学方式和方法，形成了教学相长的良性互动。同时，积极融入思政教育元素，坚定了学生学以致用、服务乡村振兴的信念，教学效果提升明显。

（一）增加学生知识储备，独立思考和创新能力明显提升

通过翻转课堂等教学方法，鼓励学生课下自学，课堂进行讨论、交流，答疑解惑，并引导学生关注和追踪前沿技术，拓宽了学生获取知识的渠道，增强了知识储备，同时也提升了他们探索新知识、了解新技术的兴趣。近几年，本科生申请经济林方向大学生创新创业训练项目的积极性明显提高，获批项目增加；保送及报考经济林专业研究生的人数也有所增加。

（二）激发学生学习动力，课堂参与度和实践能力显著提高

注重以学生为主体，积极尝试现场教学、实物教学等授课方式，大大提升了学生上课的积极性和参与度。以校园树种为实物，现场完成生物学特性观察等教学，并以小组为单位完成课程报告充分激发了学生的学习兴趣，课堂参与度显著提高。作为专业选修课，林学、森林保护、城市林业的学生基本全部选修该课程，且课堂评价均达90分以上，说明学生对课程教学的满意度增加。

（三）坚定学生专业信念，自我认同感和就业竞争力逐步增强

在课程教学中，尝试充分挖掘并积极融入思政教育元素，明显增强了学生的专业自信，

坚定了他们学以致用、服务乡村振兴的信念。学生以家乡主要经济林树种为例，完成包括栽培管理措施、产业发展等方面的课程汇报，也促进了学生对产业的思考，实现了理论知识与生产实践的对接，提升了学生择业、就业的竞争力。

五、结　语

乡村振兴战略实施以来，人才支撑始终占有重要的位置。经济林产值高、效益好，是推动乡村振兴的绿色朝阳产业。因此，如何以国家战略需求为导向，培养高层次的经济林专业人才也成了高校人才培养亟待解决的问题。“经济林栽培学”课程作为培养绿色经济发展人才的核心课程之一，推进课程改革、创新课程内容、调整授课方式及评价体系势在必行。通过课程教学使学生从思想上认识到学习该课程的重要性，发挥课程育人的作用。同时，鼓励学生独立思考，培养其将理论运用到实践中的能力。这种专注提高学生综合素质的教学模式可为林业产业发展提供新的思路和人才，为推动生态文明建设和加速乡村振兴提供保障。

参考文献

[1]张松梅. 十九大以来的我国乡村振兴战略研究综述[J]. 特区经济，2021(7)：103-106.

[2]赵铁蕊，赵荣，宁攸凉，等. 中国经济林产业区域竞争力评价分析[J]. 林业科技通讯，2020(11)：38-42.

[3]烨磊. 我国经济林产值占林业一产近六成[J]. 生态文化，2011(5)：37.

[4]张雪梅，李寒，张军，等. 新形势下经济林栽培学课程改革探索[J]. 安徽农业科学，2019(18)：278-279，282.

[5]沈高峰. 乡村振兴战略背景下农业高校人才培养的新要求[J]. 安徽农学通报，2018(16)：11-12.

[6]曹喜兵. 现代林业与乡村振兴课程探索与研究[J]. 高教学刊，2021(26)：110-112，117.

[7]王群瑛. 把立德树人作为教育的根本任务[J]. 中国高校社会科学，2018(6)：15-20.

[8]刘玉林，李龙. 新时期高校“经济林栽培学”课程教学改革探索[J]. 教育教学论坛，2019(251)：93-94.

Preliminarily exploration on teaching reform of *Non-wood Product Forest Cultivation* in the new period

Cao Yibo　Zhang Lingyun

(College of Forestry, Beijing Forestry University, Beijing　100083)

Abstract　Non-wood product forest accounts for more than 60% of the total forestry out-put value in China, which plays crucial role in ecological civilization construction and rural revitalization. *Non-wood Product Forest Cultivation* is one of the core courses for undergraduates majoring in forestry. Under the guide of the rural revitalization strategy, in view of the increasing demand of professional and technical personnel of non-wood product forest cultivation and management, combined with the teaching experience, the authors analyze the problem existing in the traditional teaching mode of *Non-wood Product Forest Cultivation*. The new teaching mode based on student-oriented and stimulating study interest were explored preliminarily in practice to improve the comprehensive ability of students. Under the background of the comprehensive implementation of rural revitalization strategy, innovating the teaching mode and improving students' ability to solve practical problems in the non-wood product forest cultivation and management have become the key point in the teaching reform.

Keywords *Non-wood Product Forest Cultivation*, rural revitalization, course teaching, teaching reform

融合新农科理念的“林学概论”教学探索与实践

侯正阳　付玉杰

（北京林业大学林学院，北京　100083）

摘要：“林学概论”是林学学科的核心课程之一，是农林院校相关专业学生必须掌握的知识体系，是新农科建设的重要内容。本研究基于学生学习类型的分析，以教学设计为圆心，围绕更新调整教学方式、建立阅读书单和课后答疑时间等方面开展基于新农科理念的“林学概论”研讨式教学方法的实践与探索。实践表明，“林学概论”教学方式的新探索，可以提高教学成效，能够为疫情时代线上线下混合教学提供重要的思路与参考。

关键词：通识教育；研讨式教学；互联网教学；教学设计

一、 背景与目标

涉农高校是强农兴农“国之利器”，新农科建设是振兴高等农林教育的国家战略。2019年，新农科建设推出“北京指南”，标志新农科建设从“试验田”走向“大田耕作”全面展开，借助新农科研究与改革实践，改善制约高等农林教育发展的关键问题，探索面向未来高等农林教育改革的新路径、新范式。“北京指南”对深化高等农林教育改革作出明确部署，提出改变农林高校教与学的行为，改变农林高校人才培养范式，要“真刀真枪”实在改革，要让新农科建设有效度。

课程是高等农林教育人才培养的核心要素，课程质量直接决定人才培养质量，是新农科建设的重要内容。为贯彻落实“北京指南”，必须深化教育教学改革，必须把教学改革成果落实到课程建设上。“林学概论”作为本科基础教学课程在国内外林学相关院校出现已有70余年，是林学学科的核心与基础课程之一，是农林院校相关专业学生必须了解和掌握的知识体系，也是植物学、生物学等专业的重要课程。国内外高校在其林学学科专业的人才培养中，都将“林学概论”课程作为经典必修课程开设，作用与地位显著。

“林学概论”随林学理论发展逐步完善，已成为现代林业科学体系中最丰富、最重要的基础内容之一，在众多研究方向和工程实践中有着广泛的应用，是一个非常活跃的研究领域。课程内容主要包含：认识森林、培育森林、经营森林、保护森林和合理利用森林资源为基本内容，要求学习者了解森林概念、森林植物、森林生态、森林与环境作用、森林计测与效益评价的基本知识；熟悉和掌握林木遗传改良、良种生产与经营、苗木培育的基本理论与技术；熟悉和掌握人工林栽培、农林复合经营、封山育林与低效林改造、城市森林营造的理论与技术；了解和熟悉森林抚育与主伐更新、森林健康经营与保护的基本方法；了

作者简介：侯正阳，北京市海淀区清华东路35号北京林业大学林学院，副教授，houzhengyang@bjfu.edu.cn；
付玉杰，北京市海淀区清华东路35号北京林业大学林学院，教授，yujie_fu@163.com。

资助项目：北京林业大学教育教学研究重点项目“基于‘新农科’理念的森林学基础课程的‘3A’教学方法与实践”（BJFU2021JYZD002）。

解和熟悉森林资源管理、森林资源综合利用的基本知识。学生通过本课程的学习，能够初步学会运用基础理论分析和解决林业生产中，尤其是森林培育和管理中的实际问题的方法。

然而，随着林学理论的纵深发展，教学方法的进步和新型冠状病毒肺炎疫情的特殊时代背景，传统教学手段在教学内容的高阶性、趣味性和教学过程的创新性方面明显不足[1]，对"林学概论"课程的教学改革势在必行。因此，本研究以新农科建设为契机，提出基于新农科理念的"林学概论"研讨式教学方法与实践的教学新理念，将抽象内容以深入浅出的方式传授，在课堂上将传统的"主—客"师生关系转变为"主—主"合作关系，注重对学生主观能动性的培养，激发学生的学习热情，充分发挥"双一流"学科立足社会经济发展需求和人才培养的特色作用。

二、 新农科理念

新农科"北京指南"通过对农林教育发展趋势研究与实践，实现校院齐动、师生互动、校企联动、部门协动，让农林教育热起来，让农林高校强起来，让高等农林教育成为"显学"，重点回答了"理念怎么新"。教学改革上新农科理念的核心在于将传统课堂的"主—客"师生关系转变为"主—主"合作关系，注重对学生主观能动性的培养，激发学生的学习热情，主要内容包括：

（一）突出教学过程创新性

通过教学改革，结合课程的特点，采用新颖的教学体系，让学生从枯燥的理论中感受到课程的精密、严谨和现实意义，从概念到定义、从形式到内容、从理论分析到实际应用都体现出教学过程的创新性价值[2]。

（二）增加趣味性和挑战性

在课堂上更加注重学生主体精神的培育，通过一种生动的形式将课程相关的名人趣事讲解出来，让学生能够更加形象地理解到课程的相关知识，使得学生能够从相关的科学故事中习得必要的人文和科学精神，同时，加大学生学习投入，科学"增负"，让学生体验"跳一跳才能够得着"的学习挑战。严格把关考核考试评价，增强学生经过刻苦学习收获能力和素质提高的成就感[3]。

（三）提升高阶性

在部分教学课时中采用研讨式教学，以更平等的对话为基础，更能体现出一种团队学习、合作研究的教育理念，教师可以从学生中获得学术灵感，学生可以形成强烈的对知识的探求欲望，在小组学习的过程中，能够锻炼学生自己发现问题并解决问题的能力，提高其团队合作精神[4]。更为重要的是让学生在课堂学习新知识的过程中，不知不觉巩固基础知识，坚持知识、能力、素质有机融合，培养学生解决复杂问题的综合能力和高级思维。课程内容强调广度和深度，突破习惯性认知模式，培养学生深度分析、大胆质疑、勇于创新的精神和能力。

三、 新农科理念上的"林学概论"教学探索实践

"以学生为中心，为学而教"是比格斯 3P 教学模型的核心，符合"北京指南"关于改变农林高校教与学的行为、改变农林高校人才培养范式的要求，是让新农科建设有效度的方法途径。比格斯认为，学生自身特性、学习环境和学习方式是学习的前提(presage)，它们对学习过程(process)和学习结果(product)产生影响(图 1)。学生如果自控力弱，就不能抵御线上线下纷繁复杂的干扰信息，不论在课堂上还是在利用网络进行学习的时候，容易造成注意力不集中，思想开小差等问题。研究发现，95%的学生是视觉型或者听觉型学生，

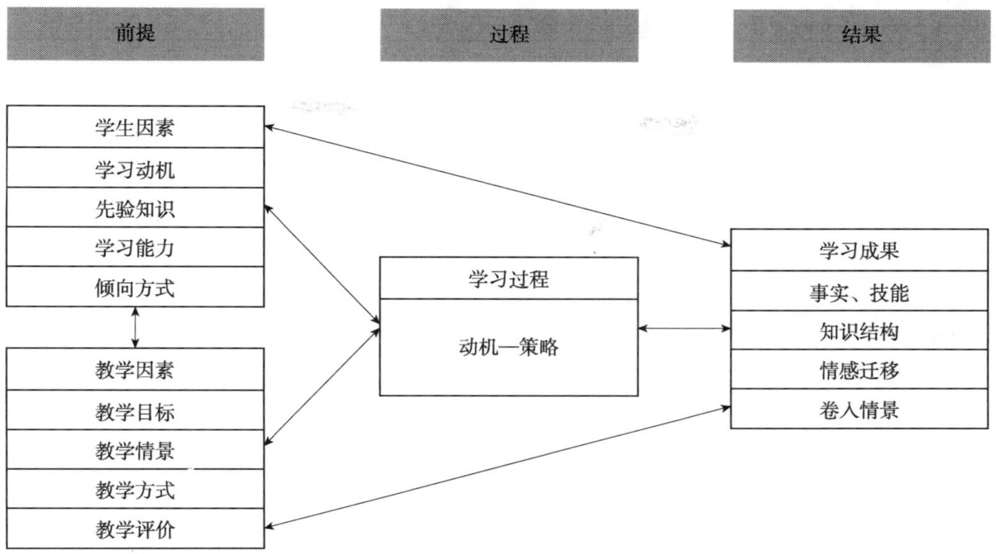

图1　比格斯3P模型示意：前提(presage)、过程(process)、结果(product)

这意味着，他们更倾向通过视觉和听觉接收信息，感知世界。另外5%的学生是动觉型，更愿意通过肢体的运动来获取信息。疫情时代线上线下的混合教育，也许不能很好地帮助动觉型学生学习知识，但是可以在听觉和视觉方面下功夫，为绝大部分的学生设计适合他们的教学方法，促进学生们的认知过程，使学生获得类似于课堂学习的体验，提升教师与学生双向的愉悦感和满足感[5]。

良好的教学设计可以帮助教师达到预期的教学目标。对于“林学概论”课程，教学设计尤其重要。很多学生反映“林学概论”不好学，原因在于这门课的内容庞大，涵盖林学、林业中的方方面面，像一个聚宝盆，装满了琳琅满目的山货奇珍。学习“林学概论”就要先从课程的大局或者体系学起，慢慢地在脑子中建立一张组织有序的树状图以了解枝丫之间的关系，死记硬背对于知识的掌握帮助并不大。而良好的教学设计就能帮助学生更加快速地在自己脑中建立一套合理的树状图，并让他们具有在主枝上填充侧枝和小枝的能力。

（一）教学方式的改变

“林学概论”课程现有的传统教学方式以讲授法为主，并配合演示法在课堂上展示各种器材或者开展示范性实验操作。由于课程内容多，教师很难在课堂上将所有内容展开，只能挑选主干知识进行讲解。学生如果不做课前预习和课后复习，就无法掌握整个知识体系的全貌，大幅降低教学效果。基于以上考虑，“林学概论”在课程设计上将传统教学与视频教学和三维互动结合起来，充分调动学生五感中的视觉和听觉，发挥视觉型和听觉型学生的主观能动性，使学生在较短时间的学习过程中能够将知识吸收和消化。不论是线下还是线上，教学都录制教学视频，学生如有课堂上没有理解的内容，可在课后翻阅视频文件，多次体会，直至弄懂为止，为学生开创了一条自主学习的新路径。

（二）教学内容的网状化和图形化

由于大部分学生是视觉型学生，把教学内容浓缩为图形或网状结构进行分析并反复演示，对于学生长期记忆“林学概论”的知识体系极为有益。知识点不是孤零零独立存在的，他们是一棵树上的硕硕果实，或是主干上的枝枝丫丫，它们相互联系，是一个有机的整体。教学也要注重知识体系的完整性。教师传授知识时，如果能够帮助学生构筑起这颗知识树，对于学生掌握“林学概论”的知识体系大有裨益。这就要求教师自身有极强的概括归纳能力和洞察力，也要求教师自身清晰这棵树的结构。教学先从主干和主枝教起，并反复强调，才能尽快帮助学生搭建起知识大厦的结构框架，而侧枝、小枝、树叶和果实等可以在之后添加，甚至交给学生自己去习得和探索。

(三)研讨式教学

在课中与课后，组织学生开展基于最新研究进展和成果的讨论式教学。讨论式教学围绕着不同的主题，例如森林植物、森林培育、森林调查等。学生可以按照自己的意愿选择参加某一个小组。每一个小组，都要在自己查阅基础资料和最新科研文献的基础上，经过学习、阅读、钻研，形成观点，并选派一两位同学向全班汇报。这与下面阐述的课后阅读书单有着密切的关系。讨论式教学，可以促进学生紧跟科研动态，自己动脑子主动开拓知识。他们在准备的过程中，必然要大量阅读，组织论点论据，这就是一个学习的过程。

(四)设计课后作业和阅读书单

课后复习和课后补充加强是构建知识体系大树的秘诀。师傅领进门，修行在个人，说的就是这个道理。课后作业是“林学概论”学习的重要环节，是把短期记忆的信息引导到长期记忆知识网络的关键。课后复习和阅读，教师的主导作用不可或缺。考虑到“林学概论”学习的特点，实践中把课后书单分为两类：一类是必读书单，另一类是选读书单。后者相对更难更深，交给学有余力的学生去挑战自己。课后作业的检查方式是与研讨式教学结合起来，撰写一篇读书心得，或者口头报告研讨主题，也鼓励学生用图形图画的形式，把课后学到的知识补充进“林学概论”的知识体系大树中来。实践表明，课后作业和阅读书单的设立发挥了巩固并加强课堂知识的作用，更好地实现了教学目标。

(五)建立课后在线答疑时间

很多非林学专业的学生也对林学产生了兴趣，他们经常在课后联系教师，请教相关问题。为了鼓励学生的创新思维，并积极与学生自己的专业搭建联系，“林学概论”教学设置了课后在线答疑时间。在线答疑是刚需，学生在学习的过程中都有问问题的诉求。在线下课堂，有些学生因为害羞，不好意思向老师或者同学提问。线上交流打破了交流的天然屏障，并把这部分学生的提问能力激发出来，这对于刚接触世事的学生来说，尤其重要，因为在线答疑帮助他们缓冲了人与人之间交际的困难。教师充分利用微信、雨课堂等网络平台，及时地回复学生的问题，帮助他们更好地掌握“林学概论”的知识。由于学生数量较多，他们的提问往往具有共性，教师把每一次答疑过程与全班学生共享，使答疑做到了服务更多学生，更加有的放矢。

四、 效果评价

北京林业大学综合教学管理系统的教学评价模块为本次探索实践提供数据基础和评价依据。通过对比教改前后两次“林学概论”教学工作的评价结果，教学探索后的总体评价较探索前显著提升，评价总分由90.17上升至93.25，院排名从第23名升至第4名，校排名从第172名升至第55名(表1)。

为细化分析教改效果，图2分别从4个维度进行归一量化比较，即专业知识习得程度、专业知识课程难度、自我学习主动程度、时间精力投入程度，主要结论有三点。第一，教学探索后，4个维度上的教学效果均得到大幅度改进，从探索前的“高”“一般”提升至“很高”。第二，提升专业知识课程难度激发学生自我学习主动程度和时间精力投入程度，从而促进专业知识习得程度，综合提升了教学效果。第三，学生自我学习主动程度和时间精力投入程度得益于“主—客”师生关系转变为“主—主”合作关系，并通过线上线下教学、研讨式教学、课后阅读、课后答疑等探索实践综合促进。

表 1 北京林业大学综合教学管理系统评价结果统计

教学探索	授课教师	开课单位	上课班级	评价课程类别	学生人数	样本总数	参评率(%)	有效数	评价总分	学院该类课程排名	学校该类课程排名
是	侯正阳	林学院	食品、生物	理论	186	182	97.85	182	93.25	4	55
否	侯正阳	林学院	园林	理论	127	125	98.43	125	90.17	23	172

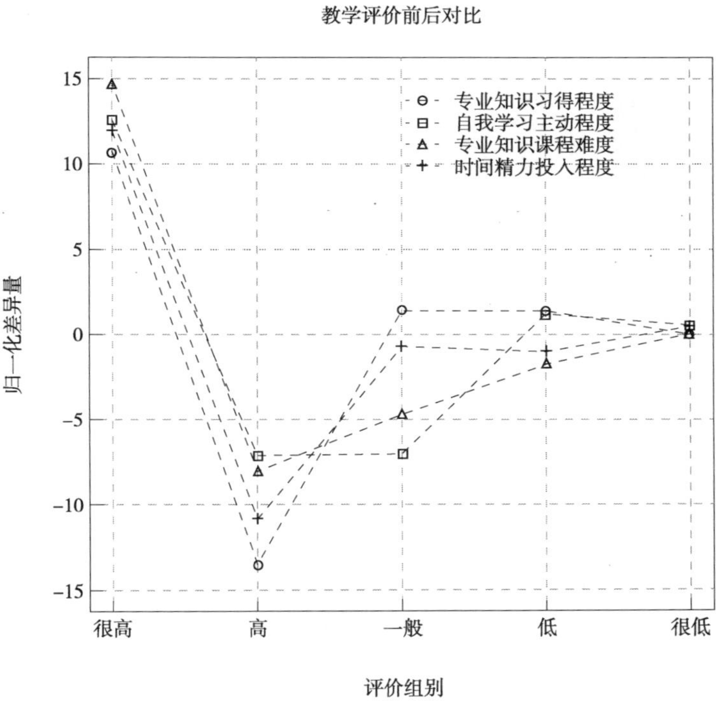

图 2 教学评价四维量化分析

五、结 语

“林学概论”是北京林业大学本科生教育中最具有鲜明特色的课程之一，该课程的教学改革对于学校整体教育教学研究具有典型的代表性，是我校新农科建设、落实“北京指南”的重要参考。实践表明，融合新农科理念的“林学概论”教学探索实践，可以提高这门课程教学的成效，还提高了师生双方的满足感和成就感。线上线下混合教学是“林学概论”教育教学改革的一次重要实践，为新冠疫情背景下创新教学模式提供了重要的思路和参考，为更好地完成教学任务积累了经验。

参考文献

[1]杨家兴. 在线教育的理论基础与制度选择[J]. 中国远程教育，2006(7)：14-19.
[2]郭成. 课堂教学设计概述[M]. 北京：人民教育出版社，2011：5.
[3]刘海燕，李浩然，邹文. 学习类型的理论研究简介[J]. 心理学动态，1998(2)：27-31.
[4]Chen S Y，Liu X. Mining students’ learning patterns and performance in web-based instruction：a cognitive style

approach[J]. Interactive Learning Environments, 2011, 19(2): 179-192.
[5] Vlach H A. The spacing effect in children's generalization of knowledge: Allowing children time to forget promotes their ability to learn[J]. Child Development Perspectives, 2018, 8(3): 163-168.

Lecturing *Introduction to Forest Science* with the novel theory of agriculture science

Hou Zhengyang　Fu Yujie
(College of Forestry, Beijing Forestry University, Beijing　100083)

Abstract　*Introduction to Forest Science* is one of the central courses for undergraduates studying in forestry-oriented universities. Based on the analysis on student learning styles and the belief in new agriculture science, we explored the practice of teaching this course in a variety of aspects, including teaching approaches, syllabus, reading list, question time and etc. Our practice showed that, new teaching approaches had effects on improving teaching results, which brought new insights on hybrid online and offline teaching in the epic of post pandemic.

Keywords　general education, discussion-based teaching and learning, online teaching, instructional design

课程思政

2022

“4R”养分管理策略对课程思政的启示

匡文浓　陈贝贝

（北京林业大学林学院，北京　100083）

摘要：培养立志为中国特色社会主义奋斗终身的有用人才是教育工作的根本任务，课程思政是达成这一目标的重要途径。本研究针对当前课程思政中重“教”不重“育”、重思政内容轻思政结果及思政效果缺乏评价等问题，分析了“4R”养分管理策略对课程思政设计和评价的启示和借鉴意义，提出以价值观、知识和能力培养作为衡量思政效果的评价标准，构建选择正确的思政内容、以正确的思政时长、选择正确的思政时机、在正确的思政情境下开展思政育人工作的“4R”课程思政管理策略，旨在为课程思政的设计和评价提供一个行之有效的逻辑框架和手段。

关键词：课程思政；人才培养；能力提升

习近平总书记在全国高校思想政治工作会议上指出，要坚持把立德树人作为中心环节，把思想政治工作贯穿教育教学全过程。课程思政是大学教育中培养担当民族复兴大任时代新人的重要途径。许多研究从宏观层面上对课程思政的改革方向和实践途径进行了探索[1-3]；也有许多研究针对某一专业或者某一课程的思政内容实践进行了总结[4-6]。然而，当前课程思政过程中还存在诸如课程思政中重“教”不重“育”、重思政内容轻思政结果、思政效果缺乏评价等问题。

十年树木，百年树人，课程思政的育人策略和评价或许可以道法自然。陶行知先生认为“培养教育人和种花木一样，首先要认识花木的特点，区别不同情况给以施肥、浇水和培养教育，这叫因材施教”。“4R”(four rights)作物养分管理的核心概念是把正确的肥料品种(right source)、以正确的用量(right rate)、在正确的时间(right time)、施在正确的位置(right place)[7]，是一种兼顾经济效益、社会效益和环境效益的可持续作物养分管理模式，为解决人口日益增长和生活水平的提高引发的粮食生产与自然资源消耗及环境恶化之间的矛盾提供了有效的解决方案[8]。育人如育苗，本文尝试在分析“4R”作物养分管理策略核心科学依据的基础上，探讨其对课程思政管理和评价的启示与借鉴意义，旨在总结一套适合课程思政的管理策略。

一、“4R”作物养分管理策略

“4R”作物养分管理策略涵盖了所有的养分管理相关的科学原理，在实际应用中需要重复考虑农户的目标、农户拥有的资源、种植制度、耕地的土壤条件、生产地的气候条件以及影响养分管理措施的其他因素。“4R”作物养分管理是服务于可持续农业发展目标的一种

作者简介：匡文浓，北京市海淀区清华东路35号北京林业大学林学院，讲师，kuangwn@bjfu.edu.cn；

陈贝贝，通讯作者，北京市海淀区清华东路35号北京林业大学林学院，实验师，chenbei@bjfu.edu.cn。

资助项目：北京林业大学教育教学改革项目“林学类专业综合实习植物认知环节的教学改革与实践”(BJFU2021JY009)；

北京林业大学教育教学改革项目“梁希实验班(林学与森保)本科学业导航机制的探索与实践”(BJFU2019JY008)。

策略，其目的是在增加粮食产量和经济效益的同时，又能保持粮食生产体系的生态完整性，也就是说，“4R”作物养分管理策略需要同时兼顾社会、经济和环境三方面的效益，这正是可持续农业发展的根本目标和挑战。“4R”作物养分管理策略作为一种综合考虑多目标的方法，在农业上实现了社会、经济和环境保护的三赢[9]。例如在水果生产过程中，在利益相关者的帮助下，许多农民将4R概念付诸实践，获得了更高的产量和更好的水果质量、更少的投入成本、更少的劳动力需求、更少的土壤侵蚀和养分流失，以及更大的经济收益[10]。因此，在全方位多目标育人的现实需求背景下，了解“4R”作物养分管理策略的核心科学依据，可以为制定合适的课程思政管理策略提供参考和借鉴。

人才培养是育人和育才相统一的过程，而育人则是根本。课程思政的中心在于“育”，这与“4R”作物养分管理策略的核心理念完全一致。“4R”作物养分管理策略确定“四个正确”的核心科学依据为课程思政内容的选择、时机的选择、思政时长的选择以及思政情境的选择起到了重要的启迪作用(表1)。

表1 “4R”作物养分管理策略的核心科学依据及说明[7]

	四个正确			
	肥料品种	施肥量	施肥时间	施肥位置
核心科学依据及说明	考虑施肥量、施肥时期和施肥位置	考虑肥料品种、施肥时期和施肥位置	考虑肥料品种、施肥量和施肥位置	考虑肥料品种、施肥量和施肥时间
	提供植物可吸收利用的有效态养分。施入植物可以利用的养分形态，或者能在土壤中及时转化为植物可利用的养分形态	评价植物对养分的需求。作物产量与其在整个生育期对营养元素的吸收量有直接关系	确定植物吸收养分的时期。考虑播种时间、作物生长特性以及特殊生育期作物缺素敏感度等	考虑植物的根系在何处生长。肥料应施在植物的生长根能够吸收到的地方，并且在需要的时候就能吸收到
	选择与土壤物理化学性质匹配的品种。例如避免在淹水土壤中施入硝酸盐类肥料	评价土壤的养分供给能力。包括土壤和植物分析、肥效试验、缺素试验等	确定土壤养分的供应动态变化。如果作物吸收养分的速率快于土壤养分释放速率，就会引起缺素导致减产	考虑土壤的化学反应。对于容易被土壤吸收的养分应该集中施用而非大面积撒施
	注意不同营养元素和肥料种类之间的协同效应。例如磷和锌的交互作用，氮能提高磷的有效性等，有机肥和无机肥配施等	评价所有的养分来源途径。包括化肥、粪肥、堆肥、作物残渣、生物固氮、大气沉降、灌溉水中的养分含量及其对植物的有效性	了解养分损失的动态变化。例如在温带地区春季和秋季容易引发养分淋失	适合耕作制度的目标。例如秸秆覆盖的耕作制度下将肥料施在表土之下有利于保肥保墒
	注意肥料混合的兼容性。例如一些肥料混合后容易吸潮而难以均匀施用，颗粒太大和颗粒太小的混在一起容易出现分层现象	预测肥料的利用效率。施入的肥料不可能全部被植物所吸收，需要考虑养分的损失量，从而确定施入量	考虑田间管理措施。例如施肥是否与植物保护制剂混合使用	养分空间变异管理。需要考虑地块内或者地块之间引起作物生产力变化的土壤肥力差异

（续）

	四个正确			
	肥料品种	施肥量	施肥时间	施肥位置
核心科学依据及说明	注意伴随元素的利弊。绝大多数营养元素对作物是有益、无害或者有害的伴随离子，例如氯化钾中的氯离子对玉米有益，但对烟草和一些水果品质有害	考虑施肥量对土壤的长期影响。如果作物生产从土壤中移除的养分大于投入量，长期来看会导致土壤肥力降低		
	控制非必须营养元素的影响。例如一些天然磷矿石中含有微量非必需的营养元素，这些元素的加入量应该控制在允许的临界值以内	考虑特定施用量下的经济学效应。对不能在土壤中长期保持的营养元素，要考虑投入产出的价值关系		

二、"4R"课程思政管理策略

课程思政的出发点是育人，是培养价值观端正、知识结构丰富、能力全面的社会主义建设者和接班人。习近平总书记在全国教育大会上指出："培养什么人，是教育的首要问题。"我国是中国共产党领导的社会主义国家，这就决定了我们的教育必须把培养社会主义建设者和接班人作为根本任务，培养一代又一代拥护中国共产党领导和我国社会主义制度、立志为中国特色社会主义奋斗终身的有用人才。这是教育工作的根本任务，也是教育现代化的方向目标。

课程思政对学生的作用正如养分对作物的作用，课程思政的管理和评价应以自然为师，道法自然，并在充分了解学生思政教育需求的前提下，结合专业和课程特色，有针对性地选择正确的思政内容，以正确的思政时长、正确的思政时机，在正确的思政情境中开展思政育人工作，形成"4R"课程思政管理策略。课程思政效果则可以通过是否培养了学生正确的价值观、是否丰富了学生的知识结构、是否提升了学生能力来进行判断(图 1)。

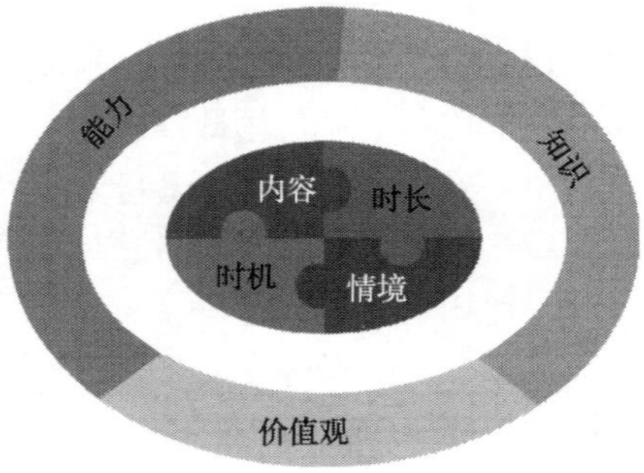

图 1 课程思政管理策略和评价标准

"4R"课程思政管理策略要在充分、反复综合考虑思政内容、思政时长、思政时机和思政情境下进行，其主要内容如下：

（一）选择正确的思政内容

一是提供学生能理解并且愿意吸收的思政内容。思政内容的选择应该以学生易听懂、能理解内涵为标准，同时还应以学生喜闻乐见的形式去呈现。二是思政内容要与专业背景相匹配。生硬的思政内容并不能起到真正的育人效果，润物无声才是更好的课程思政。三是注意不同思政元素之间的协调性。学生每门课程都会接触思政元素，要充分考虑不同课程思政元素之间的协调性，例如"世界变绿中国贡献了 1/4 的力量""塞罕坝机械林场的故事”，林学类相关专业的学生听了无数遍，到后面可能不能起到很好的思政效果。四是注意不同思政元素的兼容性。凡事一体两面，每一个思政元素都有可能会被误解或者曲解，特别是当多个思政元素一起出现的时候，要避免一个思政元素的内容引起学生对另一个思政元素的误解，网络授课尤其如此。五是充分考虑思政元素的利弊。应该充分考虑到思政内容可能引发的后果，例如思政元素中涉及民族习惯忌讳的内容时应进行妥善处理后融入。所有思政内容的选择，都应以培养价值观端正、知识结构丰富、能力全面的社会主义建设者和接班人为目的。

(二)选择正确的思政时长

一是正确评价学生的需求。不同背景的学生对同一课程思政内容的需求量是不一样的，例如以第一志愿入学的学生对专业的认同感一般会强于调剂入学的学生，因此需要在对学生群体进行准确评估后，设计合适的思政时长。二是正确评估其他课程思政元素融入的情况。通过访谈、调查问卷以及学科或学院的相关会议了解不同课程思政元素融入的情况。三是预测思政内容的效果。教师可以通过学生的课堂反应等了解课程思政内容是否实现了想要的育人目的，如果答案是否定的，还需要进一步加强。四是考虑对学生长远发展的影响。如果某一类型的思政元素大量、重复且没有有效转换后出现在课堂之上，可能会引发学生对课程甚至是专业的反感。

(三)选择正确的思政时机

一是确定学生在不同阶段的提升需求。不同年级对个人能力培养的期待和动力是不一样的，大一学生需要更多的对专业的认同感，从而激发其对专业知识的兴趣；而大三、大四的学生需要着重提升其专业素养和开阔其视野，以助于进入下一阶段的学习或者工作，根据学生不同阶段的提升需求有机融入思政元素能起到事半功倍的效果。二是确定学生需求的动态。例如在学生即将开始艰苦实习之前，融入家国情怀和行业前辈的案例，可以提升其对艰苦条件的适应信心和能力；在艰苦实习之后，需要融入行业前景方面的案例增强学生对未来的信心和期待。三是根据课堂动态适时融入。思政元素不仅是育人的有效手段，也是调节课堂氛围的调剂品，更是从知识获取到能力提升的助推剂，教师应根据课堂学生对知识的接收程度和课堂氛围适时融入思政元素。

(四)选择正确的思政情境

一是确定影响学生知识同化的关键点。思政元素必须落到学生能吸收的关键点上，要确保在学生关键需求点上都能有相匹配的思政元素。二是考虑思政元素和思政情境的融合度。授课场景是线上还是线下、是课堂讲授还是野外实习，例如需要观看视频的思政内容一般只能用在课程讲授环节，而故事性的思政元素在野外的效果则要优于线上授课。三是考虑学生群体的人数。小班授课可以找合适的机会在课堂上融入需要学生讨论或者汇报的思政内容，而合班开课则很难选择在课堂上融入需要学生讨论的思政元素。

基于“4R”课程思政管理策略进行课程思政的教学效果，可以从对学生价值观的影响、知识结构的完善、提升学生个人能力等方面来进行考量，最直接的判断依据就是学生在接下来的讨论或课堂反馈中的表现。例如，针对城市林业专业学生学习“测树学”课程的目的和知识需求与林学专业学生可能有差异的现状，通过调查问卷的形式获得学生对课程的期望和自身未来规划等重要信息，结合课程开设在大二下学期这一学生需要逐步融合所学专业知识的阶段情况，以及疫情防控需求只能通过线上完成教学的现实需求。基于4R的管理策略，在讲授“林分生物量和碳储量测定”部分内容的时候，融入丁仲礼院士和柴静在“面对面”节目中关于温室气体减排的对话视频作为思政内容，丁仲礼院士一句“那中国人是不是人，同样一个中国人为什么就要少排”让学生真切地体会到“科学没有国界，但科学家有祖国"的家国情怀，深刻地感受到科研人员如何将自身的研究与国家的发展紧密结合在一起。进一步讲解温室气体减排、碳中和以及林业之间的关系，激发同学们作为林业人和科研人的责任感和自豪感。基于小班授课和线上授课的特点，引出城市林业在实现碳中和过程中起到的作用以及如何基于测树学的知识对城市林业的碳中和能力进行估算，引导同学们积极地参与课堂讨论，有同学举一反三地分享了其他课程与测树学可以结合起来一起服务碳中和目标的观点，还有同学畅想了城市林业碳中和能力估算中可以用到的先进测量手段，极大地提升了同学们对专业的认同感，取得了良好的教学效果和学生积极的教学反馈。

三、结 语

培养立志为中国特色社会主义事业奋斗终身的有用人才是教育工作的根本目标，培养价值观端正、知识结构完整且能力突出的人才是实现这一目标的重要途径，而课程思政正是其中有效的抓手。在课程思政内容、时长、时机及情景的选择上坚持四个正确，可以使课程思政在育人过程中发挥更大的作用，做到有的放矢、精确育人和全方位育人。以是否端正了学生的价值观、是否完善了学生的知识结构、是否培养了学生的能力为评判标准，可以为课程思政的效果进行有效的评价，进而改变重"教"不重"育"、重思政内容轻思政结果的现象。

参考文献

[1]高德毅，宗爱东. 从思政课程到课程思政：从战略高度构建高校思想政治教育课程体系[J]. 中国高等教育，2017(1)：43-46.

[2]高燕. 课程思政建设的关键问题与解决路径[J]. 中国高等教育，2017(Z3)：11-14.

[3]陆道坤. 课程思政推行中若干核心问题及解决思路——基于专业课程思政的探讨[J]. 思想理论教育，2018(3)：64-69.

[4]冯亚青，陈立功，张宝，等. 化工类专业课程思政与教学改革探索——以"精细有机合成化学及工艺学"为例[J]. 中国大学教学，2018(9)：48-51.

[5]李玲娜，杜卓婷，田东红，等. 数学模型与数学实验课程思政教学设计与实现[J]. 高教学刊，2021，7(36)：177-180.

[6]刘晓希. 大学英语课程思政教学模式研究——以"中国现当代文学英译赏读"课程为例[M]//黄国华. 善思善教 孜孜育人 北京林业大学教育教学研究优秀论文选编(2019). 北京：中国林业出版社，2019：18-22.

[7]Johnston A M，Bruulsema T W. 4R Nutrient stewardship for improved nutrient use efficiency[J]. Procedia Engineering，2014(83)：365-370.

[8]国际植物营养研究所. 4R作物养分管理[J]. 中国土壤与肥料，2015(6)：17.

[9]陈防，张过师. 农业可持续发展中的"4R"养分管理研究进展[J]. 中国农学通报，2015，31(23)：245-250.

[10]Bryla D R. 4R nutrient stewardship in fruit crops[J]. Fruit Crops，2020：509-519.

4R Stewardshipof the ideological and political education

Kuang Wennong　Chen Beibei

(College of Forestry，Beijing Forestry University，Beijing　100083)

Abstract　Cultivating useful talents who aspire to strive for socialism with Chinese characteristics for life is the fundamental task of education, ideological and political education is the important way to accomplish this goal. This study analyzes the "4R" nutrient stewardship in view of the current problems of emphasizing"teaching"but not"education", emphasizing the content but not the result of ideological and political education, and the lack of evaluation of the effect of ideological and political education. The"4R"management strategy of ideological and political education is designed toprovide a better understanding of the design and evaluation of the curriculum, and the"4R"management strategy is designed as to provide a better understanding of the content of the curriculum, the length of the curriculum, the timing of the curriculum, and the development of the curriculum in the right context. This study is aiming to provide a logical framework and effective means for the design and evaluation of ideological and political education curriculum.

Keywords ideological and political education, talent development, proficiency enhancement

“土壤学”课程思政教学的改革与探索

张　璐　孙向阳

（北京林业大学林学院，北京　100083）

摘要：“土壤学”是高等林业院校林学类专业的重要基础课程。通过对“土壤学”课程教学内容的梳理，笔者分析了该课程开展课程思政教学的优势，挖掘了其与思想政治教育的融入点，提出了其课程思政采用的教学方法和载体途径。改革成果实现了“土壤学”课程与思想政治教育的有机融合，聚焦了学生学习的主体地位，提升了教师的思政素质和育人能力。经过“土壤学”课程思政教学改革，教学效果提高显著，形成了与思政课程协同效应，为林学专业开展课程思政教育提供了借鉴和思考。

关键词：土壤学；课程思政；专业课程；教学改革

习近平总书记在全国高校思想政治工作会议上指出，“做好高校思想政治工作，要用好课堂教学这个主渠道，使各类课程与思想政治理论课同向同行”[1-2]，因此开展课程思政可以更好实现立德与树人、显性教育与隐性教育的高效结合。“土壤学”是高等林业院校林学类专业的一门重要基础课程，其从教学目标到教学内容，对接国家生态文明建设和绿色发展，蕴含丰富的思想政治教育元素，便于开展课程思政教学改革。因此，充分把握“土壤学”课程开展课程思政教学的特色优势，明确实践课程思政的教学方法，有效融入思政教育，将“土壤学”课堂打造成知识传授和价值引领有机结合的良好载体和平台。

一、“土壤学”课程开展课程思政教学的优势

（一）“土壤学”课程思政教育主题内涵丰富、类型多样

着力发挥“土壤学”课程与教学整体设计优势，进一步聚焦思政课程与课程思政，可以在土壤学领域充分挖掘经典教学资源，形成多种主题的课程思政教育。例如，以“生态文明建设”为主题，笔者选择天津滨海的土壤生态为案例，通过介绍其地理位置、气候条件、生物特点以及其在“一带一路”的重要地位，增强学生对生态文明理念的理解；以“生态环境保护”为主题，深入讨论和分析我国土壤退化的原因和先进土壤治理技术的重要性，强化学生的生态环境意识和生态环境保护能力。总之，在“土壤学”课堂中可以对学生实施多种主题的思政教育，引导学生树立可持续发展的科学发展观、生态文明价值观和环保意识。

（二）“土壤学”课程思政素材贴近社会生活实际、与时俱进

土壤学研究涵盖的新知识和新技术使人类生活和观念日新月异。可以说，每一种社会生活实际往往包含若干关于“土壤学”课程教学的思政元素。例如，我国高速公路已发展了30多年，也带来了不容忽视的生态问题，笔者可以将出现的问题与土壤环境污染相结合，

作者简介：张　璐，北京市海淀区清华东路35号北京林业大学林学院，副教授，zhanglu1211@ bjfu. edu. cn；
孙向阳，北京市海淀区清华东路35号北京林业大学林学院，教授，sunxy@ bjfu. edu. cn。

资助项目：北京林业大学课程思政教研教改专项课题“‘土壤学 C’课程思政改革项目”（2020KCSZ013）；
北京林业大学教育教学改革项目“基于金课视角的线上线下混合式 MS-EEPO 有效教育在‘土壤学’课程中的应用及探索”（BJFU2020JY005）。

再过渡到党的十九大关于生态文明建设的重要论述，阐明其对马克思主义绿色发展观的传承和创新[4]。所以，教师需要引导学生在实际生活中坚持以发展的观点、与时俱进地看待问题。“土壤学”课程教学中引入的思政素材均源于人类社会对土壤学知识的运用，这种以事实为依据、润物无声的课程思政实施模式，有助于专业教育和思政教育互融共促，进而从根本上提高学生的思政水平。

（三）“土壤学”课程提供了实践课程思政和检验其成效的双层平台

土壤学实验课和实习课具有理论与实践、思考与判断、个性与共性结合的特点，其为课程思政提供了广阔的舞台和契机。例如，在实验或者实习前进行学期初的安全教育课中，笔者进行了安全事故的音像资料展示，旨在提高学生危险意识和安全意识。同时，笔者还讲述了老一辈科学家的事迹，以其勤学奋斗、刻苦钻研精神激励学生学以致用、为专业发展拼搏努力的思想。例如，土壤学家侯光炯院士在读书期间了解到土壤盐碱化导致农林业生产产量极低，激励他投身于农林业研究，为发展我国土壤科学作出了开拓性贡献[5]。因此，土壤实验教学和实习教学可以为学生提供实践思政观念和教师检验课程思政成效的双层平台。

二、“土壤学”课程与思想政治教育的融入点

“土壤学”课程是一门理论与实践相结合的必修课程，笔者在课程思政设计时，按照课堂理论、室内实验、野外实践和课程考核四个方向进行融入。

（一）课堂理论教学思政

在专业基础理论知识中融入思政元素是课程思政的核心环节。从案例着手，结合思政元素，重新打造“土壤学”课程章节，正确引导学生进行主动认知[6]。例如，笔者在讲授土壤发展与人类社会发展和国家发展的关系时，结合我国古代劳动人民对土壤学的基础理论作出的重大贡献，弘扬以爱国主义为核心的民族精神；在讲授土壤修复时，引入习近平总书记提出的“绿水青山就是金山银山”论述以及国务院印发的《土壤污染防治行动计划》，引导学生对土壤环境问题的重视，提高学生对生态文明建设的认知和政治站位；在讲授土壤肥力时，阐明水、肥、气、热因子的关系，只有其相互协调，土壤肥力才能得到提高，引导学生将个人理想与国家发展紧密结合。总之，利用好课堂理论教学主渠道，以典型案例为引领，实现专业知识教育和思想政治教育的有机融合，提高高校课程思政的课堂理论教学效果[6]。

（二）室内实验教学思政

室内实验教学是课堂理论教学的延伸，规范实验教学思政定位，有助于提高学生学习热情。例如，在鉴定矿物岩石、测定土壤酸碱性及其氮磷钾含量过程中，笔者将抽象内容通过体验式教学，使学生理解土壤在绿色林业和生态环境建设中的重要作用，提升学生的专业认同感。又如，在土壤有机质测定实验中，滴定到临界点最后一滴时，指示剂颜色发生突变，可将这一现象与马克思主义哲学的量变引起质变相结合，让学生懂得不积跬步无以至千里的道理。通过这样的融入，让学生既易于接受，又印象深刻，激发其对专业的热爱，增强其参与意识、团队合作意识。

（三）野外教学实践思政

“土壤学”课程还包括土壤学野外教学实践，而野外教学实践不仅是获取专业知识的重要环节，更是对学生进行生态文明教育的良好阵地。野外教学的时间、空间均相对充裕，师生交流的时间和机会更多；同时，由于野外实践中每天可以接触到不同的土壤，教师可收集到更丰富的与生态文明教育相关的思政素材。因此，通过课程思政的开展，使学生意

识到知识的学习和运用不仅仅是自然知识获取的过程，更是具体的社会生活，是思想行为和思维观念塑造的过程[7]。例如，在北京鹫峰国家森林公园实习时，通过对天然土壤质量及其土壤剖面的调查，学生发现不同土壤类型剖面构造是不同的，进一步让学生深刻认识到我国土壤形成的发展历程，引导学生利用专业知识为国家生态文明建设作出应有的贡献。另外，笔者在野外教学实践中要求学生把产生的垃圾全部带回基地，通过此举使其在学习专业知识的同时，养成良好的环境保护习惯，有助于加强学生投身生态文明建设的责任感和使命感。

（四）课程考核思政

课程考核是教学的风向标和指挥棒，其成功与否决定着课程思政能否实现专业课程知识点与思政教育目标的有机结合[8]。实施和构建与思政教育相适应的新课程评价理念和考核评价方法体系，推进高校课程思政教育工作的开展。笔者初步探索出一条可行的方案，除了常规专业知识点外，考核内容还融入工匠精神、家国情怀、职业道德和素养，使核心价值观浸润和专业知识传授同频共振[9]。例如，笔者将论述题优化为“土壤发展与人类社会发展和国家发展的关系”和“从我国土壤分布特点浅谈一带一路的作用和意义”，使学生从更大的格局视野理解国家战略，鼓励其树立远大理想，坚定“四个自信”。

三、“土壤学”课程思政采用的教学方法和载体途径

（一）课堂讨论

通过课堂专题讨论，讲述我国土壤科学发展成就、未来发展前景以及最新科学技术，让学生了解我国土壤科学基础理论和现状，掌握土壤领域的未来方针政策，使专业学习具有方向性和目的性。因此，“土壤学”课程专题讨论，既教会学生相关基础理论、科学技术与实践能力外，又激发学生内在的学习动力和情感共鸣，让他们充分认识到自身所学专业在未来的应用领域和重要价值。

（二）信息化载体与手段

传统的课程讲授方法很难达到理想的课程思政效果。所以，要结合学生对新媒体、新技术的兴趣以及当前土壤热点问题和事件，推动线上线下混合式教学，丰富网上教学形式和内容。同时，教师可以上传蕴含思政元素的教学资源，增强学生的学习积极性，也可以使思政教育如“春风化雨”般融入学生心田，实现“润物无声”的效果[7]。例如，针对当前土壤重金属污染导致的食品安全问题事件，笔者要求学生进行线上搜集资料和讨论区留言，同时结合国家发布的“土十条”等政策，教师在线下讲授土壤污染方法与技术，说明防治土壤污染的重要性和紧迫性，使学生从多渠道多方式提升专业技能和道德素养，打造合格的课程思政建设。

（三）案例教学

案例教学是思政融入专业课程教学的重要方式。将专业知识与相关案例结合，并融入家国情怀、价值观念、职业道德教育，让学生获得正确的价值观。例如，在讲授土壤施肥技术时，笔者让学生利用假期从家乡农田林地采集土样，回到实验室进行土壤分析，对比实际土地利用情况，制订适合当地土壤条件的作物种类和施肥方案。通过此举提高学生综合运用所学知识分析问题、解决问题的能力，同时又可以培养学生热爱家乡、热爱自身专业的情怀。

（四）考核方式

课程考核既是对学生学习专业知识和专业技能的评价，也是对课程思政教学效果的反映。因此，除了考核必要的理论知识外，还要对学生的个人纪律、实践能力等进行更为全

面的考量，形成多元化、全方位的考核评价体系。同时，在专业理论课的考试中增加与国家大政方针有关的主观性试题(如生态文明建设等)，考查学生对理论知识的运用及对国家的使命感和社会责任感。

四、“土壤学”课程开展思政教学的成效

(一)学生思想政治素质显著提高

通过课程改革，首先发现学生的学习积极性和主观能动性显著提升；实验报告和课后作业上交准时，随堂作业、期末考试成绩明显提高。其次，通过将课堂、实验实习、期末考试相结合，将个人学习与时代命运牢牢结合，真正达到教研相长和寓教于乐。最后，学生对“土壤学”课程定位和作用的认识发生了根本性转变，树立了对林学专业发展前景的信心。并且，学生也养成了关注国家大政方针政策以及爱读书、读好书的好习惯，创新能力显著提高，道德修养和精神境界得到提升。在实施“土壤学”课程思政教学改革的学期内，本课程的学生评教分数为99.13分，其评教结果进入学院课程前5%，可知学生参与本课程思政教改实践积极，效果良好。

(二)教师育人意识和能力大幅度提升

一方面，教师提高了自身思想境界，明确了旗帜鲜明的政治立场和大局意识，遵循正确的政治导向进行知识传授，精准把握社会生活的本质和主流[10]。同时，将习近平新时代中国特色社会主义思想入心入脑，推进课程思政建设。另一方面，教师以丰富的学识推进教学发展，以强化的技能创新教学方法，努力提高教学水平。从课程内容到教学形式，从理论到实践，不断学习新的技术和方法，加强教育教学改革和实践，全面落实“加强课程思政和专业思政”的要求，推动“思政课程”向“课程思政”的转变。以“土壤学”课程为例，教师对本课程的教学大纲进行优化，努力挖掘其蕴含的思政元素，找到适合开展思政教育的多种元素。教师精心设计出思政元素与专业知识的融入点，开展一系列团队教学活动，获得了学生的接受、认可和信任，达到了育人与育才相统一。

五、结　语

高等教育的本质是育人，而推进课程思政建设是高校育人的必然要求。作为高等林业院校林学类专业的一门重要必修课程，进行“土壤学”课程思政建设，是新形势下落实教育立德树人根本任务的必然趋势和要求，是实现思想政治教育工作贯穿育人全过程的重要途径。通过调整教学内容、改进教学方法和改革考核方式的建设，充分挖掘出课程中蕴含的思政元素，并融于专业知识的讲授之中，形成与思政课程同向同行的协同效应，坚持显性教育与隐性教育的统一，真正实现高校教书育人的功能。同时，作为一名专业课任教教师，也要建立思政教育的信心，及时总结分析课程教学与思政教育融入中存在的问题，积极探索解决问题的新方法，在教学实践中不断地进行尝试与创新，推动林业人才的培养和科学发展。

参考文献

[1]习近平. 在全国教育大会上的讲话[N]. 人民日报，2018-09-11(01).

[2]郑宝江，陶雷，高瑞馨，等. “植物学”课程教学开展课程思政教育的探索[J]. 中国林业教育，2019，37(5)：38-41.

[3]何阳波，谭文峰，黄传琴，等. 土壤修复与地力提升课程思政教学探索[J]. 教育现代化，2019(56)：220-227.

[4]冯丹. 环境土壤学课程思政教学改革探索[J]. 伊犁师范学院学报(自然科学版), 2019, 13(4): 85-87.
[5]张文侠. 院士侯光炯: “身教”多于“言传”[J]. 重庆与世界, 2018(7): 78-79.
[6]潘鹤林, 黄婕, 卢扬, 等. 高校化工原理课程思政教学探索与实[J]. 化工高等教育, 2020(1): 110-114.
[7]李继福, 吴启侠, 李燕丽, 等. “新农科”背景下《地质与地貌学》课程思政教学实践[J]. 科教论坛, 2020(18): 42-43.
[8]沙永宝. 课程思政视野下的高校专业课考核改革[J]. 文教资料, 2019(11): 181-182+197.
[9]张保仁, 崔英, 姜倩倩, 等. “新农科”背景下土壤肥料学课程思政教育的实施途径[J]. 安徽农学通报, 2020, 26(9): 150-152.
[10]冯惠芳. 课程思政建设的时代价值、内在要求及具体路径——基于高校教师的视角[J]. 云南农业大学学报(社会科学), 2021, 15(2): 139-143+156.

Reform and exploration of ideological and political education in the course of *Soil Science*

Zhang Lu　Sun Xiangyang
(College of Forestry, Beijing Forestry University, Beijing 100083)

Abstract　*Soil Science* is an important professional foundation course of the relative forestry majors in the forestry universities. Through the organization of the course content of *Soil Science*, this paper analyzed the advantages of carrying out ideological and political education, explored the integration points of ideological and political education, and proposed the teaching methods and carrier ways of ideological and political education. The achievements of teaching reform realized the integration of *Soil Science* and ideological and political education, focused the dominant position of students, and improved the ideological and political quality and education ability of teachers. Through the teaching reform of ideological and political education in *Soil Science*, the teaching effects were significantly improved, in order to form a synergistic effect of the same direction between *Soil Science* and ideological and political education and provide references for the development of ideological and political education in forestry major.

Keywords　*Soil Science*, ideological and political education, professional course, teaching reform

“土壤学与土地资源学”课程思政设计

王海燕　耿玉清　宁一泓　张向宁

（北京林业大学林学院，北京　100083）

摘要：高校全方位推进课程思政改革势在必行，如何设计并有效地实施课程思政是教师面临的挑战。本文综述了高等林业院校开展课程思政的进展和成果，并对北京林业大学本科生专业基础课“土壤学与土地资源学”课程思政进行了探索和设计，梳理了思政元素的融入点、方法及途径，以期实现显性教育与隐性教育的统一。

关键词：课程思政；土壤学与土地资源学；思政元素；生态文明；隐性教育

课程思政是发挥多学科优势、全方位育人的教学模式，是将专业课程教学与思想政治教育相结合，以构建“三全育人”格局[1-2]。在专业课中融入思政教育的最大特点或优势是寓教于无形之中，是就专业中出现的一些问题与现象，在进行专业理论讲授的同时，把问题上升到思想政治教育的高度，体现国家的大政方针，以实现专业理论讲授与思政教育的有机结合，最终达到润物细无声的课程思政教育效果[3-4]。

我国高等林业院校相继开展了课程思政建设，产生了可供借鉴的创新模式。“土壤学与土地资源学”是北京林业大学“双一流”建设园林专业本科生必修的专业基础课，在课程设置上，理论教学 32 学时，实验教学 24 学时，在专业基础课程学习体系中占有着重要的地位。如何设计并有效地实施课程思政，是任课教师面临的较大挑战：既使学生获得该课程的基础知识和基本理论，掌握土壤资源调查以及土壤理化性质测试的基本技能，又培养学生成为具有家国情怀、使命担当的“时代新人”——自觉关爱土壤，保护和利用好有限的土壤资源，践行“绿水青山就是金山银山”。为此，笔者借鉴高等林业院校开展课程思政的成果，对我校“土壤学与土地资源学”课程思政进行了探索和设计，以充分发挥课堂教学在育人中的主渠道作用，实现高校教书育人的功能。

一、　高等林业院校开展课程思政的进展和成果

为利用好课堂教学这个主渠道，提升思想政治教育的亲和力和针对性，应满足学生成长发展需求，使各类课程与思想政治理论课同向同行，形成协同效应[5]。

我国高等林业院校相继开展了课程思政建设，如，北京林业大学林学院结合林学专业特色，创新开展“五分钟林思考”课程思政工作的基本思路、组织模式和初步成果，探讨了深入推进课程思政工作的思考和计划[6]。西北农林科技大学林学院，将思政教育贯穿于“遗传学”教学中，在不同章节灵活地运用案例式、翻转课堂、讨论式、启发式等教学模式，突

作者简介：王海燕，北京市海淀区清华东路 35 号北京林业大学林学院，教授，haiyanwang72@ aliyun. com. cn；
耿玉清，北京市海淀区清华东路 35 号北京林业大学林学院，副教授，gengyuqing@ bjfu. edu. cn；
宁一泓，北京市海淀区清华东路 35 号北京林业大学林学院，研究生，llife_520@ 163. com；
张向宁，北京市海淀区清华东路 35 号北京林业大学林学院，研究生，zhangxiangning0829@ 163. com。
资助项目：北京林业大学课程思政教研教改专项课题“土壤学与土地资源学课程思政设计”（2020KCSZ009）。

显该课程的专业性、创新性和探索性，以激发学生的求知欲和追求真理的兴趣[7]。华中农业大学林学院，通过在“森林培育学”课堂上讲述塞罕坝的案例和解读“两山理论”的思想内涵，让学生深刻认识我国坚持生态优先、绿色发展的核心价值观，并认识到林业工作者的事业就是为国家谋富强、为人民谋幸福的事业，使学生树立家国情怀[8]。南京林业大学针对林学类核心课程“森林昆虫学”的教学特点，从习近平新时代中国特色社会主义思想内涵、中国优秀传统文化、宪法法治教育和职业理想信念等方面挖掘思政元素，帮助学生树立科学研究的探索精神，并加深学生对林学专业的认同感[9]。中南林业科技大学，在“林业机械化”课程中带领学生深入湖南油茶林产地，实地踏查了解山上农户经营的艰难，无形中让学生深刻认识到林业机械化的重要性，从而为国家脱贫攻坚战以及建设美丽乡村的宏伟目标提供机械实施方案[10]。

在教育部《高等学校课程思政建设指导纲要》指导下，课程思政论文如雨后春笋般涌现，各学科的教师或教学团队集思广益，充分挖掘课程中的思政元素，并尝试将思想政治教育融入课堂教学中，使专业教育与思想政治教育结合起来，以实现显性教育与隐性教育的统一。高等林业院校开展课程思政的成果对于专业基础课“土壤学与土地资源学”课程思政设计与实施给予启示(图1)。总体来看，教师在教学过程中不仅需要重新修订教学大纲，增加思政内容，在原有获取专业知识和提高实践能力目标的基础上，还需强化情感价值目标，不仅要培养学生的钻研精神、创新思维和创新意识，还要教会学生做人的道理，主动接受社会主义核心价值观教育和了解国家发展战略需求。

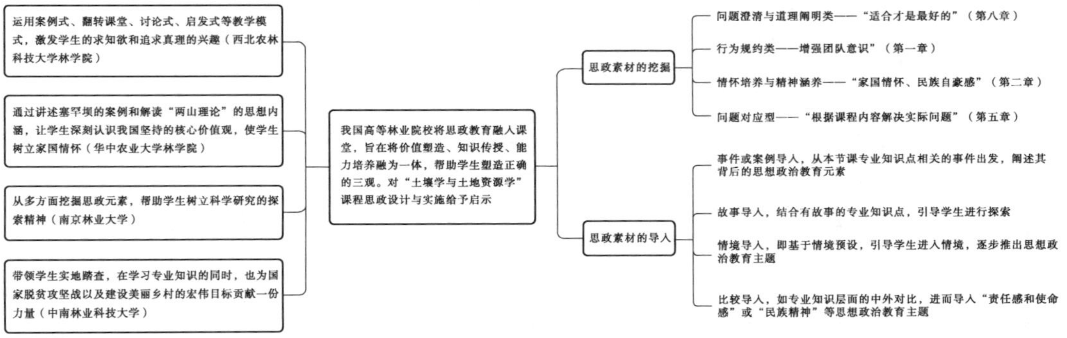

图1　高等林业院校课程思政成果的启示

二、“土壤学与土地资源学”课程思政设计与实施

为解决园林设计、园林植物栽培以及城市绿地建设中遇到的实际土壤问题，“土壤学与土地资源学”课程采用案例教学、专题讨论、多信息载体和全过程考核有机结合的方式，注重基本概念、基本理论和基本技能的培养，加强理论联系实际，以提高学生综合分析土壤学问题的素质和能力，尤其是对接培养坚持理想、脚踏实地的“勾绘祖国大好河山”的园林景观设计师。

(一)思政元素和思政素材的挖掘

从思政属性上，专业课课程思政属于隐性教育。课程思政素材的导入，包括专业素材和思政素材[11]。专业素材主要是指课程的教学内容模块，思政素材则应注重兼具思政教育和专业知识的国家、行业、历史、时事等素材的挖掘与积累。课程思政要做到潜移默化、润物无声，教学设计是关键[12]。为此，笔者根据“土壤学与土地资源学”课程特点、在多年教学经验和学情分析的基础上，针对各章节教学内容，在教学过程中挖掘思政潜入点、融入思政元素和思政素材(表1)。

表1 “土壤学与土地资源学”课程思政设计

章节	章节名称	思政融入点	案例	教学方法
绪论	土壤、土地资源与土壤肥力	相互协调，增强团队意识；土壤资源与绿色发展；关爱土壤就是关爱人民	土壤肥力四要素；土壤—植物体系与食品安全；健康土壤带来健康生活	类比法；案例教学(土壤污染事件)；小组讨论(身边的土壤污染与食品安全问题)
第二章	土壤学中的地质学基础	家国情怀，民族自豪感；美丽中国(校园)	矿物学发展史和中国优秀的传统文化	引经据典：再识本经，感五千年之美；校内实践：发现校园之美(岩石种类)
第三章	岩石风化和土壤形成	发展的观点；爱护自然的意识；生态文明	岩石风化的产物是土壤形成的物质基础；成土条件不同，造就了各种类型的土壤，也孕育了不同的土壤文明；土壤是不可再生资源，1cm 土壤的形成需要 1000 多年	图片展示法；FASE 科普，我们和土壤的距离有多远
第四章	土壤生物和土壤有机质	科学精神，方针政策(绿色低碳发展)；哲学—量变引起质变	碳达峰和碳中和；第 7 个世界土壤日：保持土壤生命力、保护土壤生物多样性	时事新闻、重大事件导入法：双碳目标；演示法：土壤有机质含量测定，滴定终点的判断；视频展示(纪录片《碳足迹》)
第五章	土壤物理性质及改良	家国情怀，价值观念；爱护土壤，保护生态环境	从家乡农田或森林中采集土样，进行土壤质地分析，依据测定结果制订适合当地植物生长的土壤质地改良方案	应用学科知识，理论与实践相结合；案例探究
第六章	土壤水、空气与热量	主要矛盾与矛盾的主要方面；相互协调，团队意识	水、气、热的关系；三相体积比的计算；通过分析土壤空气与大气组成的差异学会对比思维	例题，讲练结合
第七章	土壤胶体和土壤交换性	相互协调；守恒定律	土壤保肥性、供肥性和稳肥性	情景启发(土壤中离子交换作用对土壤养分的保持、供应及土壤其他性质影响很大，引发思考个人行为对班集体和社会的影响)
第八章	土壤酸碱性和缓冲性	适合的就是最好的；保护生态环境；生态效益	土壤酸碱性调节； 土壤酸化，土壤盐碱化；因地制宜改善土壤酸碱性，同时考虑对环境的影响	例题，讲练结合(计算土壤改良或修复成本)

（续）

章节	章节名称	思政融入点	案例	教学方法
第九章	土壤养分与土壤肥料	绿色发展，美丽中国（家乡）；对生命的敬畏意识	探讨土壤作为植物生长介质时养分的重要性、施肥不当潜在的土壤污染及其引起的食品安全问题	案例分析；视频教学；头脑风暴讨论法；实例警示法
第十章	土地资源利用与管理	方针政策，实干精神，社会责任感；生态观，“两山理论”等核心价值观；忧患意识，环保意识	《塞罕坝：生态文明建设范例（砥砺奋进的五年 绿色发展 绿色生活）》；城市绿地土壤的合理利用与管理	课下观看视频；头脑风暴讨论法；实例警示法

（二）教学过程中各章节思政素材的导入

在绪论部分，结合北京林业大学的发展宏图、优秀人才的标准以及全方位育人，引导学生弄清学习“土壤学与土地资源学”的重要意义，让他们意识到：只有保护、利用好有限的土壤资源，才能为森林生态系统健康持续的发展提供好物质基础，也为他们将来从事园林景观设计、园林绿化，勾绘祖国的大好河山创造条件。山水林田湖草沙，一个都不能少（美丽中国·和谐共生），而这些均与土壤密切相关，贯穿各个章节。因此，将党的十八大、十九大会议精神融入课堂中，践行“两山论”，让学生们牢记校训“知山知水 树木树人”。在各章节的教学过程中，结合相关教学主题的研究进展，渗透“坚持创新、协调、绿色、开放、共享的发展理念”，突出展示所学理论知识在实践中的意义及其与绿色生态文明建设的联系，从而实现专业知识教育和思想政治教育的有机融合。

在地学基础部分，引经据典，以《图解神农本草经》为例，再识本经，感受五千年之美。通过讲述矿物学发展史和中华优秀的传统文化，激发家国情怀，增进民族自豪感。同时，课上课下有机结合，课后安排校内岩石认知，发现校园之美。

在土壤理化和生物学性质部分，采用例题、讲练结合的教学方式，加强学生对基本概念和专业知识点的掌握，同时强调理论与实践相结合，做到学以致用，如依据土壤质地、有机质、速效钾含量等实验测定结果，制订适合当地植物生长的土壤改良方案，借此实践过程树立家国情怀、培养其科学精神和价值观念，增强专业自信。教学过程中适时导入时事新闻和重大事件，如双碳目标、世界土壤日主题，让学生及时了解国家方针政策和行业策略，践行绿色低碳发展理念，提高爱护自然、保持土壤生命力的意识。在土壤养分与土壤肥料部分，以观看视频回答问题的方式，使学生了解新型肥料的发展趋势，激发学生的创新思维；通过园林植物或速生丰产林施肥案例分析，让学生了解施肥与植物品质、生态环境和人类健康的关系，理解经济施肥量和生态施肥量的确定依据，树立绿色发展的理念，服务于乡村振兴与美丽中国等宏伟目标。

在土地资源利用与管理部分，提前安排学生课下观看视频《塞罕坝：生态文明建设范例（砥砺奋进的五年 绿色发展 绿色生活）》，引导学生树立生态文明建设理念；课上穿插讲述电视剧《最美的青春》沙漠变绿洲的奇迹，弘扬塞罕坝精神。为培养学生“合理利用土地资源，让自然生态美景永驻人间”的意识，采用实例警示法，让学生们直面土壤退化的挑战，分组讨论分析其成因与背景，并结合我国的退耕还林、退耕还草等政策方针提出潜在的防治措施。

（三）课程思政考核方式及效果

开展课程思政，也要求对考核指标和考核方式进行相应调整。出勤率、课堂表现、精神面貌、实验中集体意识、团队合作精神等均纳入考核学生最终成绩的综合指标，通过多角度、全过程的考核方式，培养学生公平守信、积极进取、团结协助的人生态度。课程结束时，除了常规的期末考试环节，还让学生们撰写融入思政元素的结课论文，成绩占比为10%~15%。经过一学期的课程思政实践发现，这种渗透式的教育方式，很大程度上提高了学生在思想政治和专业知识学习上的主动性，对理论和实验课程教学中倡导的理想信念、社会主义核心价值观以及生态文明思想的吸收效果较好。在课程中和课程结束时开展的两次问卷调查结果显示，认为“土壤学与土地资源学”课程思政“非常有必要，利于正确三观的形成”的学生比例由75%提高至100%；学生们在撰写实验课程结课论文时，不仅结合实验内容挖掘思政元素，还有自我反思、收获和感悟。

三、结　语

以专业技能知识为载体加强大学生思想政治教育，具有强大的说服力和感染力，有助于将课堂主渠道功能发挥最大化，具有其他教育方式不可替代的优势[4]。课程思政，既能潜移默化地培养学生能力和品质，又可提高学生对专业学习的认可度和参与程度。

“土壤学与土地资源学”作为专业基础课，在传授范围上具有范围广的优势，就园林专业而言，180~200人/学期的受众本科生。自2020年新冠肺炎疫情暴发以来，教学模式也对教师产生新的更高要求，线上线下混合式教学成为立德树人的主渠道、主阵地。为充分体现课程的育人功能、教师的育人责任，教师应努力提升自身素养，率先垂范。在教学过程中，应有针对性地挖掘与教学内容相关的思政教育元素，通过课前、知识点、知识拓展、习题等多途径导入思政素材，做好整体规划和设计，完善相关教学文件，并逐步将社会主义核心价值观的引导贯穿于专业知识和技能的培养之中。

在未来的教学工作中，笔者将继续找准课程定位，根据学生对课程思政效果的反馈，积极探索更多课堂导入的方法，优化教学方式和思政素材，以激发学生学习的主动性，提高课程思政的成效，实现显性教育和隐性教育的统一。

参考文献

[1]耿玉辉，吴景贵，李明堂，等. 无思政，不教育：土壤学课程思政教学改革探索[J]. 教育现代化，2019，6(20)：121-122.

[2]韩慧莉. 构建研究生思想政治教育“三全育人”新格局[J]. 中国青年研究，2012(7)：109-112.

[3]石坚，王欣. 立德树人润物细无声：课程思政的内涵建设[J]. 外语电化教学，2020(6)：43-45.

[4]高德毅，宗爱东. 从思政课程到课程思政：从战略高度构建高校思想政治教育课程体系[J]. 中国高等教育，2017(1)：43-46.

[5]李国娟. 课程思政建设必须牢牢把握五个关键环节[J]. 中国高等教育，2017(Z3)：28-29.

[6]石彦君，李扬. 五分钟林思考——林业院校课程思政改革的探索与实践[J]. 中国农业教育，2020，21(4)：25-28.

[7]李龙，史倩倩，李周岐. “遗传学”课程开展思想政治教育的探索[J]. 中国林业教育，2021，39(4)：10-14.

[8]梅莉，周靖靖，罗杰，等. “森林培育学”课程开展思想政治教育的实践[J]. 中国林业教育，2021，39(4)：19-22.

[9]代鲁鲁. 森林昆虫学课程思政元素挖掘与融入[J]. 天津农业科学，2021，27(5)：84-87.

[10]廖凯，李立君，闵淑辉，等. 科研思政对林业机械类研究生知农爱农意识的培养[J]. 高教学刊，2021，

7(15)：19-22.
[11]吴克宁，郝士横，赵华甫，等.“土地资源学”课程思政导入方法及案例研究[J]. 中国地质教育，2021，30(2)：53-56.
[12]金圣爱，刘庆花，曾路生，等. 适应生态文明建设的土壤学课程思政的思考[J]. 教育现代化，2020，7(79)：109-111，138.

Ideological and political education design for *Soil Science and Land Resources*

Wang Haiyan　Geng Yuqing　Ning Yihong　Zhang Xiangning
(College of Forestry, Beijing Forestry University, Beijing 100083)

Abstract It is imperative to thoroughly promote the ideological and political education reform in the colleges and universities. How to effectively design and implement curriculum ideology and politics is a great challenge for teachers. In the paper, we reviewed the progress and achievements of ideological and political education obtained in forestry colleges and universities of China, and explored and designed the ideological and political education for *Soil Science and Land Resources*, a specialized basic course for undergraduates of Beijing Forestry University. The integration points of ideological and political elements, methods and approaches were analyzed so as to reach the unity of explicit education and implicit education.

Keywords ideological and political education in courses, *Soil Science and Land Resources*, ideological and political element, ecological civilization, implicit education

“动植物检疫”课程思政教学的探索

游崇娟　石　娟

（北京林业大学林学院，北京　100083）

摘要：在“动植物检疫”课程思政教学的探索中，根据其知识内容和教学特点，深入挖掘了其蕴含的思政元素。通过优化全过程育人教学内容，创新教学手段，创设学生互评模式等，以“润物细无声”的方式将这些思政元素浸润于专业知识中，帮助学生增强了生物安全意识，树立尊重自然、顺应自然、敬畏自然的生态文明理念。同时，也积极拓展了“五分钟林思考”思政育人的影响辐射面，形成了具有专业特色的思政课程教学模式。

关键词：动植物检疫；课程思政；立德树人

立德树人是高等教育的根本任务，人的培养是高等教育的重要使命，因此，培养什么人、怎样培养人是高等教育的根本问题。党的十八大以来，高校思想政治教育已成为国家战略层面的重要工作[1-2]。高等林业院校的林学类专业课程的知识体系中，包含了大量的科学思辨、客观理性、艰苦奋斗、求真求实、精益求精等林业精神和专业素养。在这些专业课教育的过程中，应充分挖掘其所蕴含的思政元素和育人资源，将“绿色使命”作为主线贯穿整个课堂的教学活动，构建“价值引领、能力培养、知识传授”三位一体的教学目标，激发学生把个人理想融入社会发展的责任担当，为社会培育独立思考、林业知识与专业技能并重、科学素养与人文精神相统一的林业人才[2-3]。

“动植物检疫”是北京林业大学森林保护学专业的核心课程，自森林保护学科成立以来就开设该门课程，授课对象为森林保护学专业三年级学生。该课程的理论知识和实践内容结合非常密切，涉及病理学、昆虫学、微生物学、分子生物学、入侵生物学等内容，是一门综合性的学科。该课程以森林检疫性有害生物为研究对象，研究和预防危险性有害生物传入、扩散和定殖，旨在防止人为传播森林危险性有害生物，保护本地区农林业生产及其生态环境稳定[4-6]。因此，该课程包含了生物安全、生态文明、林业精神等丰富的思政元素。在近两年的教学过程中，笔者进行了课程思政的教学探索。根据其知识特征和教学特征，深入挖掘了其蕴含的思政元素，应用合适的教学方法，采取适宜的载体途径，以“润物细无声”的方式将这些思政元素浸润于专业知识中，使得学生能够在学习专业知识的同时，也潜移默化地塑造三观，使其自觉成为符合中国特色社会主义发展要求、能够推动中华民族伟大复兴的新时代林业青年。

一、“动植物检疫”课程开展思政教学的意义

“动植物检疫”课程的主要任务是使学生在了解动植物检疫的基本概念、类型和属性的基础上，掌握动植物检疫法规和动植物检疫程序（包括：检疫准入、审批、申报、现场查

作者简介：游崇娟，北京市海淀区清华东路 35 号北京林业大学林学院，副教授，chongjuan_you@126.com；
石　娟，通讯作者，北京市海淀区清华东路 35 号北京林业大学林学院，教授，shi_juan@263.net。

资助项目：北京林业大学优质研究生课程建设项目“‘菌物分类原理与方法’课程建设”（HXKC2009）

验、检疫处理、出证放行)等；明确重要的林业检疫性有害生物的检疫地位、地理分布、寄主及危害、生物学特性、传播途径等；能够利用现代分子生物学技术对林业检疫性有害生物进行识别和检测，并对检疫性入侵生物进行风险分析等[4,6]。因此，本课程内容与生物入侵、生物安全等密切相关。

全球发展所面对的安全问题越来越突出，生物入侵给人类带来更大威胁，生物安全也受到更多关注。新冠肺炎疫情的肆虐给国家安全和人民生命健康造成严重威胁。在2020年2月14日，习近平总书记召开中央全面深化改革委员会会议时，强调针对疫情暴露出来的短板，要系统规划国家生物安全风险防控，完善治理体系，并提出把生物安全纳入国家安全体系。生物安全攸关民众健康、社会安定和国家战略安全，是国家安全体系重要的一部分。生物安全也与人们的生产生活息息相关，生物基因编辑问题、实验室"逃逸"事故、外来物种入侵、农林入侵有害生物等，都可被涵盖在生物安全的范畴中。因此，保障生物安全没有局外人，每个人都要筑牢一座堡垒。

基于此，通过"动植物检疫"课程的思政教学，帮助同学们增强生物安全意识，树立尊重自然、顺应自然、敬畏自然的生态文明理念；在掌握动植物检疫知识的基础上，树立防范外来生物入侵，保护国门生物安全的坚定信念[7-8]；培养学生林业情怀，以专业伦理引领林业人才践行生态文明建设核心价值观；培养学生严谨的科学精神，以及独立思考解决问题的能力，为将来从事林业技术、科研工作打下基础。

二、"动植物检疫"课程开展思政教学的组织实施

"动植物检疫"课程由理论课和实验课组成，形成理论和实验实习相结合的自然科学课程的教学体系。采用的教材为2020年最新出版的《动植物检疫概论(第2版)》(中国农业大学出版社)，笔者也有幸参与了该教材的修订[4]。新版教材中增加了学习素材和资料，共收集和整理了115个动植物检疫实例分析，便于学生在学习中了解当今动植物检疫发展动态和学科前沿，也可以激发学生的学习兴趣和主动性。笔者根据课程的知识点特征，总结和归纳了各章节所蕴含的思政元素，研究其切入点和融入方式，并将其归纳于政治认同、科学精神、公民品格、生态文明、生物安全等多个维度(表1)。

表1 "动植物检疫"课程思政教学典型案例

章节	章节名称	课程思政融入点	案例	育人目标
1	动植物检疫起源和发展	结合新冠疫情，引入"生物安全"的概念	新冠肺炎疫情暴发的时政要闻讨论	政治认同、生物安全
2	动植物检疫法规	防范外来物种入侵与保护生物多样性	重大林业入侵灾害：松材线虫——案例分享	科学精神、生物安全
3	动植物检疫程序	保障实验室生物安全	基因编辑"伦理"——案例讨论	科学精神、公民品格、生物安全
4	动植物检疫技术	研究、开发、应用生物技术	诺贝尔奖：CRISPR-CAS9——案例分享	公民品格、科学精神
5	林业检疫性有害生物	防控重大新发突发传染病、动植物疫情	影响中美贸易谈判的光肩星天牛事件——案例分享	生态文明、生物安全

(一)实例一：增强政治认同

在动植物检疫起源部分，首先解释"检疫"的英文词"quarantine"的拉丁词源含义，其本

意为"四十天"，意指早在14世纪欧洲，为防止黑死病、霍乱等严重疾病的传播，要求外来船舶和人员在进港前需隔离40天，这是最早关于阻止人类传染病传播蔓延的有效方法[7-11]。之后，引入2003年"SARS"非典型性肺炎的案例，说明隔离措施也同样发挥了重要作用。最后，通过对新冠肺炎疫情暴发的时政要闻讨论，引入"生物安全"的概念，从客观的角度引导学生展开"生物安全"的讨论。面对突袭而至的病毒和来势汹汹的疫情，党和国家以不畏牺牲、不计代价的精神带领全国人民抗击新冠肺炎，取得了重大战略成果，创造了人类同疾病斗争史上又一个英勇壮举。这些动人事迹和感人画面，也是最生动的思政素材，将有助于让青年学子建立对我国政治制度的认同感，极大增强同学们的民族自信心和自豪感、凝聚力和向心力，将激励青年学子在新时代新征程上披荆斩棘、奋勇前进。

（二）实例二：树立生物安全理念

在林业检疫性有害生物章节的讲授中，结合讨论式教学、案例式教学、翻转课堂等方式，适时融入思政元素，鼓励学生独立思考、敢于表达，培养其科学思辨能力，增强学习积极性[9-12]。课前，让学生自学"动植物检疫"慕课，自主查阅资料，以小组的形式展示不同的林业检疫性有害生物（病原物、昆虫、杂草等）的检疫地位、生物学特性等。结合其传播途径和危害特征，请同学们思考对不同检疫性有害生物的检疫检测方法有何不同，引出有害生物溯源追踪和风险分析的意义。课中，以林业检疫热点问题为导向，通过播放视频，讲述影响中美贸易谈判的光肩星天牛事件，分析事件的起因、谈判的背景和经过，继而分析生物安全的意义。1996—1998年间，美国多个州暴发光肩星天牛虫害，造成许多树木死亡，引起美国农业部高度关注。他们认为美国发现的光肩星天牛，是通过中国输美货物的木质包装传入的。因此，美国农业部签署法令，要求中国输美货物木质包装在出口前必须经过熏蒸处理、热处理或防腐处理，违规将整批退回。一旦美国的理由坐实，中国出口美国的货物将遭受严重损失。因此，在1998年10月我国派出了中国植物检疫代表团，对美国光肩星天牛虫害发生地进行了考察。发现一些受光肩星天牛危害致死的树木上天牛羽化孔及树木本身已腐朽，说明该虫至少在十年至数十年就已经存在相当的种群密度，如果该虫是其他国家传入的话，则传入的时间就更长。且光肩星天牛不仅在中国有分布，在朝鲜半岛等其他国家也有分布，因此，从昆虫生物学及生态学特点分析，该虫由中国传入的观点是没有根据的。经双方商谈并签署了"中美关于木质包装检疫合作研究协定"，确定共同研究"星天牛种间及光肩星天牛种群间分子生物学研究"课题。中方最终也通过分子生物学方法再次证明了美国光肩星天牛并非由中国传入。通过该案例的讲述，使同学们认识到入侵生物的溯源、风险评估分析、快速分子检测等对维护国家主权、保护农林业生产安全的重要意义。此外，采用导向式教学方法，将科研成果反哺教学，激发学生学习主动性。结合学科近年来围绕入侵生物学领域内有害生物追踪溯源、风险评估等取得的科研成果，带领学生深入思考检疫技术与国门生物安全的关系，学以致用，培养学生强烈的社会责任感，使思政内容具有亲和力。课后，注重有害生物风险评估和调查的分析能力培养，锻炼自主设计实验能力。以应用为目标，注重学习过程，使学生收获解决实际问题的成就感。此外，转变传统考核方式，通过专题选题、研究内容设计等环节增加学生参与度，并创设学生互评模式，强化过程考核。

三、"动植物检疫"课程思政教学内容的设计

在近两年的"动植物检疫"课程的思政教学探索过程中，笔者秉承回归课程育人本源教学理念，践行全方位育人理念和价值的培育与输出，通过树立"夯基础重素质"的课程思政建设观，完善"三位一体"课程思政目标，优化全过程育人教学内容，创新教学手段，拓展

“五分钟”思政育人的影响辐射面，形成了具备专业特色的思政课程教学模式。

（一）明确课程思政建设观，培养学生“林业情怀”

深入挖掘“动植物检疫”课程的德育元素，通过理论讲授和实践实习，将思想政治教育贯穿课程讲授全过程。树立“夯基础重素质”的课程思政建设观，以“绿色使命”为主线，引导学生了解动植物检疫发展历程、阐述“筑牢口岸检疫防线，守护国门生物安全”理念蕴含的丰富辩证思想，帮助学生树立正确的生态文明价值观，引导学生树立防范外来生物入侵、保护国门生物安全的理念，增强学生投身生态文明建设的责任感和使命感。鼓励学生传承林人精神、培养林学情怀、锤炼林业本领、勇担绿色使命，切实发挥课程教学的育人主渠道作用，形成专业课程与思政课程协同育人效应，实现了课程思政与思政课程同向同行。

（二）优化育人教学内容，完善“三位一体”课程思政目标

梳理课程内容体系，优化课程结构设计，将思政元素有机融入课程大纲，切实安排进课堂讲授、实习实验等教学环节，形成可行、高效的课程思政实施方案，实现知识传授、能力培养、价值塑造的多元统一。

在理论学习环节中，以目前检疫领域的热点问题为导向，以小组为单位进行课堂讨论。在巩固专业知识的同时，培养学生的专业兴趣和强烈的社会责任感，使思政内容更接地气、更亲和。在实验实习等实践环节，通过实时连线首都机场货物检验检疫处、出入境检验检疫局机场管理处等相关科研和事业单位，使同学们熟悉动植物检疫相关法律法规和实际操作情况，深入了解出入境动植物检疫、国内森林植物检疫、陆生野生动物疫源疫病监测等方面的整体情况，也为大四同学考取相关岗位公务员提供知识储备。通过丰富的实践教学的形式，提高学生对专业知识的了解，培养学生专业兴趣，激励他们在今后学习和工作中孜孜不倦，不畏艰险。邀请北京海关的动植处、植检科、法规处各部门老师入校开展《国家生物安全法》宣贯活动。为大家介绍《生物安全法》的普法情况，以及国门生物安全与动植物检疫监管的关系，并鼓励学生围绕《国家生物安全法》及口岸动植物检验检疫的相关问题自由发言、提问。通过丰富的实践教学，不仅使学生掌握动植物检疫相关知识，更激励学生自觉把个人理想追求融入国家和民族事业中，使学生成长为心系社会并有时代担当的林业技术性人才。

（三）创新教学手段，延伸育人教育辐射面

探索启发式、翻转式等教学模式，优化课堂组织方式，增加“讲，演，练”等实践环节，增强师生互动，强化学生的实践能力。创设学生互评模式，完善“选题、实施、汇报”等考核方式，激发学生学习兴趣。在提升专业教学效果的同时，引导学生以人文融通涵养解决复杂动植物检疫问题，以林学专业伦理践行生态文明建设，实现思政元素入脑入心。此外，通过问卷调查的方式，考查思政课程建设的满意度，分析存在的问题，及时改进。

四、结 语

通过“动植物检疫”课程思政教学的探索，将课程思政元素有机融入，协调运用多种教学方法，形成了具备专业特色的课程思政教学模式。通过课程思政学习，不仅使同学们掌握动植物检疫知识，有效提高了同学的学习积极性和专业认同度；更帮助增强同学们的生物安全意识，树立了尊重自然、顺应自然、敬畏自然的生态文明理念，以及防范外来生物入侵，保护国门生物安全的坚定信念。

参考文献

[1]习近平谈治国理政[M]. 北京：外文出版社，2017.

[2]杜震宇. 生物学科课程思政教学指南[M]. 上海：华东师范大学出版社，2020.
[3]王晓帆. "互联网+"背景下党校思政课"翻转课堂"的探索[J]. 微型电脑应用，2021，37(6)：157-159.
[4]李志红，杨汉春. 动植物检疫概论[M]. 北京：中国农业大学，2020.
[5]游崇娟，田呈明. "动植物检疫"课程教学改革与探索[M]//于志明. 秉烛者的思考与实践：北京林业大学教学改革研究文集. 北京：中国林业出版社，2015：24-26.
[6]李孟楼，张立钦. 森林动植物检疫学[M]. 北京：中国农业出版社，2008.
[7]李武，杨瑞丽. 食品类专业"动植物检验检疫"教学方法探索[J]. 中国科教创新导刊，2013(32)：119-121.
[8]刘苏，张胜利. 对动植物检疫专业有害生物综合治理课程教学改革的思考[J]. 现代农业科技，2014(24)：331-343.
[9]张笑宇，胡俊，周洪友，等. "植物检疫学"教学模式改革探索[J]. 内蒙古农业大学学报，2014，2(16)：57-59.
[10]崔建新，吕文彦，任向辉，等. "植物检疫学"课程教学改革与实践[J]. 安徽农业科学，2011，39(21)：13240-13243.
[11]张皓，朱明旗，郭军. "植物检疫学"实践教学改革的探索[J]. 科技创新导报，2012(33)：175-176.
[12]廖晓兰，袁钧，张亚. 动植物检疫专业本科教学的调查分析[J]. 高等农业教育，2011，4(4)：24-26.

Exploration on ideological and political teaching of *Animal and Plant Quarantine*

You Chongjuan　Shi Juan
(College of Forestry, Beijing Forestry University, Beijing　100083)

Abstract　In the exploration of Ideological and political teaching of the course *Animal and Plant Quarantine*, according to its knowledge characteristics and teaching characteristics, the ideological and political elements contained in it are deeply excavated. By optimizing the teaching content of the whole process of educating people, innovating teaching methods, and creating a model of mutual evaluation among students, and these ideological and political elements are infiltrated into professional knowledge in the way of"moistening things silently", so as to help students enhance their biosafety awareness and establish the concept of ecological civilization of respecting nature, conforming to nature and fearing nature. By optimizing the whole process of education teaching content, innovating teaching means, expanding the influence of"five minutes"Ideological and political education, a teaching mode of Ideological and political course with professional characteristics has been formed.

Keywords　*Animal and Plant Quarantine*, ideological and political education, morality education

“饮水思源、推陈出新”的“经济林栽培学”教改初探

——以扦插育种实验为例

杨 清　孟 冬　付玉杰　祁 萌

（北京林业大学林学院，北京　100083）

摘要：“经济林栽培学”实验课程是林木良种选育中的一门基础学科，其所包含的技术手段在林木遗传育种、良种选育方面起到重要作用。新型的实验课程以及评分方式的设置，有利于学生对相关理论知识的理解更加深刻，有助于培养学生的创新能力与逻辑能力，达到不“唯期末考试成绩”的目的。本文解决了陈旧的“唯考试论”“照本宣科教”等问题，提出要培养学生“饮水思源”“举一反三”的实验思维，创建以学生为课堂主导者的教学模式，为经济林栽培学相关实验课程的教育改革提供思路。

关键词：经济林栽培学；创新型人才培养；教学改革；“累计积分制”学生评价指标

一、引　言

经济林产业的发展对促进我国林业产业发展有重大作用，对我国农业经济现代化建设有着重大意义[1]。我国地域广阔，经济林种类繁多，经济效益高，当前已经确定的种植经济林达到1500余种[2]。但在经济林产业发展的过程中，仍存在经济林生产管理不完善、机械化水平低、经济林产业规模分散等问题[3-4]。这些问题影响了经济林种植户经济利益的同时，也浪费了我国林业生产资源。在研究创新优良经济林作物品种和工业机械方面，科研资金、技术、人才严重投入不足[5]，造成林业经济产业的缓慢发展，因此，亟须培养经济林栽培学相关人才填补岗位空缺，有效推动我国林业产业的发展。

“经济林栽培学”课程根据经济林专业特色，结合“两山”理论，通过讲授经济林在扶贫攻坚、乡村振兴、生态建设等国家战略实施中的重要作用，以我国经济林发展取得的重大成就以及知名经济林专家李保国科技扶贫的先进事迹为典型案例，激励学生坚定服务乡村的信念，培养学生的家国情怀和专业自信，增强使命感和责任担当，激发学习的主动性，培养拥有文化自信和政治认同的全面性林业人才。课程以“培养家国情怀，树立使命担当”为主线，以“树情怀、培修养、立使命”为目标，培养“向树学习，向榜样学习”的新时代人才。当前思政形势下，从学生角度出发，关注青年学生的思想发展特点，在促进学生全面发展方面起到关键作用。当前的大学生主体具有较强的独立意识和创新意识。思政改革的开展需要首先重视对青年学生内生动力的激发，让学生在课程中全面认识自己，培养其创

作者简介：杨　清，北京市海淀区清华东路35号北京林业大学林学院，副教授，yang.qing1020@163.com；
孟　冬，北京市海淀区清华东路35号北京林业大学林学院，教授，mengdongjlf@163.com；
付玉杰，北京市海淀区清华东路35号北京林业大学林学院，教授，fuyujie67@163.com；
祁　萌，北京市海淀区清华东路35号北京林业大学林学院，博士研究生，QiMqmm@163.com。

资助项目：北京林业大学课程思政教研教改专项课题项目“经济林栽培学(实习)”(2020KCSZ024)；
北京林业大学教育教学改革项目“经济林栽培学总论课程思政教学探索”(2020KCSZ026)。

新意识。教师应该在课程中融入思政元素，引导学生从社会需要出发，把个人理想融入党和国家事业。

高校课程体系发挥着重要的育人功能[6]。这种培养不仅仅指技术方面，课程还肩负着塑造学生正确价值观和人格品质的使命。在“经济林栽培学”课程中增加“思政育人”部分，培养能够推进习近平新时代中国特色社会主义实践发展的、具有强烈时代使命与担当的、技术与知识并驾齐驱的“时代新人”，对于国家、社会以及学生本身都具有重要意义。总的来说，经济林发展所存在的基本问题归根结底来源于人才匮乏、紧扣时代性弱与创新性不足等，在紧密联系时事思政的形势下，解决这些问题的重要措施是培养新时代创新性人才，而创新性人才需要“经济林栽培学”等相关课程进行定向培养。

二、 经济林栽培学现有课程模式

（一）实验设计固定

“经济林栽培学”课程的实验设计，通常由教师提前完成。学生在固定的实验设计下，难以将自己的创新点融入课程中。且按照固定的实验模式进行实验，仅能达到熟悉实验流程的效果，不能很好地激发学生的想象力，对于学生创新能力的培养起到较为鸡肋的作用。

（二）实验材料固定

鉴于实验设计通常固定，实验材料基本也是采用准备好的植物材料等。这也为学生们的实验设定了框架。无法发挥学生自己本身的才能。且如此被限制的条件也不能满足新时代学生对于知识的渴求。例如：在扦插育种实验中，如果教师提前准备了生根粉等材料，学生对于实验的设计也会围绕生根粉展开，而如果我们没有提前做准备，让学生在查阅各类参考文献的前提下，对扦插实验的主要实验材料进行选择，可以培养学生自主寻找答案的意识，提高学生创新学习的能力。

（三）课程中师生互动性差

一般的实验课程，学生们总是在老师的指导下进行，这样避免了错误的产生，但也限制了学生的创新能力。一个优秀的课堂应该是学生与老师共同完成的，而不只是老师的“一言堂”。培养学生从设计实验开始，不怕犯错、勇于犯错，在错误中成长，自己摸索出正确的流程，这是培养学生创新思考能力的关键。课堂上，学生与老师相互配合，学生提出自己的思考，老师纠正学生不恰当的思考，这才是创新型课堂的正确模式。

（四）课程质量、效果差

传统的课程限制学生创新能力的同时，也达不到预期效果。传统课程通常设定好固定的课堂流程，这也间接避免了课堂上突发状况的产生。一味按照传统课程模式进行的教育通常会出现课程质量差、效果差等问题。教师认为学生已经接受了全部的课程内容，但期末考试成绩又说明课程的内容并不能使学生深入理解。

因此，解决以上问题，提高“经济林栽培学”课程的教学效果，需要提出一种全新的以学生为主导，学生、老师互动，共同完成课堂教育的教学模式。

三、 如何应用课程思政创新改革“扦插育种”实验

针对上述以往实验课程存在的问题，在重新设计实验课程的基础上，融入思政元素，将经济林栽培学与国家发展的大方向相结合，让学生在学习基础课程的同时，完善思想，牢牢把握国家对于生态文明发展的大方向，全面贯彻党的教育方针。在教学内容上，紧扣时代脉搏，对专业课程的内容进行改造创新，依托国家战略或重点发展方向，阐述经济林是乡村振兴战略的重要载体，是可持续发展战略的朝阳产业；课上结合“两山”理论，介绍

经济林的重要作用；讲述有“太行新愚公”之称的李保国教授的先进扶贫事迹，让同学们切实感受到所学专业的价值，“饮水思源”，向榜样学习，增强对所学专业的认同，培养对课程的主导思想。根据不同章节的教学内容，教师做好课程设计，融会贯通培养学生树立“坚定专业信念，服务乡村振兴”的远大理想目标。“成才不忘家乡恩”，学生应秉持“学成回报家乡”的远大理想信念完成本次课程的学习，学生在老师的指导下设计课程内容、学习方法，以学生、教师合作的方式进行“经济林栽培学”课程的学习、教育。

（一）学生自主设计实验流程

实验设计是指一种有计划的研究，包括一系列有意图性地对过程要素进行改变与其效果观测，对这些结果进行统计分析以便确定过程变异之间的关系，从而改变这过程。培养学生自主设计实验的能力，需要首先告诉学生实验的目的是什么，这个实验可能会有怎样的结果。而根据实验目的，如何得出恰当的实验结果，是需要学生自主设计创新的。以扦插育种为例：我们已经知道这个实验的目的是成功进行经济林木的扦插育种，最终的结果是成功使得经济林木成活，而中间如何进行操作才能达到这个目的，就是学生们需要去查阅文献，准备材料，进而通过一系列的实验，以节省耗材、降低成本等为目标，达到这个目的。

（二）师生共同完成实验材料的准备

以上，假设我们已经对实验流程进行了设计，在完成实验时，还需要准备各个阶段的实验材料。这里就需要学生们进行“货比三家”，在“双碳”目标下，本着节约成本、提高效能的原则，查阅相关参考文献，对实验材料进行准备。

（三）发散思维，小组间互相提问，完善课程内容

教师放开实验设计，学生自主设计实验。每个小组会产生不同的实验思考。针对在实验过程中遇到的一系列问题，首先采取小组间互相提问的措施，让学生间自主解决遇到的问题，加深对其实验设计的印象。教师随后进行补充，完善课程内容。

（四）学生成绩采取“阶段考核制”累计积分

学生成绩关系到学生的很多方面。单一的采用考试的方式进行打分，对于那些水平一直很稳定的学生并不友好。因此，采取“阶段积分”的方式，将课程首先分为几个阶段，以经济林木扦插实验为例：将其分为实验设计、材料准备、结果验证、组间交流思考等阶段，每个阶段根据学生的表现对其打分，最后总结学生获得的总积分，按比例加入学生最后的总成绩里。

通过以上一系列的教学实践，加强实践课程与思政教育的融合，让学生更好地具备成为一名优秀经济林专业人才所应具备的基本职业道德素质，培养学生爱岗敬业、精益求精、协作共进、追求卓越的“工匠精神”。鼓励学生建立创新创业兴趣小组、参与教师的科研项目、参加全国双创项目等，在项目开展、小组交流的过程中，培养学生团队互助、开拓创新的精神(图1)。

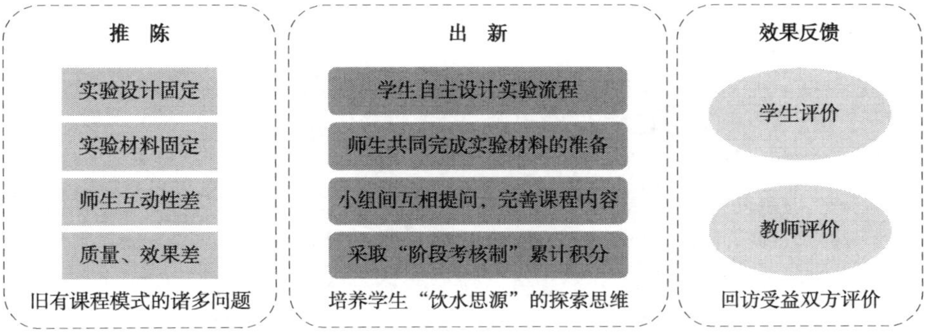

图1 “经济林栽培学”思政教改思路

四、“经济林栽培学”课程教改的效果评价模式

农耕文化是中华优秀传统文化中的根基和重要组成部分，历史以来，经济林栽培沉淀了浓厚的文化底蕴，在人们日常接触到的林果产品中，具有众多的中华传统文化印迹[7]。经济林栽培学中蕴含的这些优秀的传统文化内容非常适合将正确的价值观以“润物无声”的形式传递给学生，实现育人效果最大化的思政教育目标。仅仅教育输出不能很好地判断新形势课程的效果，而对思政课程进行评价是检验思政课程教育改革效果的重要途径。检验课程改革的成效需要受益双方共同进行评价。

（一）注重学生评价

学生是课程思政最直接的学习者、感受者、获益者，评价高校课程思政应基于供给侧、投入端考查，更应该在需求侧、产出端考查。立足于学生，以第一视角充分检验人才培养的效果。注重课程思政教学入脑入心、见行见效的有效性评价，既要关注学生获得感方面的理性维度，也要关注发展持续性方面的实践维度。评价获得感的理性维度，要从学生实实在在学习到的内容进行考查。评价学生从课程思政中的获得感，可以从“学习到知识”和“感受到历史”进行评价和考查。教改的推进是否有效，在学生层面来说尤其应该根据其在课程学习中实实在在获得的内容进行评价。可以通过课程阶段性学习展示汇报、结合考试进行评价，考试要整合“思政”与“课程”的内容，而非以往单纯考查课程内容。

（二）回访教师评价

课程思政的评价能力。它要求课程思政教师能够利用评价工具，全过程评价学生的思想政治素质的发展，并引导学生进行自我评价。同时，不同课程教学教师之间还需要进行相互评价，立足专业课程和思想政治教育两个维度，对不同教师教育教学效果进行评价，以便于教师自身能够及时改进教学工作。课程思政在实施过程中，必然会遇到不同类型的问题，借助基于问题的反思，推动课程思政发展以及教师个人的发展，是极为重要的。发挥课程思政教育评价指挥棒作用，必须掌握学生的价值观现状、学生的发展需求以及学生的学习问题，有效结合和全面把握理性维度与实践维度两个维度的评价内容，全员、全过程、全要素以及更长时段、更加全面地评价课程思政的有效性，进而改进课程思政的课程设计。

五、 结论和展望

经济林学中承载了众多中华民族优秀传统文化。每门课程都包含不同程度和不同方面的丰富的“思想政治，要素。如何将家国情怀、社会责任、道德规范、法治意识、思维品质、科学精神、创新能力、人文精神等要素融入课堂教学，需要注重教育路径设计，加强思想政治要素与日常教学内容的整合[8]。从思政层面激发学生内在学习动力。针对当前林学相关专业存在吸引力小、专业认同度低等问题，将思政元素渗透到经济林栽培学的各个环节，让学生自己作为主导，点亮学生对专业课学习的专注度，使学生在掌握扎实的专业知识基础上，树立正确的价值观。同时也解决之前的“实验设计固定”“实验材料固定”“师生互动性差”“教学质量效果差”等教学问题。培养学生自主设计实验流程、师生共同完成实验材料准备、小组间互相配合完善课程内容、教师采取“阶段性考核制”累计积分的方式考核学生水平。利用以上方式“推陈出新”，并结合学生及教师对此种教学方式的评价，综合培养拥有创新精神与实践能力的综合型创新型经济林人才(图1)。将与时俱进、紧扣时代脉搏的思政要素渗透到专业课教育中，激发学生对所学专业的自豪感，增强学生服务乡村、振兴家乡的使命感。

参考文献

[1]种伟，胡艳红，韩非. 我国经济林产业发展态势与潜力[J]. 林业经济，2009(7)：53-56.

[2]王枫. 经济林良种推广现状及政策建议[J]. 农学学报，2021(11)：5.

[3]康志雄，戴俊强，蒋国洪. 浙江省经济林生产现状与发展对策[J]. 经济林研究，2002(20)：4.

[4]牟广泽. 承德市经济林产业化经营状况调查分析与对策[J]. 林业资源管理，1999(6)：53.

[5]李瑶，祝新雅. 人才、资本、科学技术投入对农村经济的作用[J]. 安徽农业科学，2014(7)：2148-2150.

[6]任路伟，王甜甜，刘晓敏. "立德树人"背景下高校精准化思想政治教育实践[J]. 食品研究与开发，2021(42)：1.

[7]彭金山. 农耕文化的内涵及对现代农业之意义[J]. 西北民族研究，2011(1)：145-150.

[8]林晶. 新形势下加强我国高校思想政治教育的系统化发展研究[J]. 马克思主义研究，2017(2)：151-158.

The teaching reform of *Economic Forestry Cultivation* which "drinks water and thinks of its source" and pushes out new ideas ——Take the cuttings breeding experiment as an example

Yang Qing　Meng Dong　Fu Yujie　Qi Meng

(College of Forestry, Beijing ForestryUniversity, Beijing　100083)

Abstract　*Economic Forestry Cultivation* is a fundamental subject in the selection and breeding of forest tree species, and the technical tools it contains play an important role in the genetic breeding and selection of forest tree species. The new experimental course and the grading system are designed to help students to have a deeper understanding of the theoretical knowledge, to develop their creative and logical abilities, and to achieve the goal of not being"final exam-only". This paper solves the problems of the old"exam-only theory"and"teaching by the book", and proposes to cultivate students' "thinking about the source of water"and"learning by example". This paper addresses the problems of "exam-only"and"teaching by the book", and proposes to cultivate students' experimental thinking and to create a teaching mode in which students are the dominant players in the classroom, so as to provide ideas for the educational reform of *Economic Forestry Cultivation* related experimental courses.

Keywords　*Economic Forestry Cultivation*, innovative talent development, teaching reform, "cumulative point system"student evaluation index

“林地土壤资源调查与评价”课程思政的探索与实践

耿玉清　陈　琳　初蕙男　张若琪

（北京林业大学林学院，北京　100083）

摘要：课程思政是实现立德树人的根本任务的重要途径。“林地土壤资源调查与评价”是林业专业学位研究生的专业课。结合专业知识的教学特征，从政治认同、家国情怀、科学精神和生态文明四个思政维度进行课程思政探索。围绕提高辩证思维能力、引入科学家榜样以及强化实践体验等途径，组织与实施思政教学。通过将思政元素融入课程的每个环节，教师教学质量得到了学生的认同。同时，也激发了学生学习的动力，增强了学生的专业自信。

关键词：土壤调查；课程思政；辩证思维；科学精神；生态文明

在市场经济条件下，“生存竞争，优胜劣汰”，使得高等学校之间的竞争日益激烈。竞争激发了人们的奋斗拼搏，但受考核导向偏颇的影响，使得教师对立德树人这一根本任务的认识有所淡化。一些大学生出现政治信仰模糊、功利意识严重，以及学习动力不足和专业伦理意识不强等问题。在教育部《关于全面深化课程改革 落实立德树人根本任务的意见》中指出：“课程是教育思想、教育目标和教育内容的主要载体，集中体现国家意志和社会主义核心价值观，是学校教育教学活动的基本依据，直接影响人才培养质量。”课程思政是指在课程教学过程中，将专业知识与思想政治教育相结合，实现立德树人的根本任务[1]。作为高校教师，也深深体会到，教师是人类灵魂的工程师，只有专业课程与思政课程同向同行，才能达到为党育人、为国育才的目标。

“林地土壤资源调查与评价”是林业专业学位研究生的一门专业课。其专业教学目标是掌握我国林地土壤资源分布特征，以及林地土壤野外调查与样品采集技术；通过整理林地土壤质量调查及评价成果，提出林地土壤的经营管理方案。在课程教学过程中，专业课教师认真学习习近平新时代中国特色社会主义理论，积极探索课程思政理念，从多维度挖掘课程中的思政元素，寻找融入思政元素的知识切入点。

一、 课程中思政元素的特征分析

课程思政是高校思想政治教育的一个创新。其本质是在知识传播中强调价值引领，在价值传播中凝聚知识底蕴。这就要求专业课教师在专业知识点传授过程中，有机地融入思政元素，以专业知识承载思想教育，从而实现春风化雨、润物无声的效果。“资之深，则左右逢源”。受知识结构的限制，专业课教师不断积累思政课程的知识，结合“林地土壤资源

作者简介：耿玉清，北京市海淀区清华东路35号北京林业大学林学院，副教授，gengyuqing@bjfu.edu.cn；
陈　琳，北京市海淀区清华东路35号北京林业大学林学院，研究生，529899729@qq.com；
初蕙男，北京市海淀区清华东路35号北京林业大学林学院，研究生，708911037@qq.com；
张若琪，北京市海淀区清华东路35号北京林业大学林学院，研究生，757968495@qq.com。

资助项目：北京林业大学2021年研究生课程思政建设项目“林地土壤资源调查与评价课程思政建设”（KCSZ21025）。

调查与评价"专业知识的教学特征，围绕政治认同、家国情怀、科学精神和生态文明四个思政维度，进行思政元素的分析和挖掘，取得了良好的教学效果[2]。

（一）政治认同

只有先进思想文化的传播者、党的执政的坚定支持者，才能更好地担起学生健康成长指导者和引路人的责任。"林地土壤资源调查与评价"课程是土壤学的一个重要分支。任课教师分析国情，研究土壤调查的发展历史，梳理课程中所涵盖的土壤调查技术、调查成果以及所实施的一些政策或工程，结合第三次全国土壤普查的开展，将专业知识教育与党和国家的政策结合起来，有助于学生对党和政府产生高度的认同感。

不管自然科学家采取什么样的态度，还是得受哲学的支配。一个科学家，如果没有哲学思想，便只是一个做粗活的工匠[3]。马克思主义哲学的唯物论、辩证法和认识论，科学的世界观和方法论，对指导林地土壤资源调查与评价有重要的作用。在学科专业素养中，在土壤实地调查和评价的过程中，都包涵很多马克思主义辩证唯物主义的观点和思维方法，如意识的能动作用、实践是认识的基础、整体与部分的关系、量变与质变的统一、两点论与重点论统一以及创新作用等[4]。将这些思想融入课程教学中，是马克思主义原理中实践观的具体体现，也是贯穿"林地土壤资源调查和评价"课程的主要思政内容。

（二）家国情怀

"林地土壤资源调查与评价"是一门技术性很强的应用课程。首先，进行土壤调查需要有计划地组织人员并进行严密分工，在调查过程需要团队成员密切合作。因此，可挖掘集体主义精神。其次，土壤调查尤其是高海拔区域的土壤调查，大都位于偏僻和条件艰苦的区域。调查人员需要放弃舒适的城市生活，实地接触土壤获得第一手资料。这可以体现以国家需求为己任的家国情怀。

土壤资源调查是土壤学基础研究中的一个分支。因其短期效益不显著，易被忽视，科技工作者也不愿坚守。但土壤是"万物之本，生命之源"，是人类赖以生存，生态文明建设和可持续发展的基础资源。教学过程中，突显土壤在国民经济发展以及人类生存中的地位，以及老一辈土壤学家对我国农林生产和国民经济建设的贡献，可激励学生从事土壤调查、保护和合理利用的研究，树立把论文写在祖国大地上的意识和信念，从而培养学生以强农兴农为己任，服务农业农村现代化的爱国情怀。

（三）科学精神

科学精神是人们在认识世界和改造世界的过程中表现出来的一种精神取向，是科学的本质和灵魂。"弘扬科学精神，普及科学知识"是教育工作者的神圣使命。硕士研究生的培养目标是在所学专业领域内掌握坚实宽广的基础理论和系统深入的专门知识，具有从事科学研究工作或独立承担专门技术工作的能力。要实现这一培养目标，就必须学习老一代科学家孜孜不倦的敬业精神，不断追求精准准确的科学思想，求真务实和吃苦耐劳的精神品格。

在林地土壤资源调查与评价的准备工作、外业调查和内业工作的工作进程中，都会遇到形形色色的难以预测的问题。要完成好相关的研究和技术工作，要有善于观察和思考的精神，以应对工作中束手无策的情况；要有严谨细致、踏实认真的作风，做好外业调查的设计、目标任务以及数据的准确获取；要有隐忍坚守、淡泊名利的情怀，为艰苦的环境中任务的完成提供保障；要有团结合作、开拓创新的意识，用怀疑和批判的眼光对问题进行分析，形成自己的创造性见解。通过融入科学家的科研历程，可让学生更好地体验科学精神。

（四）生态文明

生态文明是物质文明、精神文明和政治文明在生态环境等领域的延伸，又是其他三种文明最终发展的落脚点[5]。建设生态文明是一个长期的历史进程，基础是建立良好的自然生态系统。看似不起眼的土壤，可能成为决定文明盛衰的关键[6]。基于土壤资源调查结果，结合人类不合理利用土地所导致的土壤侵蚀和土壤质量退化，有利于学生更好地理解土壤问题与食物安全、生态安全和人体健康的关系，以及对我国社会经济的可持续发展和生态文明建设的影响，进一步使学生树立人与自然的和谐共生以及生态文明观的意识。

恩格斯早就指出："我们不要过分陶醉于我们人类对自然界的胜利。对于每一次这样的胜利，自然界都对我们进行报复。"生态环境既可以促进人类文明繁荣兴盛，也可以使其日渐衰败。在"林地土壤资源调查与评价"课程中，通过比较不同环境条件下土壤的形成和发育过程，再现由母质对土壤形成的漫长岁月过程，以及土壤是不可再生的资源，可使学生懂得要遵循人、自然、社会和谐发展的客观规律，以及违背生态规律造成生态系统失衡，物质文明的持续发展就会失去载体和基础，人类文明就会受到妥协。

二、 实施课程思政的途径

专业教师是实施课程思政的主导者，但教学效果却不能脱离学生的评价。因此，要开展好课程思政，就要从学生的需求出发，充分发挥学生的主体性。思政内容只有为学生接受和认同，才能提高学生的思政认识。在"林地土壤资源调查与评价"实施课程思政过程中，任课教师认真把握教学方向，与多位研究生一起，分析教学主题中的思政元素，挖掘思政元素切入点，搭建课程思政的桥梁(表1)。在进行思政元素设计的同时，就如何实施积累了一些经验。

表1 课程部分主题思政元素举例

主题	知识点切入点	思政元素	思政维度
土壤资源调查与评价的发展	全国土壤普查工作的开展 土壤普查技术的发展 土壤资源调查成果	党和政府统一领导 马克思主义发展观 科学家的社会责任	政治认同 政治认同 爱国情怀
土壤成土因素调查	成土母质因素研究 生物因素研究 土壤形成过程	内因与外因 环境因素的相互联系 科学思维	政治认同 政治认同 科学精神
主要的土壤资源	中国土壤分类的发展 土壤资源的分布	马克思主义唯物观 自然资源特征	政治认同 生态文明
土壤剖面调查与样本采集	土壤剖面的布设 土壤剖面形态观察 土壤样品的采集	局部与整体 工匠精神 认识土壤资源	政治认同 科学精神 生态文明
森林土壤质量提升	土壤质量指标的选定 森林土壤质量管理措施	理论与实践相结合 人与自然和谐	政治认同 生态文明
土壤退化及其恢复重建	土壤退化的成因 红壤地区土壤调控对策	主观能动性 人与自然和谐	政治认同 生态文明
土壤调查成果的整理与总结	原始资料的审核 调查与分析资料的整理	实事求是 严谨认真	科学精神

（一）结合专业知识，提升辩证思维能力

课程专业教学的重点是掌握课程相关理论和实践技能，以培养研究生具有较强的野外独立的土壤调查能力。在多尺度的土壤调查中，充分运用马克思主义的辩证唯物主义作为理论的指导，去分析调查中遇到的实际问题。土壤是在母质的基础上，经过气候、地形、生物等自然成土因素和人为因素的综合影响形成的，存在着时空的变化。从变化来看，土壤母质和土壤类型处于相对静止的状态，但不同植被类型下以及人为干扰作用下，土壤的质量则存在显著的差异[7]。这体现了辩证唯物主义变与不变的统一；此外，传统的土壤资源调查技术，是以地形图为主的野外实测调查。随着新技术的发展，航片和卫片等新技术得到了广泛的应用。这可以反映辩证唯物主义发展观；土壤调查中的单个土体的确定能否代表一定区域的土壤类型，包含了辩证唯物主义局部与整体的联系观；单个土体位置的确定，需要依赖于具体的立地条件，也可体现了一切从实际出发的唯物论底蕴。

马克思主义自然观给予了人类处理人与自然之间关系的基本立足点。土壤不仅是植物生长的基质，更是动植物得以生存和繁荣的生态系统，是地球关键带的核心要素。土壤的生物、物理和化学处于动态的平衡中。人类只有尊重土壤的发生发展规律，公正公平地对待土壤，合理地开发和利用土壤，才能保持土壤肥力的永续利用。这是马克思主义自然观在土壤—人类关系中的具体体现。

（二）引入科学家榜样，培养科学精神

科技实力的竞争越来越影响一个国家的国际地位。只有科技进步，国家才能屹立于世界之巅。在新中国成立后，党和国家领导人对土壤科学的发展十分重视。1958 年的第一次全国土壤普查就是在毛泽东同志的高度重视下展开的。土壤科学的发展不能离开科学家的推动。我国著名土壤学家黄瑞采教授，得知国内发生七七事变，放弃了在美国攻读博士学位的机会毅然回国。为了迎接经济建设大发展，黄瑞采积极响应号召，调查荒地资源、治理淮河流域和改良利用低产土壤[8]。通过引入科学家榜样，可使学生看到科学家的爱国情怀，同时也可激发学生的专业自豪感、责任感和使命感。

科学是实事求是的学问，来不得半点虚假。进行林地土壤资源和评价也是适用的。从事土壤调查，只有亲赴野外实地调研才能获得第一手资料。缺乏第一手资料，推理就缺乏依据，成为无本之木，无源之水。第一手资料的获得，不仅使自身的学术获得进展，也可为土壤科学的发展作出重要贡献。中国科学院资深院士朱显谟，为获得原态条件下土壤侵蚀的第一手资料，徒步跋涉千沟万壑，晓行夜宿，餐风饮露，从而形成了比较完整的水土保持综合区划与规划概念[9]。这一成果的形成，蕴含着“筚路蓝缕、手胼足胝”的艰苦努力。通过融入科学家的榜样力量，可激励学生扎根中国大地了解国情民情，在实践中增长智慧才干，在艰苦奋斗中锤炼意志品质。

（三）强化实践体验，传播人与自然和谐理念

实践是认识的来源，是认识发展的动力，是检验认识真理性的标准，是认识的目的。土壤资源调查具有实践性和操作性的特点。虽然学生一直在和土壤打交道，但在寂静的土壤面前，如何认识土壤的美丽与价值？纸上得来终觉浅，绝知此事要躬行。真正的知识只有从实践中获得。

最好的课堂莫过于大自然。通过实物直观学习，可印证理论的正确性和科学性，也有利于未来的创新。在课程教学中，充分利用学校博物馆教学资源，设计参观土壤剖面的教学环节。通过参观实物的直观方式让学生亲身观察我国主要的土壤类型。当同学们看到标本和景观，看到中国土壤分布图，就按捺不住地前去观察，这体现了同学们对大自然的热爱。通过实践可使学生深深地体会到土壤以丰富的营养支撑人类不断发展，是生态文明建

设的物质载体。

在参观中，同学们非常关注土壤整段标本的采集和运输。针对展示中上百个土壤剖面标本，同学们感叹道："我们能看到这些实物标本太不容易了。山上没有路，这些标本能完好无损地运送到我们面前，凝聚了多少人的劳动啊。"通过博物馆的参观，不仅可让学生学到课本上没有的知识，更重要的是让学生结合自身专业学习反省劳动的重要性。这可起到润物细无声的思政教育效果。

三、 课程思政教学的成效

通过深入挖掘课程中的思政元素，寻找知识的切入点，将思政融入课程的每一个环节，教师的教学得到了学生的认同。在94人的评价中获得的综合评价得分为98.49，高于以往研究生的课程得分。对学生学习成效的考核而言，与专业课的考核不同，课程思政考核还缺乏明确的指标。本文基于学生对课程学习的感悟，进行了教学成效总结。综合来看，通过课程思政教学，激发了学生的学习动力，增强了学生的专业自信，达到了预期的教学效果。

（一）激发学生学习的动力

通过将思政元素融入专业知识，通过引入科学家的故事，学生的学习态度发生了明显的变化。有的学生意识到自己对学习任务有很强的拖延症，表示要提高自己的执行能力，更加严谨勤奋地学习；有的学生反思自己仅仅是被动接受，缺乏深入思考；有的学生意识到，应严谨细致地认真对待每一件事；有部分学生认识到不能忽视理论知识与实践过程的结合；有的学生写道："学知识一定要多花时间打好地基，地基不牢，其他一切都如空中楼阁。"学生的这些意识，看似寻常，但将其写入书面，是发自内心的感悟，这些反思和感悟激发了学生学习的动力。

（二）增强学生的专业自信

自信是一个人坚信自己的力量，相信能实现自己理想的信念。通过教师将土壤调查与评价的理论与技术同土壤学取得的辉煌成果、科学家的科学精神和爱国情怀、国家有关的重大决策及成果紧密联系，可使学生从全局的视野认识所学的专业知识，充分体会学习专业知识的使命感与成就感，从而稳定学生的专业思想。此外，学生能把专业知识与自然资源的可持续结合起来，认为水能载舟亦能覆舟，只有适度、合理地利用土壤资源，才能实现人与自然的和谐发展。学生表示要学习前辈们不怕苦不怕难的科学精神，要尽自己所能，把精彩论文写在祖国大地上，为我国林业事业的发展作出自己的贡献。

四、 结 语

在"林地土壤资源调查与评价"课程中，任课教师充分发挥学生的主体性，围绕教学知识点，从政治认同、家国情怀、科学精神和生态文明等不同维度进行思政教育，教学质量得到了学生的认同，同时也激发了学生学习的动力。这在一定程度上，显示出了课程思政所取得的成效。在今后的教学过程中，应不断融入更多的思政元素，进一步丰富教学的方式方法，以培养学生的学科专业素养以及分析和解决问题的能力，厚植学生以国家需求为己任的爱国情怀，在实践中增长智慧才干的科学精神以及提高生态文明建设的意识。

参考文献

[1]邱伟光. 课程思政的价值意蕴与生成路径[J]. 思想理论教育，2017(7)：10-14.

[2]杜震宇，张美玲，叶方兴. 生物学科课程思政教学指南[M]. 上海：华东师范大学出版社，2020.

[3]刘郦，高翔莲，侯志军. 走向唯物辩证法的地质科学：赵鹏大科学思想探析[M]. 北京：中国地质大学

出版社，2019.
[4]吴国林，肖峰，陶建文. 自然辩证法概论(修订版)[M]. 北京：清华大学出版社，2018.
[5]孙百亮，柴毅德. 习近平生态文明思想的核心观点及时代价值[J]. 山西高等学校社会科学学报，2022，34(2)：7-13.
[6]蒙哥马利. 泥土：文明的侵蚀[M]. 陆小璇，译. 南京：译林出版社，2017.
[7]龚子同，陈鸿昭，张甘霖. 寂静的土壤——理念·文化·梦想[M]. 北京：科学出版社，2015.
[8]陈恒基. 呕心黄土一世情——记资深院士、土壤学家、国土整治专家朱显谟[J]. 中国水利，1998(8)：22-23.
[9]金家霖，朱娅，丁斌，等. 勤于钻研做学问，求真务实为土壤——记我国著名土壤学家黄瑞采教授[J]. 土壤，2020，52(5)：867-872.

The exploration and practice on *Investigation and Evaluation on Soil Resource of Forest Lands* course under concept of the curriculum ideology

Geng Yuqing　Chen Lin　Chu Huinan　Zhang Ruoqi
(College of Forestry, Beijing Forestry University, Beijing　100083)

Abstract　Curriculum ideological and political education is mainly ways for realizing the fundamental task of"Building Morality and cultivating people". *Investigation and Evaluation on Soil Resource of Forest Lands* is a professional course for the professional master of forestry. The curriculum ideology involved four dimensions including the political identification, the patriotic Emotion, scientific spirit and ecological civilization was explored based on the teaching characteristics of professional knowledge. In the organization and implementation of the curriculum ideology teaching, we should enhance student dialectical thinking ability, introduce scientists' examples and strengthen practical process. By introducing ideological and political elements in course teaching process, the teachers' teaching quality has been recognized by students. Meanwhile, students' learning motivation has been stimulated and professional self-confidence has been enhanced.

Keywords　soil investigation, the curriculum ideology, dialectical thinking, specific spirit, ecological civilization

“林学概论”课程思政教育探索与实践

蒋靖怡

（北京林业大学林学院，北京 100083）

摘要：“林学概论”是林学院校非林学专业的基础课程，侧重林学基本理论知识和应用技术的传授。在课程开展的过程中，课程思政的加入可以提升学生的道德修养，在学习过程中帮助学生树立正确的人生观和生态伦理观。本文探讨了“林学概论”课程开展课程思政的意义与实践途径，结合思政经典与时政案例从教学内容拓展、教学方法创新及教学效果评价三个方面进行课程重塑。为“林学概论”课程思政的教学和实践提供有益的参考。

关键词：林学概论；课程思政；教育探索；教学实践

课程思政是新时代思想政治教育发展的重要方向，是坚持和发展中国特色社会主义的必然要求[1]。高校是培养高级专业人才的摇篮，落实高校立德树人的根本任务是实现大学教育理念创新和实践创新的关键。课程思政能够将思想政治教育的理论知识、价值理念以及精神追求融入课程本身，既能避免传统思政课程死板、说教的教育形式，又能潜移默化地对学生的思想意识、行为举止产生积极影响。通过对新时代教师教书育人职责的深化和拓展，课程思政实现了教师对于学生品格、品行、品味的教育[2]。在围绕课程思政开展的探索与实践的过程中，课程思政能够以学生的成长规律为基础，对学生的认知过程进行整体把握和合理引导，在新时代的大学教育中具有重要的价值和意义。

“林学概论”是北京林业大学本科阶段所有非林学专业的必修课程，覆盖全校本科生90%以上。因此，充分发挥林学基础性课程在思想政治教育功能，将课程思政与思政课程融合，践行习近平生态文明建设理论体系思想，具有十分重要的意义。深入挖掘课程所包含的思想政治元素，将思政元素自然的融入课堂教学各个环节，润物细无声地将思想政治教育与林业院校知识体系相结合，培养德智体美劳全面发展的社会主义建设者和林学相关专业接班人。本文将从开展课程思政教育的意义、教学内容和方法等方面，对“林学概论”课程思政教育探索与实践提出一些思考。

一、“林学概论”课程开展思政教育的意义

（一）有利于将生态文明建设的理论体系融入课堂

“林学概论”是林学各部分知识的综合性、概括性的阐述，为相关专业的学生提供林学基本知识，是高等农林院校非林学专业的一门重要专业基础课程，主要由“林学基础”“森林培育”“森林经营管理”“森林利用”等基本知识构成。作为基础性课程，“林学概论”既是一门实践性很强的课程，又是一门适合系统传递社会主义核心价值观的课程。

建设生态文明是中华民族永续发展的千年大计、根本大计[3]。习近平总书记在党的十九大报告中强调，必须树立和践行绿水青山就是金山银山的理念，建设美丽中国，为人民创造良好生产生活环境[4]。而“林学概论”的课程体系与生态文明建设的根本性问题既能在

作者简介：蒋靖怡，北京市海淀区清华东路35号北京林业大学林学院，讲师，jiangjingyi@ bjfu. edu. cn。

理论上相互应对，又能从实践中揭示理论建设的全景全貌，因此可以自然且系统地将生态文明建设的理论体系融入课堂教学。

（二）有利于落实思政课堂立德树人的根本任务

习近平总书记在全国高校思想政治工作会议上明确指出："要坚持把立德树人作为中心环节，把思想政治工作贯穿教育教学全过程，实现全程育人、全方位育人，努力开创我国高等教育事业发展新局面"[1]。因此，立德是课程思政的重点和关键内容。作为现代道德教育的重要内容，生态文明教育承载着为新时代生态文明建设提供坚实人才支撑的任务。而农林院校的学生更是未来践行建设美丽中国的强国目标的人才储备。因而，在"林学概论"的课堂中，需要强化价值塑造，将生态文明思想融入育人全过程，拓展优秀人才个性化的成长空间，引导学生在实践中求真知，培养具有家国情怀、追求卓越、引领未来的生态文明建设人才。

二、"林学概论"课程开展思政教育的途径

（一）建设特色的思政教学内容

改革创新是时代精神，大学生是思维最活跃的群体，思政课堂内容的建设应向改革创新要活力[5]。通过课堂建设，将教学内容与思政教育元素有机结合，才能吸引学生、影响学生，教给学生正确的思想，引导学生走向正确的道路。

在"林学概论"课堂上，课程本身的思想体系就与"怎样认识生态文明，为什么建设生态文明，如何建设生态文明"的生态文明建设的根本性问题不谋而合，既符合学生的认知过程，又系统地展现了生态文明建设理论在林学领域的应用与实践。因而，在教学过程中，既应当保持价值观塑造与知识教育的有机统一，又应当引入具体案例，强调思政课堂的实践性。结合思政小课堂与社会大课堂，贴近学生的生活与实际，并与国家的建设与发展建立联系。笔者在"林学概论"课程思政建设过程中，将课堂内容与生态文明建设的理论体系相融合，结合与课程密切相关的典型案例，从家国情怀、生态文明、科学精神等方面开展思政教学。

1. 培养家国情怀

"绪论"是"林学概论"课程的开篇，介绍了中国及世界林业行业发展的历程、现状及未来。在这一章中，我们可以从整个行业的发展过程出发，以我国六大林业工程在全球环境保护、人类历史发展中作出的巨大贡献为课程思政点，将"从伐木劳模到植树英雄马永顺"等典型案例融入教学过程中，通过林业精神和林业人的先进事迹培养学生的家国情怀。在青年林业及林业相关行业工作者的心中种下一颗种子，只有为国家、社会和他人无私奉献，不考虑自己的人才能称得起真正的英雄。

2. 建设生态文明

"认识森林"是课程的第二篇章，包括了森林植物、森林生态系统、森林与环境、森林的作用等关于森林的基本知识。森林在经济价值、生态环境以及社会效益等方面都有重要的价值，而这也正引出了我们对于"为什么建设生态文明"的回答："保护生态环境就是保护生产力，改善生态环境就是发展生产力。"这里，以"绿水青山就是金山银山"为课程思政点，带领学生对习近平总书记的"两山论"开展讨论，以有效实践"两山论"的浙江省为案例，分析森林的经济价值、生态价值和社会价值对当地发展带来的影响。在教学和讨论的过程中，以习近平总书记在植树节上的讲话"林草兴则生态兴"为专题，培养学生的环保理念、劳动意识和节约意识。

3. 提升科学精神

"林木种苗繁育""森林营造""森林抚育更新与保护""森林资源经营管理与利用"是"林

学概论”课程几个重要的篇章。受限于课堂时间，“林学概论”课程对于非林学专业的学生通常只有16~32个学时，无法面面俱到，对每个专业内容都展开讲解。因此，以“怎样建设生态文明战略体系”在林学中的实践为主线，提纲挈领地开展教学，一方面能够让学生了解和掌握基本知识和林业生产中常见的技术问题，另一方面又能提升学生的科学精神，为学生后续的自主学习或其他相关专业的学习打下基础。此外，以“塞罕坝伟大的林业精神”为例，让学生通过这部高寒沙地造林科技攻关创新史，更真切地体会到从黄沙漫漫到山清水秀，塞罕坝林场的铸成靠的是艰苦创业、坚韧不拔的塞罕坝精神，更靠的是尊重自然、实事求是的科学精神。

（二）改革思政教学模式和方法

将思政课堂融入“林学概论”课堂，不能简单粗暴地采用“填鸭式”教学方法，照本宣科的思政教学不仅在效果上会大打折扣，还会引发学生的抵触情绪。在思政课堂上采用案例式教学、互动式教学等不同的教学模式和方法，辅助以现代信息技术构建智慧课堂，能够提高学生的参与度和学习兴趣。

“林学概论”是一门实践性很强的课程，通过具体案例，理论联系实际，能够使学生了解和掌握林学基本理论知识和应用技术的同时，学会应用这些专业知识解决林业生产中常见的技术问题。虽然受限于课程时间，教学过程很难过多地加入野外实习等内容，但是通过网络技术和多元化的教学平台，利用视频新闻、纪录片或现场连线采访等方式，同学们能够在观看经典案例片段后，直观地理解一些相对抽象的内容，并通过课后作业巩固知识。这样既增加了同学们学习的兴趣，也取得了更好的教学效果。

理论课程的思政教学应当以学生为主体，充分发挥学生的主观能动性，在和学生的互动过程中，达到课程思政的目标，让学生从被动接受，转变为主动探索。例如，在课堂教学中，针对某个思政材料论，以3~4人的小组为单位，开展小组讨论。在讨论的过程中，首先，为每组学生准备一张A3大小的白纸，让学生开展“头脑风暴”，将所有可能的问题都写在白纸上；之后，再带领学生对提出的问题进行分类、总结和归纳；最后，让学生结合所学知识，对问题提出自己的解决办法。在整个过程中，教师既能启发学生结合课程内容，使其对社会和国家的发展有更深刻的思考，又能潜移默化地进行价值观的引导，更好地实现对学生的人格塑造。

（三）构建合理的思政教学评价体系

对于课程思政部分内容的考核需要综合考查学生的思维、情感以及价值观等多方面内容，传统的考试模式并不适合课程思政部分内容的考查。因此，对于思政课堂的教学效果评价应更具人文性和多元性，包括过程评价和动态评价两个部分。其中，过程评价部分主要体现为学生的平时成绩，评估学生的课后作业、小组讨论、PPT展示的表现。学生的课后作业重点考查学生对于社会热点问题和国家发展问题的思考，要求学生能够结合“林学概论”课程内容发表自己的观点，提出自己的思考，培养学生逻辑思维的能力。小组讨论的表现重点考查学生对于问题创新型的思考以及思辨能力，在小组发言的过程中，还会考查学生的语言表达能力。对PPT展示结果的考查，旨在促进学生在思政学习的过程中，重视对于文本的梳理能力，以及对于信息的收集、整理和概括能力。

动态评价主要体现在学生和教师之间的互动。学生在课程的开始阶段，中间阶段和最后阶段需要对课堂提出即时的反馈。教师在这种反馈中能够及时调整课程内容，从而实现师生间有效的沟通和相互的评价过程，对课程思政课堂形成良性的促进。本文选择2022级城市规划专业120名学生，以调查问卷的形式开展调查，其中，94%的学生认为在学习了“林学概论”课堂中课程思政的经典案例后，对专业知识的学习有促进作用，96%的学生认为自己受到了思政课堂中时代楷模的鼓舞，愿意更多地为国家、社会和人类作出无私的奉献，93%的学生经过思政学习后对农村扶贫项目、支援西部项目、支教项目等产生兴趣，希望自己能够参加此类活动。这说明课程思政教育在以德育人、专业思想培养方面一举多得，对学生的人格培养和价值观的形成有着重要的引导作用。

三、结 语

在课程思政的背景下，"林学概论"课程教育的探索与实践任重而道远。教师需要通过不断的学习来提升自身的思想政治教育能力素养，提高将知识传授与价值引导相结合的能力。将思政德育和价值观的引导融入课程的方方面面，探索构建价值塑造、能力培养、知识传授"三位一体"的人才培养模式。让学生在课程学习结束后，在思想道德、政治理论和专业知识技能等方面的素质和能力都能有全方位的提高。

参考文献

[1]习近平. 思政课是落实立德树人根本任务的关键课程[M]. 北京：人民出版社，2020.
[2]王学俭，石岩. 新时代课程思政的内涵、特点、难点及应对策略[J]. 新疆师范大学学报(哲学社会科学版)，2020，41(2)：50-58.
[3]潘家华. 生态文明建设的理论构建与实践探索[M]. 北京：中国社会科学出版社，2019.
[4]习近平. 决胜全面建成小康社会夺取新时代中国特色社会主义伟大胜利——在中国共产党第十九次全国代表大会上的报告[M]. 北京：人民出版社，2017.
[5]马履一，彭祚登. 林学概论[M]. 北京：中国林业出版社，2020.

Exploration of teaching exploration and practice in the *Introduction to Forestry* course based on the ideological and political education

Jiang Jingyi
(College of Forestry, Beijing Forestry University, Beijing 100083)

Abstract The *Introduction to Forestry* course is a general education course for non-forestry major students in Forestry College. The course focuses on the teaching of basic theoretical knowledge and applied technology of forestry. During the course, the adding of the Ideological and Political Education can improve the moral cultivation of students and can help students establish a correct outlook on life, values and ecological ethics. Based on the theory of the Ideological and Political Education, this paper discusses the practice way of Ideological and Political Education in *Introduction to Forestry* course. Combining ideological and political classics and current political cases, the paper reshapes the course from three aspects: teaching content expansion, teaching method innovation and teaching effect evaluation, which provides useful reference for the ideological and political teaching and practice of the *Introduction to Forestry* course.

Keywords *Introduction to Forestry*, ideological and political education, educational exploration, teaching practice

“经济林栽培学”课程思政教育探索

苏淑钗　孙永江　白　倩　曹一博　侯智霞　张凌云

（北京林业大学林学院，北京　100083）

摘要： 课程思政是当前学生思想政治教育的新途径新模式。“经济林栽培学”是经济林专业最重要的核心课之一，北京林业大学经济林栽培团队在“经济林栽培学”教学过程中系统梳理总结各章节的思政元素，结合“两山”理论，以我国经济林在扶贫攻坚、乡村振兴、生态建设等国家战略实施中取得的重大成就，以及知名经济林专家李保国科技扶贫的先进事迹为典型案例，在向学生传授课程知识的同时树立正确的价值观。在政治认同、家国情怀、道德品格、科学精神、文化自信、生态文明、法治意识、全球视野、专业自信等维度提升了思政水平，增强了学生的使命感和责任担当，激发学习的主动性。为农林高校“经济林栽培学”课程思政建设提供借鉴和参考。

关键词： 经济林栽培学；思政教育；乡村振兴

我国是世界第一大经济林生产国[1]，经济林产业发展对保障林业可持续发展、促进生态文明建设、解决民生问题意义重大[2]。北京林业大学应新时期国家生态文明、乡村振兴等战略发展需求，于2018年在全国率先成功申办经济林本科专业。“经济林栽培学”为经济林专业最重要的专业核心课之一。2020年教育部印发《高等学校课程思政建设指导纲要》，提出“全面推进高校课程思政建设”[3]，作为全国高校“三全育人”综合改革试点院系，北京林业大学林学院高度重视课程思政建设，策划实施了“五分钟林思考”课程思政工作[4]，成立了“经济林栽培学”课程思政教学团队，团队教师赴习近平总书记视察过的光山油茶林基地及经济林人杰出代表并获得“时代楷模”荣誉称号的李保国教授科研扶贫基地开展学习调研，明确经济林栽培在国家发展战略中的定位。聘请10位思政导师，定期组织教师开展思政教学研讨，深入挖掘凝练该课程所蕴含的思想政治教育元素和承载的育人功能。对“经济林栽培学”的课程教学进行了一系列改革，取得了较好的成效。

一、　课程思政建设总体设计情况

“经济林栽培学”课程思政紧密围绕我校“世界一流林业大学”的办学目标，结合国家一流林学专业优势，以培养具备国家使命感、国际担当和创新精神，基础扎实、实践能力强、综合素质高的复合应用型人才为目标开展创新教学。

根据林学专业特色，结合“两山”理论，通过讲授经济林在扶贫攻坚、乡村振兴、生态建设等国家战略实施中的重要作用，以我国经济林发展取得的重大成就以及知名经济林专

作者简介：苏淑钗，北京市海淀区清华东路35号北京林业大学林学院，教授，sushuchai@ sohu. com；
孙永江，北京市海淀区清华东路35号北京林业大学林学院，讲师，sunyongjiang12@ 163. com；
白　倩，北京市海淀区清华东路35号北京林业大学林学院，讲师，baiqian0219@ 163. com；
曹一博，北京市海淀区清华东路35号北京林业大学林学院，讲师，caoyibo@ bjfu. edu. cn；
侯智霞，北京市海淀区清华东路35号北京林业大学林学院，副教授，hzxn2004@ 163. com；
张凌云，北京市海淀区清华东路35号北京林业大学林学院，教授，lyzhang@ bjfu. edu. cn。

资助项目：北京林业大学教育教学改革项目“经济林栽培学总论课程思政教学探索”（2020KCSZ026）。

家李保国科技扶贫的先进事迹为典型案例，激励学生坚定服务乡村的信念，培养学生的家国情怀和专业自信，增强使命感和责任担当，激发学习的主动性，发挥专业优势，造福人民、振兴国家。

结合我国经济林栽培利用悠久的历史和新中国成立以来取得的巨大成就，培养学生的文化自信和政治认同，结合经济林树体特点和生产发育规律，传授道法自然的基本理念和科学精神，培养客观、严谨、实事求是、守法自律、吃苦耐劳的品格。

以“培养家国情怀，树立使命担当”为主线，以“树情怀、培修养、立使命”为目标，建立九大维度思政教学案例库。倡导向树学习、向榜样学习，采取画龙点睛式、专题嫁接式、隐性渗透式等教学手段，潜移默化地实现思政与专业课程教学的相互促进，有力支撑林学专业人才培养目标的实现。

二、“经济林栽培学”课程思政教学载体

(一)向树学习

结合经济林树体特点和生产发育规律，传授道法自然的基本理念和科学情况，培养客观、严谨、实事求是的品格。

(二)带着使命学习

结合“两山”理论，指导学生带有目的地学习，通过介绍经济林和乡村振兴、生态建设等国家战略的关系，结合分析自己家乡经济林树种生产现状，激励北林学子扛起振兴家乡经济林大旗，培养学生的家国情怀和专业自信，激发学生学习的主动性。

(三)向榜样学习

以我国知名经济林专家、“人民楷模”、太行山的新愚公李保国科技扶贫的先进事迹，激励学生以李保国为榜样，坚定服务乡村的信念，以过硬的经济林栽培技术造福人民、振兴国家。

(四)在实践中学习

带领学生走太行山道路，在实习过程引导学生总结经济林特色和社会责任，并在李保国陵前宣誓：爱专业、法自然、知花果、具匠心、绘丹青、创辉煌！增强学生的使命感和责任担当。指导学生利用所学经济林知识服务社会，如进行经济林生物学特性观察实习后，组织学生在奥林匹克森林公园开展面向北京市民的花果知识科普服务，受社会好评；利用假期指导学生进行北京市密云水库周边板栗林栽培及水土流失调查、北京市经济林种质资源调查油茶管理新技术培训、迁西板栗产业规划等。

引导学生围绕国家需求进行大学生创新创业科研选题，如根据学生家乡情况，在广西百色、江西上饶、湖南株洲等贫困地区开展油茶优质丰产栽培研究，将学业与乡村振兴紧密结合。将李保国的绿岭核桃基地作为北林研究生科研实践和思政教育基地，在榜样感召下围绕核桃产业发展卡脖子问题，开展核桃机械化采收预处理研究，增强学生的使命感和责任担当。

三、 课程思政教学实践情况

“经济林栽培学”课程思政教学实践秉持“知山知水，树木树人”的办学理念，围绕林学专业特色和课程特点，积极开展教学实践。

(一)结合课程知识点，挖掘思政元素

根据“经济林栽培学”服务于乡村振兴与生态环境建设特点，挖掘思政元素，并归于九大维度：

政治认同：新中国成立以来经济林的发展和成就，是在党和国家政策支持下取得的，使学生认同和拥护中国共产党的领导；

家国情怀：以知名经济林专家、太行山的新愚公李保国等人的先进事迹为典型案例，激励学生坚定服务乡村的信念，以过硬的经济林栽培技术造福人民、振兴国家；

文化自信：中华民族利用和栽培经济林历史悠久，创造了灿烂的农业文明，增强同学文化自信；

生态文明：经济林产业既能创造经济价值，脱贫致富，又能绿化荒山，防止水土流失，发挥生态服务功能，最能体现“绿水青山就是金山银山”的可持续发展观和生态文明思想；

科学精神：结合经济林树体和生产发育特点，传授道法自然的基本规律；通过科学规划、选种和种植、合理修剪、平衡施肥等实践树立科学精神；

道德品质：向树木学习，尊重自然、尊重生命，培养客观、严谨、实事求是的品格，将其渗透于各个教学环节中；

法治意识：树木各器官各司其职，平衡营养生长和生殖生长才能收获丰硕果实，引导学生各当其位，团结协作，遵纪守法；通过经济林新品种保护知识和案例的介绍，明白法治是产业健康发展的保证；

全球视野：介绍国内外经济林发展特点动态、经济林资源保护和良种引进，比较我国经济林栽培机械化和智能化与先进国家的差距，使学生树立全球视野，培养沟通和合作意识；

专业自信：通过介绍经济林在我国以及世界上的产业地位、经济林的理论与实践成就、典型案例，使学生热爱专业，培养自信。

(二)各章教学内容和思政元素融合

在教学内容上，紧扣时代脉搏，对专业课程的内容进行改造、融合、创新，打造课程思政元素的新载体；根据课程不同章节的教学内容，挖掘与专业知识点相关联的课程思政元素(图1)。

四、“经济林栽培学”课程思政教学方法(图2)

(一)创新“嫁接”式课程思政教学法

突破传统“说教”形式，借鉴经济林木通过“嫁接技术”，增强品种抗性、提高产量和品质的特点，将典型思政元素“嫁接”到课程教学过程中，通过融合并发挥二者优势，引导学生建立政治认同感、专业责任感和历史使命感。

案例1：讲经济林开花坐果时，通过介绍习近平总书记视察油茶林情况，感受到国家对人民生活的关怀，建立政治认同。经济林是变绿水青山为金山银山的最佳选择，在乡村振兴和生态文明建设中意义重大，将建立学生的专业自信引入课程主题，指出新华社发的新闻稿所附照片《油茶只坐了一个果》，由于经济林人才缺乏，还存在大面积低效林，增强学生的历史使命感。

(二)创新形成“画龙点睛”式课程思政教学法

发挥榜样力量，引导学生领悟“工匠精神”，通过在关键教学内容增加典型案例的讲解，使课程思政内容更加深刻而生动，起到“画龙点睛”效果。

案例2：带领学生到“人民楷模”李保国教授扶贫地点实习。介绍李保国教授35年如一日、把毕生精力投入到山区建设和带领农民脱贫致富的事业中的感人事迹，让学生领会经济林对脱贫致富、乡村振兴的意义，坚定了专业信念。学生们讨论提出了专业誓词，多篇

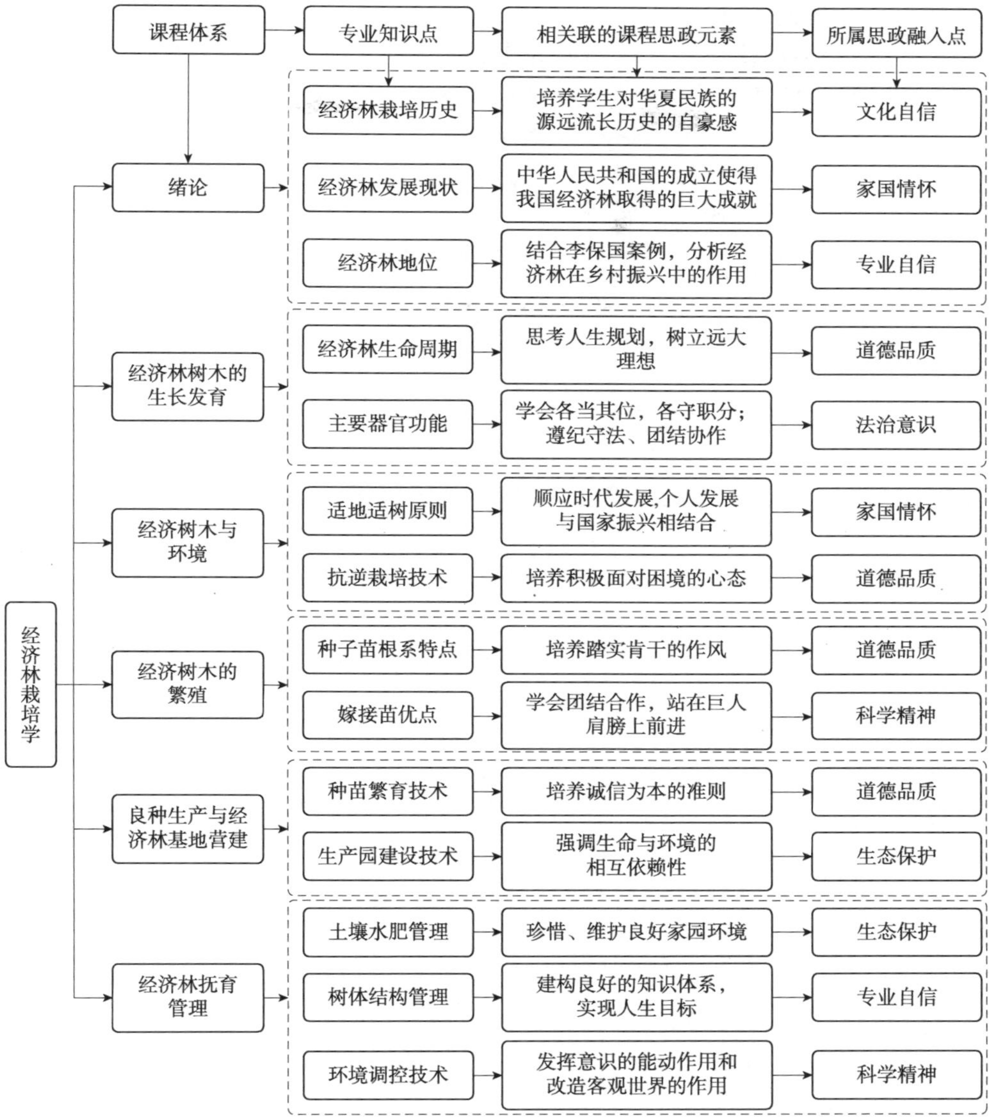

图 1 “经济林栽培学”课程思政教学内容安排

图 2 “经济林栽培学”典型思政教学方法

实习报告在公众号发表，开展了利用所学经济林知识服务乡村振兴活动，获北京市大学生创新创业优秀团的称号。

(三)创新“向树学习”课程思政教学方法

倡导学生向树学习，正确认识树木的生长结果习性，提高学习效率的同时，养成培养客观、严谨、诚实守信、自律守法的品格。

案例 3：讲到树种本身是自动记录仪，引导学生诚信做人，培养客观、严谨、实事求是的品格；讲到经济林生命周期，引导学生思考自己的人生规划；讲到树木各器官生长发育规律，一株树根、芽、枝、花、果各个器官只有各司其职，平衡营养生长和生殖生长才能收获甜美的果实，引导学生在生活各方面要学会各当其位，各守职分，只有社会各成员的守则意识、知行合一、团结协作，大至国家，小到家庭才能稳定、和谐。“向树学习”方法成为学生的习惯，拉近了学生和自然的距离，部分同学参加暑期社会实践，关注到家乡野生经济林，思考如何开发利用，造福家乡。

五、“经济林栽培学”融入思政教育的效果

（一）学生评价

从政治认同、家国情怀、道德品格等九大维度提升了学生思政水平，使其成为勇于担当、敢于创新、基础扎实、实践能力强的复合应用型人才。学生对于教学评价均为 96 分以上。经济林学生对“经济林栽培学”这门课的评价高达 97 分以上，理论课与实践课教学评价均进入全院前两名，其受到的喜爱程度可见一斑。学生们通过课程学习，已学会立足于乡村振兴，心怀家国，肩负使命，着眼于全局发展，着力于科学规划，脚踏实地，砥砺前行。正如他们于李保国先生陵前宣誓所说：“我愿拥抱阳光，扎根大地，爱专业，法自然，知花果，具匠心，绘丹青，创辉煌！和树一起，努力成长。把精彩论文写在祖国大地，把科研成果送进万户千家。让青山结硕果，乡村创辉煌！”

（二）教师评价

经济林思政教学经验多次在校内外进行思政教学研讨会上交流，在校外同行和校内林学院及其他学院获多方好评，“经济林栽培学”课程思政教学经验多次在全校分享交流；“坚定专业信念，服务乡村振兴”入选首届“优秀思政教学案例”，由人民网出版；北京林业大学“经济林栽培学”入选北京市课程思政示范项目，“经济林栽培学”团队获北京市高校思政教育优秀团队。

（三）社会评价

此外，通过多维实践体系，教学相长，经济林专业首届学生（经济林 19 班）大部分都主持了大学生创新项目，也有利用所学服务乡村振兴和科普教育，获“互联网+”创新创业大赛北京赛区三等奖 2 项，北京市大学生优秀创业团队 1 个。北京市经济林种质资源调查等众多社会实践活动受到行业高度赞誉。

通过多维实践体系，教学相长，经济林首届学生（经济林 19 班）大部分都主持了大学生创新项目，学生利用所学服务乡村振兴和科普教育，获“互联网+”创新创业大赛北京赛区三等奖 2 项，北京市大学生优秀创业团队 1 个。学生利用所学，服务社会，节假日进行密云水库周边板栗林栽培及水土流失调查、油茶管理新技术培训、北京市经济林种质资源调查、奥森公园花果知识科普等；学生走太行山道路的实习情况被媒体连续报道；结合“经济林栽培学实习”开展板栗产业现状调查，进行迁西板栗产业规划，得到当地政府和企业高度赞扬，解决了学生实习期间的住宿、交通等各项费用，服务地方经济林产业发展的同时，培养了学生的能力，增强了他们的专业自信和社会责任感。

参考文献

[1]周晓光. 国外经济林产业技术发展经验及启示[J]. 经济林研究，2020，38(4)：246-252.
[2]许斐然，贾卫国，吕柳，等. 我国经济林产业发展问题分析与对策研究[J]. 中国林业经济，2021(3)：1-3+48.

[3]全面推进高等学校课程思政建设——教育部高等教育司负责人就《高等学校课程思政建设指导纲要》答记者问[EB/OL]. http://www.moe.gov.cn/iybxwfb/s271/202006/t20200604-462551.html.
[4]石彦君，李扬. 五分钟林思考——林业院校课程思政改革的探索与实践[J]. 中国农业教育，2020，21(4)：25-28.

Exploration on curriculum ideological and political education of *Non-wood Product Forest Cultivation*

Su Shuchai Sun Yongjiang Bai Qian Cao Yibo Hou Zhixia Zhang Lingyun
(College of Forestry, Beijing Forestry University, Beijing 100083)

Abstract Curriculum ideological and political education is a new way and new model of current students' ideological and political education. *Non-wood Product Forest Cultivation* is one of the most important core courses of Non-wood Product Forest (NWPF) major. The teaching team of Beijing Forestry University has systematically sorted out and summarized the ideological and political elements of each chapter in the teaching process, combined with the theory of "two mountains", and major achievements made by NWPF in China in the implementation of national strategies such as poverty alleviation, rural revitalization, and ecological construction, as well as the typical advanced deeds of the well-known NWPF expert Li Baoguo's scientific and technological poverty alleviation, to impart curriculum knowledge to students and establish correct values. In terms of political identity, family and country feelings, moral character, scientific spirit, cultural self-confidence, ecological civilization, awareness of the rule of law, global vision, professional self-confidence, etc., the level of ideology and politics has been improved, the students' sense of mission and responsibility have been enhanced, and the enthusiasm for learning has been stimulated. These explorations can provide reference for the ideological and political construction of the *Non-wood Product Forest Cultivation* course in agriculture and forestry colleges and universities.

Keywords *Non-wood Product Forest Cultivation*, ideological and political education, rural revitalization

“城市林业基础”课程思政的教学探索

李　品　张新娜　孙　妍　冯　飞　樊大勇　徐程扬

（北京林业大学林学院，北京　100083）

摘要：新时期思政教育工作的重要性尤为突出，其对高等院校专业课程的教学工作提出了新的要求。“城市林业基础”课程作为林学（城市林业方向）本科生的核心专业课程，是一门充分体现林学、生态学、风景园林学、地理学等多学科知识交叉的北林特色课程。挖掘“城市林业基础”课程中的思政元素，分析课程思政与“城市林业基础”课程融合方式，探讨思政元素与“城市林业基础”课程的同步实施，以实现立德树人，激发城市林业专业的学生主动投身国家需求建设中，成为“让森林走进城市，让城市拥抱森林”的践行者、守护者和奉献者，对林业行业的新时代建设具有重要的借鉴意义。

关键词：课程思政；城市林业；思政元素；融合方式

习近平总书记分别在2016年全国高校思想政治工作会议上、2018年的北京大学师生座谈会上，强调思想政治工作要贯穿教育教学的全过程，提到要紧紧抓住教师队伍“主力军”、课程建设“主战场”、课堂教学“主渠道”，让所有高校、所有教师、所有课程都承担好育人责任，守好一段渠、种好责任田，使各类课程与思想政治理论课同向同行[1]。2019年3月18日，习近平总书记在北京主持召开学校思想政治理论课教师座谈会上，再次强调思政课是落实立德树人根本任务的关键课程[2]。2020年教育部印发《高等学校课程思政建设指导纲要》，指出课程思政建设工作要围绕全面提高人才培养能力这个核心点，在全国所有高校、所有学科专业全面推进[3]。全面推进高校课程思政建设，成为当前高校专业课程教学改革的新方向和新要求。在林业生态教育专业课程教学中，如何将思政元素纳入专业知识课程体系，融中国特色社会主义和中国梦教育、社会主义核心价值观教育、法治教育、劳动教育、心理健康教育和中华优秀传统文化教育于专业知识教育之中[4]？本文以北京林业大学城市林业专业“城市林业基础”课程为例，根据该课程的特色优势和育人目标，深度挖掘提炼该课程知识体系中所蕴含的思想价值[4]，将思政元素以学生能接受的方式巧妙融合在课程内容中，拓展“城市林业基础”课程的广度、深度和温度，以实现立德树人的教育目标。

一、“城市林业基础”课程特点

城市林业是在新老“城市病”日益严重和人们对人居环境的“宜居性”提出更高要求的背景下顺势发展起来的一门新兴应用学科，是研究林木（生长于人居环境周边的、以木本植物

作者简介：李　品，北京市海淀区清华东路35号北京林业大学林学院，副教授，lipin@bjfu.edu.cn；
张新娜，北京市海淀区清华东路35号北京林业大学林学院，讲师，zhangxinna0513@163.com；
孙　妍，北京市海淀区清华东路35号北京林业大学林学院，讲师，yanearth@bjfu.edu.cn；
冯　飞，北京市海淀区清华东路35号北京林业大学林学院，讲师，rememberbear@mail.bnu.edu.cn；
樊大勇，北京市海淀区清华东路35号北京林业大学林学院，教授，dayong73fan@163.com；
徐程扬，通讯作者，北京市海淀区清华东路35号北京林业大学林学院，教授，cyxu@bjfu.edu.cn。

资助项目：北京林业大学教育教学改革项目“‘互联网+’背景下城市树木栽培学信息化教学模式探索”（BJFU2020JY007）。

为主体的所有植被)与城市环境问题(生物多样性丧失、气候变化、固液气废等污染、城市热岛、噪声污染等)之间的互作关系,要科学地培育、保护、经营和利用城市森林,最大化发挥城市生态系统的经济效益、社会效益和生态效益,维护和提升城市居民的人类福祉[5]。城市林业的发展在城市发展进程中占据基础性地位。城市林业将森林强大的生态功能带到城市之中,为城市经济—社会—生态的可持续发展贡献生态智慧。所以,城市林业这门学科是在解决快速城市化进程与生态环境不相协调的问题中应运而生的,是为改善人居环境而进行的绿色基础设施建设的大事业。从国际和中国的历次政治大事件中(表1)可以看出,人对"宜居"的需求和越来越污染的人居环境之间的矛盾,促进了城市林业地位的突显,发展城市林业成为全球战略共识和需求。各国逐渐认识到,城市森林建设是推动城镇化进程、减缓气候变化影响、促进全球绿色发展、增加民生福祉的重要途径和举措。通过以城市林业建设为抓手的"基于自然的解决方案"和《2030年可持续发展议程》以及"双碳"目标等国际战略议程,城市有机会变得更绿色、更健康和更加地宜于人居。

北京林业大学针对我国"生态文明"建设全面推进、"美丽中国"建设中对发展城市林业建设的迫切需求,在传统"双一流"优势学科——林学下设立了城市林业专业方向。"城市林业基础"(principles for urban forestry)课程成为城市林业专业本科生的必修专业核心理论课,是一门将林学、生态学、环境学、土壤学、地理学等多学科知识交叉去解决城市生态环境问题的综合性课程。"城市林业基础"课程教学旨在让学生系统掌握城市林业的管理体系,充分认识城市森林的生态学过程、城市森林的结构与功能组成、环境对城市森林生态学过程的影响机理、城市森林与人类健康间的机理关系等(表2),培养学生在城市森林建设研究过程和实践案例分析中发现、分析和解决问题的能力[6]。

在"生态文明"建设、"美丽中国"建设和"国家森林城市"建设等国家战略指导下,该门课程需要在课程教学中加强生态文明教育,引导学生树立和践行绿水青山就是金山银山的理念,根植"让森林走进城市,让城市拥抱森林"的行业信念,加之城市林业学科的发展紧跟新时代生态发展需求的步伐,因此,通过时事政治、国内外大事件、典型人物典型事件的宣传和报道等素材的引入和讨论,很自然就能带领学生从关心国家时事,自然过渡到想学习相应的科学知识去运用到为国家需求尽一份力上,以"润物细无声"的方式促进立德与树人的协同发展。

表1 国内外政治大事件中的城市林业发展

时间	地点	大事件	重要议题
国际			
1976年	温哥华	第一次人居会议	成立联合国人居规划署;掀起对城市化发展所带来的环境问题的考虑和讨论
1996年	伊斯坦布尔	第二次人居会议	《人居议程》正式批准。该议程包含600项建议和100多项承诺文件,为2000年新千年制定城市可持续性行动计划
2015年	联合国	联合国可持续发展峰会	《2030年可持续发展议程》正式通过,呼吁各国采取积极行动,为今后15年实现17项可持续发展目标而努力。可持续发展目标整体纲要认为城市是实现可持续发展的关键。可持续发展目标11(关于城市发展的具体目标),强调了城市绿地在可持续地改善人类健康和提高人类福祉方面的重要性

（续）

时间	地点	大事件	重要议题
2016年	摩洛哥马拉喀什	第22次联合国气候变化框架公约缔约方大会	明确了在实现《巴黎协定》提出的可持续发展目标方面，城市发挥关键作用。《巴黎协定》缔约方达成共识，城市是碳减排和减缓气候变化的关键，减排等相关措施必须在城市落实施行
2016年	厄瓜多尔基多	第三次人居会议	通过了《新城市议程》(NUA)，强调绿地不再仅仅被视为景观美学属性，而被看作社会、经济发展的驱动因素；呼吁通过保护和改善城市生态系统及其服务，对城市和人类居住区的自然资源进行可持续管理，减少温室气体排放和空气污染，以达到SDG13(气候行动)和SDG15(陆地生命)
2018年	意大利曼托瓦	首届世界城市森林论坛	主题“改变城市的本质：城市森林在创建更绿、更健康和更幸福的未来过程中发挥的作用”。介绍来自具有不同文化、风格、结构和历史的城市森林规划、设计和管理的成功案例，强调城市利用城市森林以及其他绿色基础设施发展经济和生态系统服务，有助于创建更具抵御力和可持续性的城市。通过讨论寻找适城适地的“基于自然的解决方案”，并规划长期的城市林业国际合作，实现绿色未来、生态地球
中国			
2012年	北京	中国共产党第十八次全国代表大会	提出把生态文明建设放在突出地位，融入经济、政治、文化、社会建设各方面和全过程[14]。践行“绿水青山就是金山银山”理念，把生态文明建设纳入“五位一体”总体布局和“四个全面”战略布局
2016年	深圳	首届国际森林城市大会	主题“森林城市与人居环境”。议题：城市化与森林城市、城市森林与生态系统服务、森林城市规划与区域可持续发展、森林城市的文化融合与传承、森林城市发展模式与创新实践
2017年	北京	中共第十九次全国代表大会	指出从“两个层面”——人与自然是生命共同体和人类命运共同体，构建人与自然和谐共生的新时代格局，构筑尊崇自然、绿色发展的生态体系和构建清洁美丽世界的目标
2021年	南京	第二届国际森林城市大会	主题“森林城市与城市生活”。会议交流城市森林最新研究进展，围绕林业现代化建设和创新驱动发展进行深度讨论，助力生态文明建设、乡村振兴和美丽中国等国家重大发展战略
2021年	昆明	《生物多样性公约》第十五次缔约方大会	主题“生态文明：共建地球生命共同体”。以生态文明建设为引领，协调人与自然关系；以绿色转型为驱动，助力全球可持续发展；以人民福祉为中心，促进社会公平正义；以国际法为基础，维护公平合理的国际治理体系

表2　“城市林业基础”课程授课内容与育人目标的教学案例

章节	专业目标要点	课程知识点与育人目标
绪论	城市林业、城市森林概念及其内涵，城市森林结构特点	爱国主义教育；“四个自信”可持续发展观；塞罕坝精神

（续）

章节	专业目标要点	课程知识点与育人目标
城市森林生态系统服务	生态系统服务的概念、类型、内涵及相互关系，城市森林生态系统服务的主要特点	生态文明建设六大原则；美丽中国建设；科学发展观；绿水青山就是金山银山；人与自然是生命共同体；社会责任意识；担当意识
城市森林景观空间格局与城市森林生态系统网络	城市森林空间格局及其动态分析方法，城市森林生态网络优化的分析方法	生态安全与国家安全；责任意识；创新意识与创新能力；用辩证唯物主义和发展的哲学思维看待问题
空气污染物质扩散与热岛效应缓解	城市空气污染物的组成特点、植源性污染物危害与防治；城市行道树对空气污染物扩散的影响；通过城市森林建设缓解热岛效应的途径	国家战略需求；碳达峰与碳中和；全球变化议题；美丽中国；法治意识
城市森林与土壤环境	城市土壤的理化性质特点，通过管理补充城市森林土壤养分的主要途径与方法	有土才有树的系统循环思维，以研发高效生态修复技术激发学生投身行业建设，爱岗敬业
城市森林与城市水文	城市森林水分循环过程，地面覆盖与城市森林水文间的关系，基于城市水文特点的城市森林规划与设计思路	海绵城市的发展与人民福祉；社会责任意识；担当和创新意识
城市森林与森林文化	森林文化的内涵与多元性，森林文化在森林和城市森林建设中的表现形式	生态兴则文明兴，生态衰则文明衰；人与自然是生命共同体；文化自信的可持续发展观
城市森林与人类健康	城市空气污染物质和森林康养保健因子变化规律、森林对人类健康的影响途径，森林对人体保健作用的基本原理，森林康养基地建设	家国情怀的使命与担当；投身祖国建设的爱国干劲；人民幸福
城市森林与生物多样性	城市森林中的生物多样性形成与维持机制；城市森林生物多样性保护的途径和方法	政治认同感；共建人类命运共同体的大国自信和担当；“中国方案”推动国际社会的强劲动力
城市森林与弹性城市	弹性城市森林的表现形式、城市森林对弹性城市的作用，弹性城市内涵及影响因素	可持续发展观；担当和创新意识；团结协作；系统性思维和弹性思维

二、 在“城市林业基础”课程教学中融入思政教育的方法

（一）积极挖掘课程中的思政元素

课程思政教育的根本目的是立德树人[7]。只有课程思政元素挖掘到位，让学生易于“消化”，“城市林业基础”课程的思政育人效果才能切实提高，育人功能才能得以实现[8]。根据“城市林业基础”课程的教学大纲要求和教学目标，分类总结了每块所蕴含的思政教育元素（图1）。整体目标是培养学生用辩证唯物主义和历史唯物主义的思维方式去看待事物，

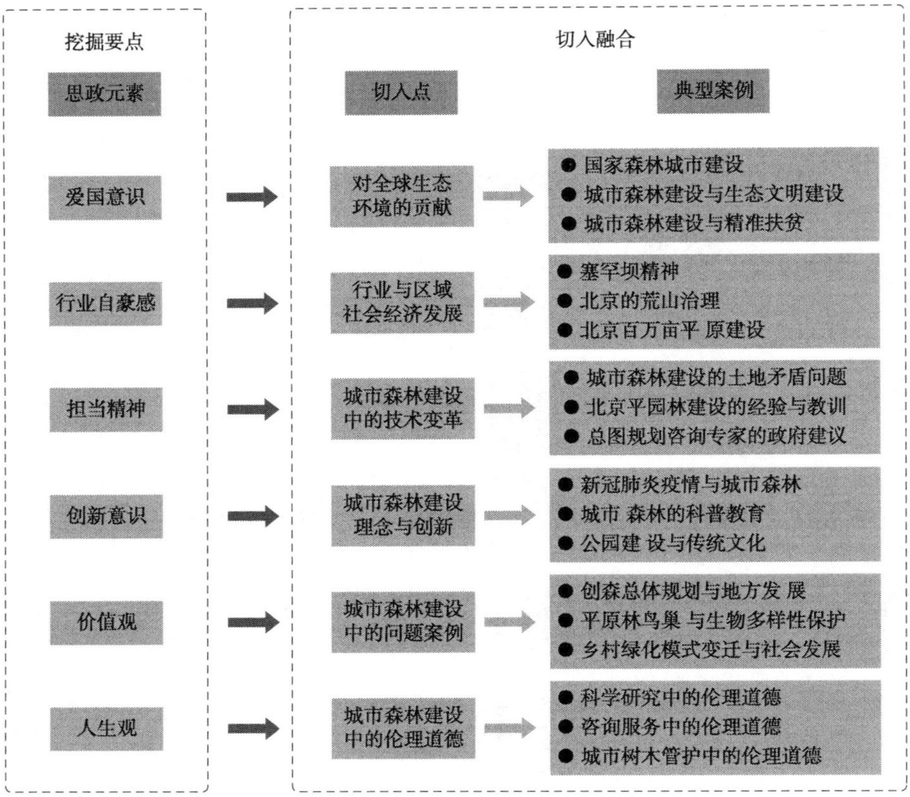

图1 “城市林业基础”课程思政元素要点和融合切入点

用马克思主义中国化的立场、观点和方法分析问题，以达到在知识传授中立德树人、价值塑造和能力培养的多元统一；将爱国意识、行业自豪感、担当精神、创新意识、价值观和人生观深深根植于学生的思维和三观中[9]。

思政元素与课程教学的融合过程，主要通过典型时政案例的切入融合(图1)、调动学生参与度和优化授课过程三个环节[8]来实现：①由于城市林业应用性较强，典型时政案例众多，因此在讲解案例和涉及的知识点时，可以自然而然地融进思政元素。思政元素的融入，不仅实现学生对课堂参与度的提升，而且从教学方法上来讲，改善了过去的单一化知识灌输，把单纯的知识点包装进家国情怀和文化认同感中，培养了学生对于所学专业的自豪感和使命感。思政教育的融入，培养学生树立正确的三观价值，进一步引领其对城市林业相关行业的价值认可，激发学生立志投身行业建设的热情和干劲[8]。②单纯的专业知识点的讲授，学生会感到枯燥乏味，而思政元素的融入恰恰活跃了课堂氛围和学生的思维，学生们乐于参与讨论和互动，学习热情也得到提高。比起对知识点本身的讨论，学生对于时事案例的讨论态度更加开放、放松和畅所欲言。因此，融入思政元素的典型事例，学生听得津津有味，提升了学生对课堂的参与度。而且，在教学方式上，从过去单向的知识传输的线性路径，转变成“学生思考—师生讨论—学生反馈—知识点引入”的网状学习路径，提升了学生接受知识点的主动性，进一步实现了知识点里有“故事”的育人功能。随着在知识讲解与传授过程中良性互动次数和参与度的增加，授课教师不仅自己能不断深化和提高自身的思想意识和觉悟，并且能让学生体会到老师作为身边人的思想与意识，让课程教与学的环节更有深度、温度和效率[8]。③以思政元素作为连接知识点的桥梁，从而优化了授课过程，增加了知识点之间的连接度，增强了授课的趣味性和知识的接受度。对城市林业专业知识而言，教学应用实例就处于每天所生活的城市环境中，因此思政元素实实在在地连续渗透到每个人所生活的环境中，学生们会更加地感同身受，有些还有亲身经历或看到的记忆，因此能轻松有效地拓展思政教育的感受力和影响力，从而真正实现立德树人的教育根本[8]。

(二)课程思政内容设计

"城市林业基础"课程教学中充分利用翻转课堂、小组讨论、案例教学、讨论启发式教学、专题嵌入式教学设计，有机结合现代城市林业发展趋势、技术和需求，如大数据、智能化、森林康养、环境治理等案例，将"思政营养"适量适当地放置于学生身体，让学生"吃了还想吃"，寓教于乐式地提升学生的道德素质和身心健康。

本课程重点分10个章节的教学内容，针对具体教学章节，设计思政内容与教学内容的相互支撑，提升课堂的生动性、专业性和德育育人功能性[10]。思政具体内容包括社会主义核心价值观、绿水青山就是金山银山、人与自然是生命共同体、人类命运共同体、生态文明理念、可持续发展观、科学发展观，以及在城市森林培育、经营、管理保护和利用中所体现出来的爱国意识、行业自豪感、担当精神、创新意识、价值观和人生观[10]等(表2)。

三、"城市林业基础"思政教学需要注意的问题

(一)思政元素在各章节的衔接和区别，避免同一重复

比如，在讲授城市森林生态系统服务评估时，以生态系统生产总值(gross ecosystem product，GEP；指生态系统所提供的供给服务、调节服务、文化服务和支持服务的价值总和)核算为案例，让学生了解从国内生产总值(GDP)核算，到绿色GDP核算，再到GEP核算的发展历程，使学生认识到林业能持续为人类提供经济、社会和生态环境等有形和无形的产品和服务，从而认同人与自然是生命共同体，有自然才有一切。那么，人与自然是生命共同体这个思政元素也自然而然地传授给学生了，达到润物细无声的目的。然而，在讲授城市森林对生物多样性保护的作用及途径时，让学生认同人类发展活动必须尊重自然、顺应自然、保护自然，在保护自然生物多样性的前提下发展城市，保持城市多样性就是保护人类自己的家园，人是自然的一部分，是生物多样性的一部分，是参与者、建设者和保护者。因此，"人与自然是生命共同体"这个思政元素自然而然地嵌入其中。虽然两个章节都以"人与自然是生命共同体"为思政元素融入知识点，但侧重点、切入点和融入的案例各不相同，因此可以有效避免同一重复，让学生不会感觉重复讲授[10]。

(二)思政元素的渗透要润物细无声

每一章节的思政元素融入要让学生在听"故事"中津津有味地不知不觉地接受思政教育。在讲述绪论中国城市林业发展史时，以本校楷模沈国舫院士在我国首先推动城市林业发展的家国情怀为例，讲述沈老先生的2~3个典型事例，时间控制约为10分钟，引出为何中国需要发展城市林业事业及目的和意义所在。然后开始重点讲授城市林业的世界发展史和中国发展史，以及中国与欧美等地区、国家的对比分析，了解我国的城市林业发展现状、趋势和未来发展方向，时间控制约为30分钟，最后再以沈国舫院士的先进思想和精神收尾，时间控制约为5分钟，将思政元素与知识点有机结合在一起，引起学生的共鸣与思考，鼓励学生为城市林业事业的发展尽自己的一份力量。这样的设计可以将专业知识与思政内容自然切换，学生接受度更高。

(三)要注重思政元素的趣味性和互动性，寓教于乐地启发式教学

比如，在讲授城市森林资源及其生态服务功能评价时，以讨论的形式，学生之间相互交流各自的家乡的城市建设是怎样的，家乡的城市中的森林能带来哪些经济、社会和生态

的服务价值，以及向往的美丽中国是怎样的。让学生通过从南到北的不同“风土人情”的城市生活，在切身感受和交流中，了解地域性差异，明白城市建设应该因城施策，适地适树地建设，并了解南方城市和北方城市的林业需求异同点以及目前面临的难点和重点，树立作为林业人的责任感和创新意识，为今后投身林业事业作准备。专业课教师是课程思政教学的“主力军”[10]，因此在每堂课上应调动学生参与的积极性，通过趣味选择题正确引导学生关注背后的知识点是什么。建立学生评价反馈机制，通过学生发言、课后作业和评价了解学生的掌握情况，及时进行反思和改进教学方式。此外，教学相长，在不断的讲授过程中，教师自身的综合知识水平和道德素养也得到不断提升，真正实现立德树人[11]。

四、结　语

专业教育课程结合思政教育改革是落实习近平总书记关于全程育人、全方位育人的重要途径，也是最难解决的问题[12]。做好课程思政教学，是每一位专业任课教师应具备的素质[13]。“城市林业基础”课程本身带有与新时代需求和国家发展战略契合度较高的特点，能较灵活地将思政元素以润物细无声的方式融入教学各个环节，提升教师“立德树人”德行，时刻将国家发展需求“潜移默化”地烙印到学生的思想里，让学生毕业后能主动投身国家需求建设中，成为“绿水青山就是金山银山”的践行者和守护者，把精彩人生畅撒在祖国大地上。因此，教师应利用好教学的各个环节，课前做好思政元素深入挖掘与融入技巧设计，合理设计融入时机和学生的接受度测评；不断改进融入方式；授课中调动课堂气氛，注重与学生的交流和反馈；课后加强反思和修改。值得注意的是，达到良好的课程思政教学效果不是一朝一夕能完成的，它是一个不断探索、不断创新、不断总结的与时俱进的过程。相信通过坚持不懈的摸索，一定会找到适合教师本人和学生的教育方式和教学方法，科学有效地拓展专业课程的深度、广度和温度，推进课程体系系统建设、实践教学和协同育人改革[10]，为生态文明建设和美丽中国建设提供强有力的新型人才。

参考文献

[1]习近平. 把思想政治工作贯穿教育教学全过程 开创我国高等教育事业发展新局面[N]. 人民日报，2016-12-09(01).

[2]习近平. 在“不忘初心、牢记使命”主题教育工作会议上的讲话[J]. 求是，2019(13)：4-13.

[3]王博. 全人教育视角下的高校“课程思政”建设[J]. 辽宁工业大学学报(社会科学版)，2020，22(6)：97-99.

[4]中华人民共和国教育部. 教育部关于印发《高等学校课程思政建设指导纲要》的通知[EB/OL]. (2020-6-1). http：//www. moe. gov. cn/srcsite/A08/s7056/202006/t20200603_462437. html.

[5]胡增辉，冷平生，郑健. 对城市林业高等教育的探讨[J]. 科教导刊，2013(4)：20-21.

[6]侯智霞，刘勇，徐程扬. “城市种苗学”课程教学体系建设的探索[J]. 中国林业教育，2019，37(3)：47-50.

[7]高德毅，宗爱东. 从思政课程到课程思政：从战略高度构建高校思想政治教育课程体系[J]. 中国高等教育，2017(1)：43-46.

[8]李杰，刘玉德. 思政元素融入工程材料课程的教学探索[J]. 轻工科技，2021，37(8)：173-174.

[9]卢杨，刘芳. 高校课程思政建设的关键点位思考[J]. 高教学刊，2019(23)：164-166.

[10]郭秋菊，艾训儒，姚兰，等. “林业经济管理”专业课课程思政教学的研究探讨[J]. 教育教学论坛，2021(14)：113-116.

[11]胡晓静，王世伟，陈虹，等. 林学专业课程思政教学的探索——以《森林培育学》课程为例[J]. 教师，2021(8)：100-101.

[12]孙杰，常静. 高校加强“课程思政”建设现实路径选择[J]. 中国高等教育，2018(23)：15-17.

[13]陈会方，秦桂秀. "课程思政"与"思政课程"同向同行的理论与实践[J]. 中国高等教育，2019(9)：53-55.
[14]中国共产党新闻网. 把生态文明建设放在突出地位[EB/OL]. (2017-7-26). http：//theory.people.com.cn/n1/2017/0726/c40531-29428631.html.

Teaching exploration on curriculum ideological and political education into the professional course of *Principles for Urban Forestry*

Li Pin Zhang Xinna Sun Yan Feng Fei Fan Dayong Xu Chengyang
(College of Forestry, Beijing Forestry University, Beijing 100083)

Abstract The importance of ideological and political education in the new era is particularly prominent, which puts forward new requirements for the teaching of professional courses in universities. As the core professional course of Forestry (urban forestry direction) undergraduates, *Principles for Urban Forestry* course plays a very important role in its professional basic course. This study aims to explore the ideological and political elements in the *Principles for Urban Forestry* curriculum, analyze the integration mode, and explore the synchronous implementation of the ideological and political elements and the *Principles for Urban Forestry* curriculum. The ultimate goal is to achieve moral integrity in cultivation and pursue education, stimulate students to actively participate in the construction of national demands, and become a practitioner, guardian and devotee of "clear waters and green mountains are as valuable as mountains of gold and silver". It has important significance for the construction of the new era of urban forestry industry.

Keywords curriculum ideological and political education, urban forestry, ideological and political elements, integration mode

“遗传学双语”课程思政建设的探索与实践

权明洋[1]　杜庆章[1]　张德强[1]　靳豪杰[2]

（1. 北京林业大学生物科学与技术学院，北京　100083；
2. 北京林业大学林学院，北京　100083）

摘要：“遗传学双语”课程是新时代国际化课程体系建设的新模式，其前沿性、实践性与创新性的特点有力支撑了课程思政教育的实施。通过提升教师思政育人能力、研发课程思政教学案例、改革思政教育教学方法、创新思政实验课程设置和改进思政评价体系等途径开展“遗传学双语”课程思政教育探索与实践，将思政教育融入课程教学实践全过程，引导学生坚持“四个面向”，勇担绿色发展使命，为落实立德树人根本任务提供创新载体。

关键词：遗传学双语；课程思政；立德树人；教学模式

党的十八大报告指出“把立德树人作为教育的根本任务”，高校作为落实立德树人根本任务的主战场，是开创我国高等教育事业发展新局面、培养新时代社会主义建设者和接班人的坚强阵地[1]。探索高质量课程思政教育体系改革，把思想政治工作贯穿到课程学习、实践教学、科学研究与人才培养等教育教学全过程，是推进“三全育人”建设机制与落实立德树人根本任务的重要举措[2]。“遗传学双语”是一门以经典遗传学为基础、国际前沿学术进展为支撑的专业基础课程，旨在使学生在掌握经典遗传学原理基础上，充分了解最新国际前沿理论进展。在贯彻落实新时代立德树人根本任务的重大需求下，如何将思政教育融入“遗传学双语”课程体系建设，探索双语课程思政教学新模式，是农林生物行业解决“培养什么人、怎样培养人、为谁培养人”这一根本问题的重要举措。因此，笔者以北京林业大学“遗传学双语”课程为例，重点阐释了开展思想政治教育的必要性、创新性举措与成效。

一、“遗传学双语”课程开展思政教育的必要性与优势

遗传学是研究生物遗传与变异规律的科学，是生物学中一门体系完整、发展迅速且实践性较强的理论科学，有效推动了医学、植物学、动物学与微生物学等领域的创新发展。随着新兴生物技术的快速发展与多学科的交叉融合，逐渐形成了以基因组编辑技术、单细胞测序技术与合成生物学等前沿领域为核心的现代生物学技术体系，新兴生物技术与遗传学理论的

作者简介：权明洋，北京市海淀区清华东路 35 号北京林业大学生物科学与技术学院，讲师，mingyangquan@bjfu. edu. cn；
杜庆章，北京市海淀区清华东路 35 号北京林业大学生物科学与技术学院，教授，qingzhangdu@bjfu. edu. cn；
张德强，北京市海淀区清华东路 35 号北京林业大学生物科学与技术学院，教授，deqiangzhang@bjfu. edu. cn；
靳豪杰，北京市海淀区清华东路 35 号北京林业大学林学院，讲师，haojie@bjfu. edu. cn。
资助项目：北京林业大学课程思政教研教改专项课题“遗传学双语”（2021KCSZZC021）。

有机融合，极大促进了遗传学研究领域的快速发展。在教学体系建设过程中融入思想政治教育理念，引领学生形成正确的人生观、价值观与世界观，是落实"课程思政"建设的重要手段。"遗传学双语"课程具有理论知识广泛、实践操作性强、前沿进展迅速等特点，对其开展思政建设是实现农林高校"三全育人"的重要组成部分，其必要性主要体现在以下几方面：

第一，北京林业大学"遗传学双语"课程是生物科学、生物技术、园林、草业与林学等学科的专业基础课程，为后续学习"生物化学""基因工程"等专业核心课程提供了必要的理论知识与实践技能，具有基础性强、知识面广、专业覆盖度高等特点。因此，率先在"遗传学双语"课程开展思政教育改革实践，对激发学生学习农林生物学课程兴趣、提高学生专业认知感具有重要的现实意义。

第二，我国在2020年提出了"双碳"目标，标志着我国生态文明建设迈入了新阶段。森林在维持地球生态系统平衡、增强碳汇能力中起着关键作用。但农林专业学生普遍对服务国家重大战略意识不够、关注度不高。究其原因，主要由于遗传学基础理论与实践应用结合点不足、遗传学课程学习与国家战略的契合点较少。为此，阐释遗传学基础知识对国家绿色发展的应用价值，提升课程思政育人能力，是引导学生树立投身祖国绿色事业的价值认同和使命情怀的关键环节。

第三，近年来，"基因编辑婴儿""黄金大米""杨柳飞絮"等遗传学领域热点话题逐渐增多，但学生未能充分理解其所蕴含的遗传学原理，造成对生物学领域热点话题解读不科学，极大降低了学生的专业认知感与课程的应用价值，导致农林生物学专业学生科研热情较差、毕业后从事本专业工作比例较低等现状。因此，在讲授专业知识的基础上，挖掘热点话题背后的遗传学故事，了解该话题的"前世今生"，对提升"遗传学双语"课程的价值引领具有重要的实践价值。

为此，开展"遗传学双语"课程思政探索与实践，是保证遗传学教学体系前瞻性与创新性的重要手段，对培养现代农林生物学复合型人才具有重要的作用[3]。"遗传学双语"开展课程思政建设具有明显优势。首先，近年来遗传学研究领域发展迅速、成果显著，推动了遗传学研究维度由个体扩展到群体，由单基因调控拓展至多基因互作，由基因转录延伸至DNA、转录、翻译及表观遗传水平，研究内容的前瞻性保证了课程思政内容的持续创新性。其次，我国在农林生物技术领域发展迅速，重大科技成果层出不穷，涌现了一批诸如"时代楷模李保国""杂交水稻之父袁隆平""三倍体毛白杨院士朱之悌"等农林行业代表性人物，课程蕴含着丰富的思政元素，将为大力弘扬科学家精神文化内涵，激发学生敢于探索、持续创新提供必要的价值引领作用。同时，在"遗传学双语"实验教学中，设计了一系列诸如生物育种、生命健康等具有农林生物学特色的开放性实验，兼具探索性与创新性，有利于提高学生发现、分析与解决问题的能力，拓展学生综合实践能力与创新思维水平。北京林业大学"遗传学双语"课程思政教学改革更是要以遗传学专业知识为基础，突出森林生物学研究特色，引导学生勇于担当林业绿色发展的初心与使命，激励学生服务绿色发展与美丽中国建设的决心与责任。

二、"遗传学双语"课程思政建设的举措

(一)提升农林院校专业教师与时俱进的课程思政育人能力

教师担负着教书育人、立德树人的使命，教师对立德树人根本任务理解的深度与高度直接关系到高校课程思政建设的最终成效。深化高校教师对"课程思政"教学理念的重要性认知，加强教师自身思想政治素质与职业素养提升，是激发"课程思政"教育改革的内在动力。为此，北京林业大学"遗传学双语"教学团队通过联合备课、集体听课、开展课程思政专题研讨会等形式，紧跟遗传学领域时事热点与重大科技进展，挖掘典型课程思政元素，提升思想政治教育意识。例如在基因工程章节以"基因编辑技术与诺贝尔奖"为引入点，一

方面使学生了解基因编辑在农林行业的最新研究进展，另一方面弘扬了勇于创新、敢于挑战的科学家精神。同时，青年教师通过听取经验丰富的教师讲授遗传学课程，学习思政教学方法，再通过课程试讲的形式提升课程思政教学实践能力，落实中青年教师“传帮带”作用。充分发挥党支部在课程思政方面的引领作用，通过开展微党课、案例研读等形式，认真领悟“把生命献给高原的植物学家——钟扬”等一系列模范人物的时代楷模精神，提升青年教师思政水平。同时，学校教务处设置了课程思政教研教改项目，遗传学教研室积极组织申报，提升教师参与课程思政教学改革的积极性，增强思政教育的效果。因此，学校、学院与教研室通过设置多样化的思政教育学习平台，提高教师课程思政建设的参与度，提升教师思想政治教育素质与能力，有效推动了思政教育与专业教学相融合。

（二）开发具有农林生物学价值引领作用的新时代课程思政元素

“遗传学双语”课程内容涉及广泛，理论前瞻性与时代性较强，思政元素素材丰富。在课程讲授过程中，要注重最新的科学研究进展，强调全球一体化与科学家自主创新精神；同时，在知识点发展导引讲授过程中融入中国元素，着重介绍我国在该领域所取得的成就，弘扬我国代表性人物的爱国精神。笔者收集并梳理了部分与课程相关的典型案例，总结了蕴含的潜在育人成效（表1）。例如，在“细胞质遗传”章节，笔者重点回顾了“杂交水稻之父”袁隆平院士利用三系法研制杂交水稻的历程及其国际影响力，弘扬其致力于解决粮食问题的决心。在“染色体数量变异”章节，弘扬了以三倍体毛白杨奠基人朱之悌院士为引领的一代代毛白杨育种人不畏艰难、艰苦奋斗的“毛白杨精神”，阐释了三倍体毛白杨对解决我国木材战略安全与服务国家绿色发展的地位。在“基因工程”章节，通过介绍利用基因编辑技术开发的转基因生物“删除开关”功能，强调转基因作物安全性评价的重要性，鼓励学生追踪时事热点、增强自主创新能力。在“细菌与病毒的遗传”章节，讲授新冠病毒的相关知识，介绍全球抗疫现状、我国疫情防控举措与新冠病毒疫苗研发进展，弘扬家国情怀与自主创新精神。在教学过程中领悟经典案例精髓，结合课堂表现反思育人效果[4]。

表1 “遗传学双语”课程思政教学案例及其与教学内容结合点

序号	教学章节	教学内容结合点	思政教学案例	思政元素
1	遗传的细胞学基础	染色体组成与分子结构	中国科学家科研突破：从头设计与化学合成出4条酿酒酵母细胞的染色体	原始创新，工匠精神，自主创新
2	遗传物质的分子基础	蛋白质的合成	施一公院士在膜蛋白研究领域的突出贡献	科学家精神，自主创新，民族自信
3	孟德尔遗传	孟德尔遗传学定律发现	孟德尔开展豌豆杂交试验过程	科学家精神，开拓精神，工匠精神
4	染色体变异	染色体数量变异	三倍体毛白杨精神	民族自信与文化自信，原始创新
5	数量性状遗传	数量性状研究方法	全球农林分子设计育种发展	开拓精神，自主创新，家国情怀
6	细菌和病毒的遗传	细菌与病毒的特点	全球新冠疫情抗疫启迪	家国情怀，民族自信与文化自信
7	细胞质遗传	植物雄性不育	杂交水稻之父——袁隆平院士事迹	民族自信与文化自信，工匠精神
8	基因工程	基因工程的应用	基因编辑技术与诺贝尔奖	国际前沿，自主创新，原始创新

（续）

序号	教学章节	教学内容结合点	思政教学案例	思政元素
9	基因组学	基因组学概述	人类基因组计划	国际前沿，合作共赢，自主创新
10	近亲繁殖与杂种优势	杂种优势在育种中的应用	“南袁北李”（“中国紧凑型杂交玉米之父”——李登海与“中国杂交水稻之父”——袁隆平）	科学家精神，原始创新，民族自信
11	群体遗传与进化	生物进化	柑橘属植物驯化史	时事热点，合作共赢，国际前沿

（三）创新兼具农林特色与国际化视野的思政教育教学方法

教学方法改革是有效传播课程知识、提升学生知识接受度的有效措施。在教学过程中采用视频教学、案例教学、翻转课堂、讨论式教学等形式，提升学生的参与度，增强学生检索文献、独立思考与课堂展示能力。例如，笔者在开展“遗传学双语”教学实践过程中，以翻转课堂、分组讨论的形式掌握基因组学基础理论知识，学生通过搜集英文文献，了解基因组学国际前沿发展，掌握我国林业基因组学发展现状及其应用价值，并鼓励学生以英文汇报的形式开展课堂讨论；在基因表达的调控章节，加入“RNAi 技术原理及其在农林科学研究领域的应用”全英文教学视频短片，突出双语教学的重要性，提高学生阅读英文文献的能力与专业认同感[5]。同时，充分利用网络多媒体资源，调动学生学习积极性。例如，在“基因工程”章节，笔者利用视频教学形式，展示了基因工程在农林遗传育种行业的研究现状与应用前景，着重介绍了基因工程如何应用于我国杨柳飞絮治理以及科学家如何突破“卡脖子”技术的科研经历等，并结合课堂讨论等形式，使学生直观感受到遗传学基础理论知识的实践结合点，做到了提升课堂授课效果与思想政治教育相结合的教学目的，润物无声地培养了学生社会主义核心价值观。

（四）设置以服务国家农林发展战略为导向的开放性实验课程

“遗传学双语”实验教学是锻炼学生独立思考能力与提高学生动手操作能力的重要手段，将有效加深学生领悟遗传学基本原理的理解[6]。为此，笔者所在教学团队设置了开放性实验课程。在“植物多倍体诱发与鉴定”实验章节，以我国生态文明建设为导向，突出了三倍体毛白杨的科技贡献，创新了“学生设计—教师审核—实践操作—课堂讨论”为一体的开放性实验教学新模式，不仅使学生掌握了植物多倍体的基础知识，而且锻炼了学生独立思考与科学研究的素质；在“群体遗传学”实验章节，设置了自主探索性的“实验—实践”相结合的教学方法，组织学生赴毛白杨种质资源库开展田间调查，使学生掌握遗传学理论与育种技术之间的联系，有助于学生理解所学理论知识与国家重大发展战略的契合点，增强服务国家发展的信念。

（五）建立理论学习与思政育人相结合的考核评价体系

思想政治教育需融入教书育人全过程，课程考核评价作为教学实践的重要过程，是掌握课程思政教育成效、完善课程思政教学体系的关键环节。在理论考核中，融入课程思政评价内容，设置开放性议题，强调科学家精神。如讨论“基因工程如何应用于我国林木育种事业发展”“全球新冠肺炎疫情抗疫现状与启示”“植物杂种优势发展历程及其对科学研究的启迪作用”等[7]。通过分组讨论、课堂互评等形式，鼓励学生主动搜集相关案例，使学生领悟老一辈科学家的艰苦奋斗精神给现代生活带来的福祉，塑造学生艰苦奋斗、吃苦耐劳的品格，达到课程思政教学成效的升华。

三、“遗传学双语”课程开展思政教育的成效

通过对“遗传学双语”开展课程思政教学，充分保证了教学体系的完整性与前瞻性，有力推动了双语课程国际化教学体系构建，有效促进了学生的专业认同感与服务国家发展的责任感。

（一）提升了学生的专业认同感与科学奉献精神

通过对“遗传学双语”课程的系统学习，特别是引入基因工程、染色体变异等遗传学基础理论在农林遗传育种、生态环境改善以及森林生态价值实现等方面的功能价值，引导学生在农林生物行业奋发图强、实现个人价值与为国家生态文明建设发展作出贡献的决心，提升学生的专业认同感。通过解读“沙漠变林海、荒漠变绿洲”的塞罕坝奇迹，使学生领悟了以艰苦奋斗为核心，以科学求实和开拓创新为支撑，以无私奉献与爱岗敬业为价值取向的塞罕坝精神，激励着一代代林业人献身“绿色发展事业”的豪情壮志[8]。通过引入“太行山上新愚公李保国”“三倍体毛白杨奠基人朱之悌”“小麦远缘杂交之父李振生”与“杂交水稻之父袁隆平”等农林行业模范人物事迹，激励了学生以艰苦奋斗、勇于创新的科学家精神指导未来职业发展。通过该课程思政教学实践，依托“遗传学双语”教学团队开展大学生创新科研训练的学生人数从2015年的每年10人次到2021年的每年30人次［图1(a)］，有7人次在国内外知名期刊发表原创性研究论文，遗传学专业人才培养成效显著。

（二）培养了学生的家国情怀与服务绿色发展的使命担当

通过该课程的学习，学生逐渐了解了遗传学领域的国际前沿进展，学生学习该课程的主观能动性明显增强。据统计，87.3%以上的学生希望通过考研、直博、出国等形式开展遗传学领域的研究；61.4%以上的本科生希望毕业后从事与农林遗传学领域相关的工作［图1(b)］，显著推动了北京林业大学生物学院本科生人才培养质量。国家要明确指出“要探索以生态优先、绿色发展为导向的高质量发展新路子”，通过讲授我国与发达国家在森林覆盖率与木材蓄积量等方面的差距，学生深刻认识到森林资源的不可替代性，强调利用分子遗传育种手段解决我国木材短缺问题的优势与发展现状，增强了学生对党和国家的高度认同感与使命感的家国情怀，激励了学生以艰苦奋斗的林业人精神投入我国绿色可持续发展进程。

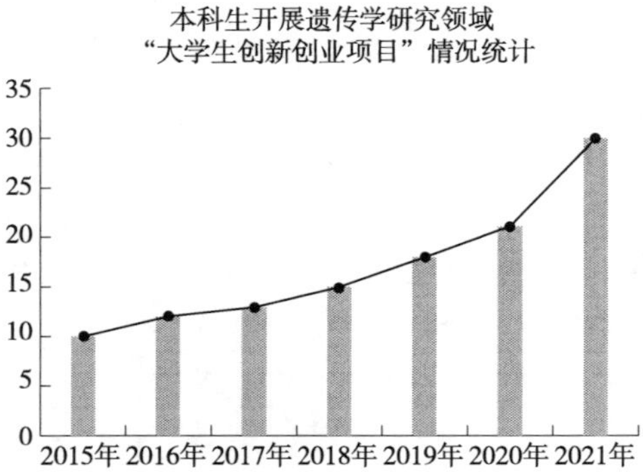

（a）

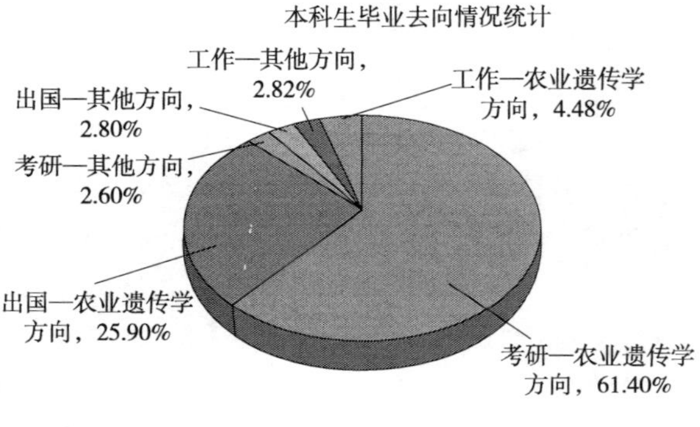

（b）

图1 依托遗传学教研室开展“大学生创新创业项目”人数统计(a)与本科生毕业去向统计(b)

四、结语

高等院校课程思政建设的目标，是在教学实践过程中树立学生坚定的理想信念、高尚的爱国情操、高度的社会责任感、严谨的科研精神与较强的综合素质。北京林业大学“遗传学双语”课程结合了农林生物学专业特色，在教师育人水平、思政元素发掘、教学方法与课程体系等全方位开展了思政教学模式的探索，取得了初步的成效，提升了学生对农林行业

的专业认同感，增强了学生参与科研创新实践的动力，培养了学生对我国绿色发展与生态文明建设的使命感(图 2)。接下来，本课程将继续围绕农林生物学行业特色，建立典型思政教学案例库，打造一支思政创新能力强的教学团队，形成具有农林特色的课程思政教学体系，持续提升德才兼备的新时代农林复合型人才培养质量。

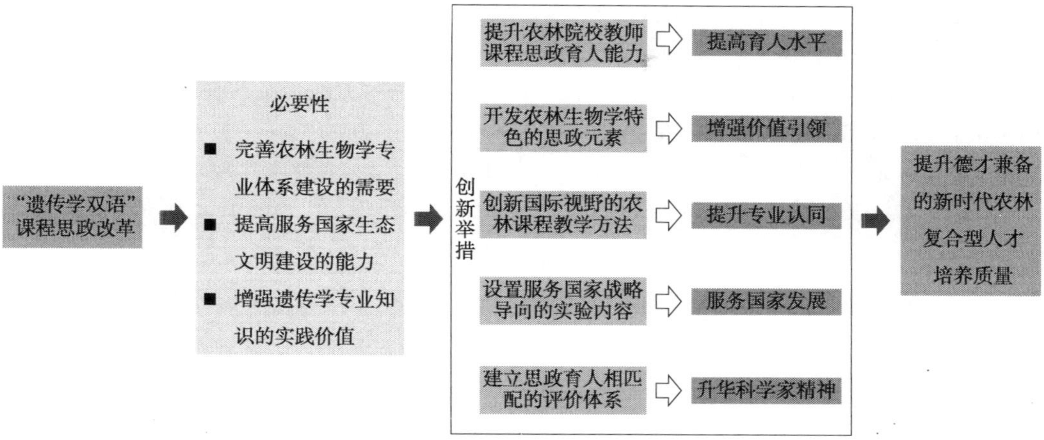

图 2 "遗传学双语"课程思政教育改革思路

参考文献

[1]顾昭明，张剑. 坚持把立德树人作为根本任务的理论与实践价值[J]. 中国高等教育，2019(5)：7-9.

[2]张敬，刘尧，马晓艳，等. "三全育人"在高校基层院系中的构建和实践[J]. 北京教育(高教)，2020(2)：73-74.

[3]郭素娟，徐成扬，张金凤，等. 对提高大学生科研实践成效的几点建议——以林学类大学生科研实践为例[J]. 中国林业教育，2014，32(2)：14-17.

[4]陈金焕，程武，康向阳. 发挥科研平台育人功能 创新研究生培养模式——以北京林业大学"林木育种国家工程实验室"为例[J]. 中国林业教育，2017，35(S1)：111-114.

[5]杨加伟，陈静，生欣，等. 基于专业英文文献汇报模式的研究生分子生物学教学改革[J]. 基础医学教育，2020，22(11)：796-798.

[6]史玲玲，马超. 北京林业大学"生物制药"课程实验教学改革初探[J]. 中国林业教育，2014，32(6)：63-65.

[7]李慧，陈玉珍，陆海. 高等林业院校"生物技术导论"课程教学改革的探索[J]. 中国林业教育，2017，35(S1)：65-67.

[8]王强，孙静. 将弘扬塞罕坝精神融入高校教学[N]. 中国民族报，2021-11-02(006).

Theexploration and practice of integrating ideological and political education into the course of *Genetics(in bilingual)*

Quan Mingyang[1] Du Qingzhang[1] Zhang Deqiang[1] Jin Haojie[2]

(1. College of Biological Sciences and Technology, Beijing Forestry University, Beijing 100083;
2. College of Forestry, Beijing Forestry University, Beijing 100083)

Abstract *Genetics(in Bilingual)* is a course with a new model in constructing international course systems in the new era, which strongly supports the application of ideological and political course education with its leading-edge, practical, and innovative characteristics. Through improving the ability of teachers' ideological and political education, developing new teaching cases, reforming teaching methods, innovating experimental course systems, and improving the judging systems, teachers carried out the exploration and practice of ideological and political course education in *Genetics (in Bilingual)*. We guide students to insist on the policy on the scientific research and innovation of China and encourage them to take on the mission of Green Development by integrating ideological and political course education into the whole teaching process, which provides an innovative platform for the implementation of the fundamental tasks of "Moral Education".

Keywords *Genetics (in Bilingual)*, ideological and political course education, moral education, teaching modes

“嫁接式”课程思政路径的创建与实践

——“森林有害生物控制”课程思政教学探索

陶　静　任利利　骆有庆

（北京林业大学林学院，北京　100083）

摘要：用好课堂教学主渠道功能，将“课程思政”教育理念融入课堂教学过程中，是立德树人、全方位对学生开展思想政治教育的有效途径。在国家级一流本科课程“森林有害生物控制”的建设中，针对林学专业及学生特点，通过完善教学大纲、改革教学方法、建设思政案例等途径探索了课程思政教育实践。基于果树嫁接和课程思政的类比性，构建了极富林学特色的课程思政模式与方法，将思政元素润物无声地融入于课程教学当中，实现学生在家国情怀、专业精神、责任担当、综合素质等方面提升的思政育人效果，同时为林学相关课程的思政建设提供参考。

关键词：课程思政；立德树人；协同育人；国家级一流本科课程

习近平总书记在全国高校思想政治工作会议上强调，要坚持把立德树人作为中心环节，把思想政治工作贯穿教育教学全过程，实现全程育人、全方位育人[1]。“课程思政”是高校思想政治教育的重要载体，也是实现立德树人的有效途径。在2020年6月8日教育部组织召开全面推进高等学校课程思政建设工作视频会议中，强调专业课教学是思政教育的“主战场”，专业课教师就是思政教育的“主力军”，专业课课堂就是思政教育的“主渠道”[2]。这也是贯彻习近平总书记“各门课程要守好一段渠、种好责任田，使各类课程与思想政治理论课同向同行，形成协同效应”的指示。

“师者，所以传道授业解惑也。”笔者理解，“传道”是培养学生的人格品质，“授业”是指传授专业基础知识与基本技能，“解惑”是解决学生在“得道”“受业”中的疑惑。课程思政内涵，是在非思政课程中，挖掘并融入具有思政之效的相关元素，以春风化雨润物无声的方式，发挥隐性育人功能（重点是“传道”与“解惑”），将知识传授和价值引导相结合，达到立德树人之根本目标。

“森林有害生物控制”课程，2020年获批教育部国家级线下一流本科课程（金课），也是北京林业大学一流本科专业建设点（林学和森林保护）的专业核心课程，同时适用于森林保护、林学、经济林、城市林业、园林和园艺等专业。在“金课”建设过程中，课程团队探索了有效融入课程思政的途径和方法。发挥在立德树人中的协同作用，参照果树嫁接方式，创建了富有林学特色，具入耳入脑入心之效的课程思政模式。结合课程属性，分别从“思想”和“政治”角度切入，撷取鲜活的思政元素，已形成了如“昆虫十大优秀品格与青年人才成长”等课程思政品牌。

本文以“森林有害生物控制”教学中融入思想政治教育的组织设计为例，谈谈将专业知

作者简介：陶　静，北京市海淀区清华东路35号北京林业大学林学院，副教授，taojing1029@ hotmail. com；
任利利，北京市海淀区清华东路35号北京林业大学林学院，高级实验师，lily_ren@ bjfu. edu. cn；
骆有庆，通讯作者，北京市海淀区清华东路35号北京林业大学林学院，教授，youqingluo@ 126. com。

资助项目：北京林业大学课程思政教研教改专项课题“森林有害生物控制”（2020KCSZ005）。

识与思想政治教育有机融合的探索与体会。

一、“森林有害生物控制”课程建设特点

“课程思政”建设的基础在“课程”，没有好的课程建设，“课程思政”功能就成为无源之水、无本之木。因此，尊重课程建设规律，切实强化课程建设管理是“课程思政”建设的根本基础[3]。思政要融入专业课程教学，就要落实到具体课程的教学目标、教学内容、教学方法等各方面。

在课程思政背景下，课程教学团队，首先进一步明确了“森林有害生物控制”课程的教学目标：秉持“授之以鱼不如授之以渔”和“教学相长”的教学理念，以基本知识点为支撑，以能力素质培养为主目标，有机融入思政元素，提升学生家国情怀和人文素养；使学生能从自然生态系统管理的角度，认识与把握森林有害生物(病原菌、害虫、鼠害和有害植物等)的发生规律与特点，掌握有害生物防控的基本理论、知识与技能，培养保护森林的“树木医生”。

基于“金课”要求与课程内涵，突出“两性一度”，即高阶性、创新性和挑战度，建设了“名师领衔，多人一课”的团队，创新了教育教学方法，切实将学生思想政治、能力素质的培养贯穿始终：①以学生为中心，打造线上线下相结合的升级版翻转课堂(图1)。调动发挥学生的自主性、能动性和创造性；2014年开始，一直不断探索与完善翻转式教学，创设全部学生上讲台进行授课式交流的模式，深受学生欢迎。②搭建“以研促教，建设金课”平台。充分发挥森林保护学科国际一流、特色鲜明、科技资源丰富的优势，并增设“微课讲座”板块，呈现重要学术前沿，供学生课后研学，以期拓宽视野，培养学生思辨能力和创新精神。③以教学大纲为纲，要求掌握知识点、突出重点、针对难点、了解热点，体现课程内容的时代性、探索性和启发性，引导学生自主学习，提升科研和实践能力。④强化教学过程考核，创设学生互评模式。培养学生“在合作中竞争，在竞争中合作”的团队精神。

图1 以学生为中心的翻转课堂

二、 创新“嫁接型”而非“焊接型”的课程思政实践路径

课程思政应强化特色，体现基于学校/学科/专业的课程特色。比如，涉林课程中思政元素应具有鲜明的林业特色，应是“林产品/山珍”而不是“海味”。因此，课程团队基于果树嫁接和课程思政的类比性，构建极富林学特色的课程思政模式与方法(图2)。

果树嫁接的技术要点主要在于：①选择接穗或接芽与砧木的近缘性，即选取的母株和砧木尽可能来自近缘的树种，亲和性高，才能保证嫁接的成活率。课程思政元素的选择，也需要考虑近缘性的特点，选取与课程内容贴切的案例，不能为了思政而思政，生硬地拼凑，强行将思政元素加入课堂中。②选取合理时机，果树不同、地域不同、嫁接方式不同，选择的时间也有差异，一般在选择树木最为活跃的春秋两季进行嫁接，春季采用枝接法，秋季采用芽接方法。在思政元素融入的过程中，也需要做到精心设计、适时引入。③技术

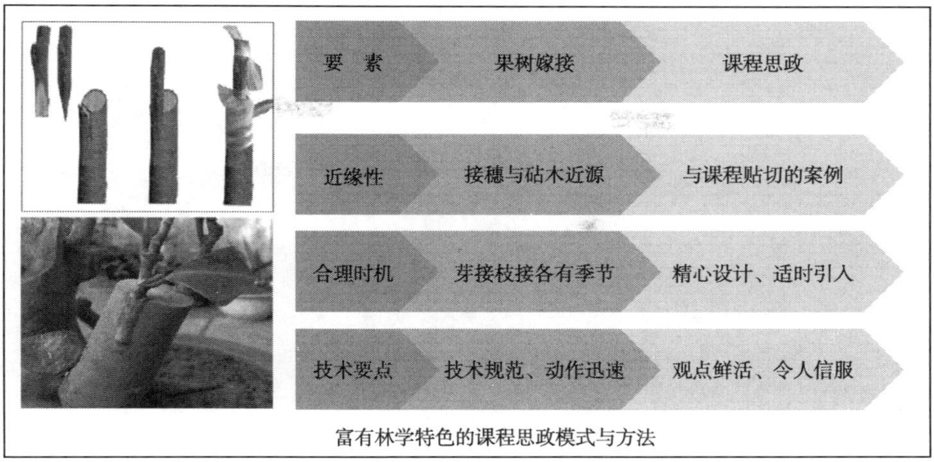

图 2 “嫁接式”课程思政路径

规范，动作迅速。在课程思政的实践中，需观点鲜活、令人信服，避免附加式、标签式的生硬说教，才能保证课程思政具入耳入脑入心之效。

三、 建设富有特色的思政教育教学案例， 将课程思政固化于教学大纲中

(一)修订课程教学大纲，确立课程思政的目标体系

根据教育部《高等学校课程建设指导纲要》的要求，深入思考，结合“森林有害生物控制”课程的特色，明确课程思政的目标体系，推进思政教育在人才培养中的全覆盖。课程教学团队开展教学教研活动，修订课程教学大纲，确立了课程的思政建设目标和重点内容为：

(1)培养学生社会主义核心价值观，提升家国情怀和人文素养。引导学生了解世情国情党情民情，引导学生增强对国家富强、人民幸福的理想追求。

(2)增强学生的专业认同感、使命感和责任感，培养“知林、爱林”的创新型人才。引导学生树立和践行“绿水青山就是金山银山”的理念，树立“把论文写在祖国大地上”的意识和信念。

(3)培养学生的科学精神。引导学生保持和发展乐于探究与发现世界奥秘的激情和欲望；尊重他人意见，敢于提出不同见解的勇气；更要培养尊重科学、实事求是的精神。

(4)培养学生自主学习、归纳演绎和创新性思维的能力，分析和解决问题的能力，在学习实践中要善于思考、敢于探索、勇于创新。培养学生沟通能力和团队协作能力。

(二)结合课程属性，从“思想”和“政治”的角度切入，撷取鲜活的思政元素

笔者在“森林有害生物控制”课程思政建设过程中，彰显课程特色，精选“林味”十足的思政元素，梳理了多个与课程密切相关的典型案例。

例如，“生物安全”的概念，近年肆虐全球的新冠肺炎疫情给我国的国家安全和人民生命健康造成了严重威胁，习近平总书记提出，针对疫情暴露出来的短板，要系统规划国家生物安全风险防控，完善治理体系，并提出把生物安全纳入国家安全体系。《中华人民共和国生物安全法》也由全国人民代表大会常务委员会审议通过，自 2021 年 4 月 15 日起开始实施。本课程的森林有害生物、外来入侵物种都可被涵盖在生物安全的范畴中。将这一元素融入课程思政中，一方面可增强学生对课程的兴趣和关注度，深化对所学知识的认知程度，同时也可培养学生的家国情怀、专业精神和社会责任感。

又如理论基础部分，关于昆虫形态学、生活习性等方面的知识，可通过“昆虫的十大品格”等例子，将知识融入昆虫所具有的特性当中。如钻蛀性害虫的“刻苦钻研”、社会型昆

虫“团队协作”、不同昆虫口器类型的“刚柔并济”，还有昆虫的勤奋朴实、批判吸收、感触灵敏、尊重他人、独立自强、适应环境、厚积薄发等，来折射或隐喻青年人才成长应有的品格，以片段形式自然适时地融入本课程的相关章节。引导学生树立健康的人生观，培养优良的品质(图3)。

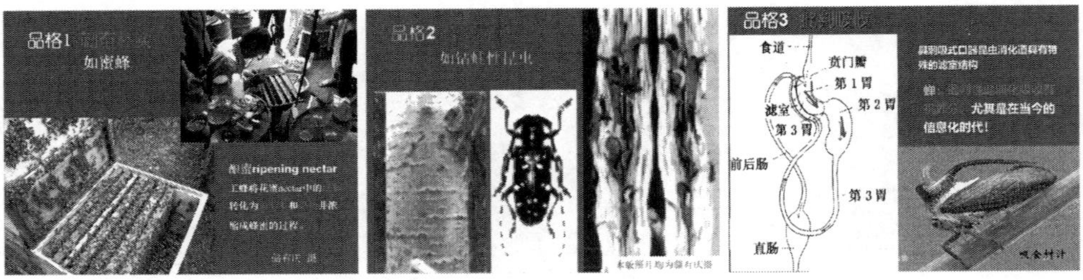

图3　“森林有害生物控制”课程典型思政元素示例

再如，结合北京林业大学森林保护学科的跨越式发展在国内外相关领域处于领跑地位，精设与课程贴切的案例，展示多学科交叉融合、走科技自立自强之路，提升学生的专业自信。如在“害虫性诱剂的开发与应用”教学单元，展示出学科历经近40年，面向国家需求，稳定方向、久久为功的科研历程，取得多项国家科技进步奖等丰硕成果，使学生树立守正创新，自立、自强、自信、自豪的意识。

(三)根据不同专业方向和学生的特点，在实践中不断完善思政元素与课程的融合

结合不同专业方向的培养目标，根据学生专业学习的阶梯式成长特征，以及学生遇到社会问题的复杂度，系统设计德育递进教学路径，并在实践中不断地完善。

例如，笔者承担最富学校特色与优势的林学类创新实验班——“梁希实验班”的教学任务。该实验班采用以培养未来新林科创新领军人才为目标特设的30人以下小班教学模式。授课对象为大二学生，他们思想活跃、求知欲强、善于表达、知识面广、信息技术素养好。同时，素质兴趣兼备，学生在入学1年后，基于学林兴趣，自愿申请，选优组建，怀林之初心，成绩优异，自主学习能力强。而处于这一阶段的部分学生，可能也存在过于以自我为中心、唯分数论、学习目标不明确等问题。

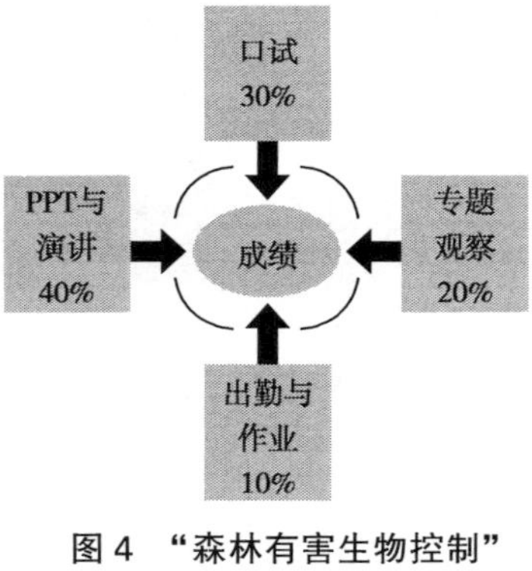

图4　“森林有害生物控制”课程考核方式

因此，教学团队采用翻转课堂，使学生通过自学、归纳演绎后进行授课式的交流，重点训练学生的综合辩证思维能力，提升批判性思维和解决问题的能力；兼顾学有余力同学的求知欲，以“微课讲座”方式呈现重要学术前沿，以期拓宽视野、培养创新精神。同时设计以小组为单位的自选专题的调查和研讨，培养学生的团队协作能力；创新课程考核方式(图4)，过程考核与结果性评价相结合，增设学生互评环节，培养学生“在合作中竞争，在竞争中合作”的精神。

四、探索思政元素的融入途径与要领

(一)发挥专业课课程思政“隐性育人”功能，注重学科视野，坚守专业定位

专业课的课程思政应首先坚持学科专业的性质不变、本位不改，挖掘其学理、价值，作用于学生[4]。在系统而科学地传授知识的同时，挖掘从专业知识引发的和专业相连的问题，使得学生学会以专业为基础，建立知识与人、与社会多维度的交融关系，经过科学学习和训练达到学生修养全面提高的思政育人效果。

（二）崇尚科学精神，将科研成果转化为教学内容，实现学科建设、科学研究和教育教学之间的良性互动

每一门学科都是知识大厦的累积，也是无数科学家研究成果、探索过程、伟大人格的集中反映。从课程思政的角度，充分挖掘学科史、人物史的丰厚教育资源，用他们探索科学的过程、追求真理的历程，来引导学生、教育学生。提炼科研成果，反哺教学，将相关科技创新成果，及时融入课件，发挥科研成果在教学中的“维生素”作用，强化学生的“贴近感”，提升教师的“教学自信”。具体到本课程，结合北京林业大学森林保护学科发展，精选国际视野下部分研究领域40年来从看跑、跟跑、并跑到领跑的科技创新实例，树立学生自立自强自信的情怀。

（三）适时引入时事热点，深度融合信息技术，增强课程思政的德育效果

在“互联网+”时代，学生对于各类时事资讯十分敏感，如教师能够敏锐地从中挖掘与课程相关贴切的思政元素，通过精心设计、适时引入，常常能够获得良好的效果。同时，推动传统教学方法和新媒体新技术的结合，借助现代信息化教学手段，可以将复杂难以理解的教学内容和思政元素可视化，制作三维动画和视频等，以简单直观的方式呈现科学内涵和人文精神，增强学生对“课程思政”的直观感受与认同。

（四）注重学以致用，在实践中落实“课程思政”

专业学习的目的在于运用，学生从课堂中学习到的知识最终也要运用到社会实践中。从课程思政的角度来讲，教师要用好实践应用的大舞台。大部分学习“森林有害生物控制”课程的专业均安排有相关的课外实践环节，例如以小组为单位，在校园内外对某一病虫害进行阶段性跟踪观察，培养学生发现问题与解决问题的专业素养。教师提供长期积累的观察研究结果（如“老骆牧虫记”专题等）供学生分享，使学生感悟科研的艰辛与乐趣，弘扬科学精神。通过实践，培养学生踏实严谨、吃苦耐劳、追求卓越的优秀品质。让学生在运用知识中，增进对行业发展的理解，特别是行业中先进科学技术应用现状的了解。既提高学生的国情意识，促进社会责任感，也提高了他们学以致用的能力，是多方面的教育，使学生成长为心系社会并有时代担当的林业创新型人才。

五、结　语

“森林有害生物控制”课程创建“嫁接式”课程思政路径和方法，以期实现润物无声的育人效果，经验可供其他相关专业课程借鉴和参考。多年的实践经验证明，创新的课程改革建设得到学生充分认可，推动了新林科创新领军人才培养。学生获得感和教师成就感大幅提升，学生对课程的满意度在95%以上，特别是学生的主动性、能动性和创造性的发挥远超预期。该课程于2020年获批教育部首批国家级线下一流本科课程。

专业课的课程思政，目前仍处于发展的初期，还需要不断研究其在育人过程中的规律，进而进行更加系统化、规范化的建设。在今后建设“金课”的教学实践中，将继续秉持“立德树人”的根本立足点，坚持创新的人才培养理念，探索适应现代化林业可持续发展的教学改革路径，为保障国家生态安全和生物安全提供人才和科技支撑。

参考文献

[1]习近平在全国高校思想政治工作会议上的强调：把思想政治工作贯穿教育教学全过程，开创我国高等教育事业发展新局面[N]. 人民日报，2016-12-09(1).

[2]教育部关于印发《高等学校课程思政建设指导纲要》的通知[EB/OL].(2020-5-8) http：//www.gov.cn/zhengce/zhengceku/2020-06/06/content_5517606.htm.

[3]李国娟. 课程思政建设必须牢牢把握五个关键环节[J]. 中国高等教育，2017(Z3)：28-29.
[4]余江涛，王文起，徐晏清. 专业教师实践“课程思政”的逻辑及其要领——以理工科课程为例[J]. 学校党建与思想教育，2018(1)：64-66.

The creation and practice of the ideological and political education in "Grafting" path: Exploration on *Forest Pest Control* course

Tao Jing Ren Lili Luo Youqing
(College of Forestry, Beijing Forestry University, Beijing 100083)

Abstract Using the main channel function of classroom teaching, integrating the ideological and political education idea into classroom teaching of professional courses, is an effective way to foster integrity and promote rounded development of people, to carry out a full range of ideological and political education of students. In the construction of national first-class undergraduate course *Forest Pest Control*, according to the characteristics of forestry major and students, the ideological and political education practice of curriculum was explored by improving the syllabus, reforming the teaching methods and constructing ideological and political cases. Based on the analogy between the graft of fruit plants and ideological and political education, build the ideological and political model and method with highly forestry characteristics, silently integrate the ideological and political elements into classroom teaching, realize the ideological and political education effect of students in terms of patriotism, professional spirit, responsibility and comprehensive quality, and provide reference for the ideological and political construction of forestry related courses.

Keywords ideological and political education of curriculum, morality cultivation, cooperative education, national first-class undergraduate courses

从“思政+创新”视角出发的教学模式改革

——以“经济林栽培学(实习)”课程为例

孟　冬　杨　清　付玉杰　陈　婷　刘　妮

（北京林业大学林学院，北京　100083）

摘要：“经济林栽培学(实习)”是一门理论性、技能性及应用性均极强的课程，其中包含经济林树种的分类和栽培区划、经济林栽培的生物学基础等。在经济林、林学、园艺等专业起着重要作用。本文针对目前“经济林栽培学(实习)”课程理论及实验教学中存在的问题，提出了新形势下该课程教学改革的方法，在课程教育的过程中，以学科交叉融合为导向打破课程与专业的界限，通过介绍当地经济林的发展实现乡村振兴的实例，培养学生的责任感和担当感。从“思政+创新”视角进行教学改革，激发学生的学习兴趣、增强学生综合素质和提高教学质量。

关键词：经济林栽培学(实习)；创新思维；教学质量；思政教育；学科交叉教学

一、引　言

2016年12月7日至8日，全国高校思想政治工作会议在北京召开，习近平总书记出席会议并发表重要讲话。习近平总书记在会议中强调了“高校思想政治工作关系到高校应该培养什么样的人、如何培养人以及为谁培养人”这个根本问题。同时提出了“把立德树人作为中心环节，把思想政治工作贯穿教育全过程”的战略方针，随后使得高校思政教育成为我国教育界热烈讨论的话题[1]。

高校课程教学形式亟须革新，课程是高校与社会连接的桥梁，课程的教学内容和形式将会影响教学和人才培养质量[2]。“经济林栽培学(实习)”课程是林学专业的必修课，此课程的目的是传授学生经济林栽培理论与技术，锻炼学生的实践能力，为学生从事相关工作打下基础，也为培养农林人才提供教学平台。具体而言，从思政维度要在课堂上通过引导使学生在思想上真正意识到学习“经济林栽培学”课程的重要性，激发学生学习的内在驱动力，从而更好地来学习专业知识[3]。经济林是指以生产果品、食用油料、工业原料和药材等林产品为主要目的的森林木本植物。经济林作为我国五大林种之一[4]，其产业的发展对促进我国林业产业发展有重大作用，对我国农业经济现代化建设有着重大意义[5]。同时，经济林对改善环境，推动绿色增长，维护国家生态和粮油安全，都具有十分重要的意义。

作者简介：孟　冬，北京市海淀区清华东路35号北京林业大学林学院，教授，mengdongjlf@163. com；
杨　清，北京市海淀区清华东路35号北京林业大学林学院，副教授，yang. qing1020@163. com；
付玉杰，北京市海淀区清华东路35号北京林业大学林学院，教授，fuyujie67@163. com；
陈　婷，北京市海淀区清华东路35号北京林业大学林学院，硕士研究生，1753851316@qq. com；
刘　妮，北京市海淀区清华东路35号北京林业大学林学院，硕士研究生，ln071800@163. com。

资助项目：北京林业大学教育教学研究一般项目“‘经济林栽培学(实习)’课程教学改革”(BJFU2021JY003)；
北京林业大学教育教学改革项目“经济林栽培学总论课程思政教学探索”(2020KCSZ026)。

从创新维度要在课堂内外通过多种活动来让学生开动脑筋，培养学生从多角度思维来思考问题，为国家培养创新性人才提供发展平台。在经济林的发展过程中需要创新，有创新才有发展。拥有创新能力的学生在未来就业或从事科研时具有更强的竞争力。

教研教改工作直接关系着高等院校教学质量，对高等院校学生当前学业状况和未来职业发展都有重要影响[6]。本文首先提出"经济林栽培学(实习)"课程在教学中存在的问题，然后结合思政和创新思维两个角度来提出解决办法进行教学改革，再接着阐述此课程中的思政教育与培养创新思维融合，使此课程既能达到思政教育的目的，也能达到培养学生创新思维能力的目的。

二、"经济林栽培学（实习）"课程在教学中存在的问题

（一）思政教育方面

课程思政指以构建全员、全程、全课程育人格局的形式将各类课程与思想政治理论课有机结合，形成协同效应，把"立德树人"作为教育的根本任务的一种综合教育理念[7]。课程思政建设是高校思想政治教育的新理念、新思路和新模式，它是专业教育中不可分割的一部分。目前，"经济林栽培学(实习)"课程在教学过程中所融合的思政相对较少，没有很好地将此专业课与思政教育有机结合。课程思政要求教师在教授知识同时传播正确价值观。课程中所融合的思政内容应该符合专业课的发展方向，比如在讲述"经济林栽培学"课程时，为学生科普"塞罕坝精神""李保国精神"等，而不是生搬硬套某些思想政治理论。其次，思政教育的方法过于单一，只是讲解一些事例，让学生自己深思其味。在教学中应该使思政教育方式多样化。

（二）培养创新思维方面

目前，"经济林栽培学(实习)"课程教学内容比较传统和陈旧，缺乏最新的相关研究进展，教案中需要补充最新的研究热点和进展；教学方式比较单一，难以激发学生的学习兴趣，需要让学生设置学习目标，更好地调动学生的学习积极性；教学考核方法也比较单一，难以全面地考核出学生的知识掌握程度和情况，应从多角度进行考核。

三、 从思政和创新的维度进行教育改革

（一）乡村振兴

党的十九大报告指出，"三农"问题(农业农村农民)是关系国计民生的根本性问题。实施乡村振兴是解决三农问题的策略，乡村振兴是全面建设社会主义现代化强国的必然要求[8]。教育部印发《高等学校乡村振兴科技创新行动计划(2018—2022年)》中指出，"人才培养提质行动要服务乡村振兴发展，完善乡村振兴人才培养模式，提升人才培养能力，加快培养不同类型农林人才，打造一支懂农业、爱农村、爱农民的乡村振兴人才队伍。"在乡村振兴的时代背景下，农林型发展人才获得了很大的发展空间。在课程教育的过程中，介绍通过当地经济林的发展实现乡村振兴的实例，培养学生的责任感和担当感。一般来说，经济林主要通过产业扶贫来实现乡村振兴。产业扶贫是乡村振兴的内在要求，也是实施乡村振兴战略的重要条件。在课下，可以给学生布置分组，让他们查询有关经济林实现乡村振兴发展的相关报道，并做PPT进行展示汇报。

（二）绿色发展理念

绿色发展理念是指进行绿色可持续发展、打造山清水秀的绿色环境、倡导绿色健康生活。绿色发展就是要绿色强国、绿色惠民，大力发展新兴绿色产业，给人提供绿色生态产品，让老百姓生活在更加和谐宜居的环境当中。绿色富国、绿色惠民是习近平总书记提出的重大命题，保证经济发展的同时不破坏环境。在绿色发展理念的思想下，推动经济发展，缩小贫富差距[9]。经济林的发展正好符合绿色发展理念，通过经济林的发展可以给同学们

讲解绿色发展理念并且倡导绿色发展的方式。我们可以通过绿色出行的方式实践绿色发展理念。并且可以通过一些竞答游戏倡导绿色生活方式，达到寓教于乐的目的。

四、从创新的角度改革

（一）以大学生创新创业项目为导向教学改革

大学生创新创业项目是通过实施国家级大学生创新创业训练计划，促使高校转变教育思维，变革固定教育模式，通过强化创新创业能力训练，增强高校学生的创新能力和创业能力，培养创新型国家建设需要的创新人才[10]。“经济林栽培学”课程与实践联系比较紧密，本课程通过以创新创业为指引促进教学改革。在教学内容上，摒弃一些固有思维，提供多种思考问题的角度和方法，引入一些比较具有创新性的科研成果，激发学生的创新思维；在教学方式上，引导学生多思考多动手，锻炼学生动手能力，不要只停留在想法层面上，多向生产实践方向靠拢。在教学时，多讲一些创新创业的例子，让学生有创业的想法，并且具有创新性的想法；通过各种实践活动，训练学生的创新思维。

（二）以专业技能竞赛为导向教学改革

第一，在课堂教学中有机融入学科竞赛，将林学理论知识和实践能力竞赛的评估标准与教学要求对接，达到“以赛促学”的目标；第二，在课程有限的学时下，激发学生学习的动力和积极性，以参加竞赛为驱动力，拓展学生从课堂上、书本中所学的知识和技能，达到“以赛促练”的目标；第三，培养学生的国际视野，提升学生的思维能力、分析与解决问题的能力，实现“以赛促能”的目标。

（三）以学科交叉融合为导向教学改革

在“经济林栽培学（实习）”课程教学中，应删掉课程和教学内容之间不符之处，整合其他学科相似的内容，从而做到知识融会贯通，培养学生多角度思考的思维模式，打造教学内容与应用紧密联系，学生的理论知识夯实、动手能力强的“经济林栽培学（实习）”课程教学体系。从满足不同层面不同专业人才培养的需求出发，课程选择不限专业，创新教学内容，培养专业师资，建立不同教学重点的精品课程。从教务管理层面出发，允许和鼓励学生选择跨专业和学院的课程，实现学科交叉融合。从课程内容出发，可以制作一个课程简介或者小视频来吸引学生注意力，或者针对学科交叉融合建设相关课程。学科交叉融合的教学方法有利于调整并优化学科专业结构，既解决了相关学生对经济林栽培学的学习需求，又为林学专业的学生找到了学科交叉融合的途径。整体研究思路如图 1 所示。

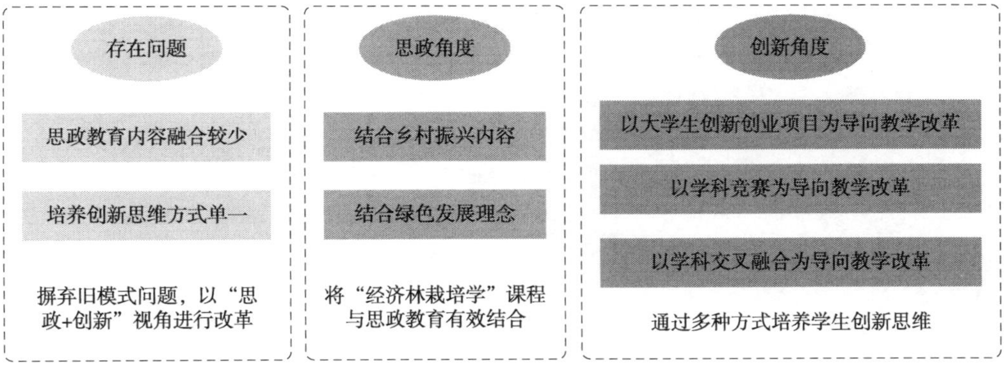

图 1　“经济林栽培学（实习）”课程思政教改思路图

五、 思政思想和创新思维培养融合

课程思政与创新思维培养的目标一致，在课堂上向学生传播积极思想、正确价值观和多角度思考问题的方法。此课程进行思政教育的同时，又通过大学生创新创业项目、专业技能竞赛、学科交叉融合导向的教学改革培养学生创新思维。在申请大学生创新创业项目时，联系经济林发展前景，参考之前的研究成果，提出新颖和具有创意的想法。在举办专业技能竞赛时，准备的问题一定要足够具有启发性，让学生有“灵光一现”的想法，做到从理论的专业知识联系实践，从传统的想法中推陈出新。在学科交叉融合时最容易涌现新想法，学习不同于本身专业的学科，用不同学科的思考方式来解决问题，从而让学生注意到平常忽视或者是习以为常的地方，提出新的点子。

六、 结　语

经济林栽培学是一门多学科交叉的专业课，包括“植物生理”“植物病理”“土壤学”“森林生态”等课程，是一门要求授课内容理论与实践有机结合的课程，也是培养经济林产业创新型人才的关键课程[11]。在不断探索新的教学模式下，通过“经济林栽培学”课程教学，有效提升了教学效果，极大地激发了学生的学习兴趣，充分让学生发挥其主观能动性和创造性，同时提高了学生的就业竞争力[12]。课程教学从创新思维培养角度出发，来解决我国高等林业教育人才培养中“大一统”状态下忽视学生综合素质培养的状态[13-14]。从多方面思政教育出发，以国家发展乡村振兴和绿色发展理念联系经济林教学，使学生以开阔的思想格局学习经济林发展。课程教学中思政教育的融入使学生坚持与时俱进，紧跟时代脚步，不断开辟学习创新的新境界。课程教学应始终坚持把教育放到时代发展的大潮中去审视，不断激发学生对专业课学习的热爱。

参考文献

[1]习近平. 在哲学社会科学工作座谈会上的讲话[N]. 人民日报，2016-05-19(002).

[2]张静，李乐. 高职“食品加工技术”课程项目化实践教学改革的探究[J]. 轻工科技，2018(1)：2.

[3]杨帆. 思政教育传统优势与专业课育人深度融合路径[J]. 年轻人，2019(8).

[4]李建安，卢彰显，何志祥，等. 试论我国经济林生态补偿机制的建立[J]. 经济林研究，2007，25(2)：4.

[5]马超. 经济林产业发展现状及对策建议[J]. 农机使用与维修，2020(1)：102.

[6]孙凯. 本科教育视域下高校教研教改项目培育研究[J]. 赤峰学院学报(自然科学版)，2021，37(11)：4.

[7]刘宝民，金正连. 关于职业院校推进课程思政建设的思考[J]. 中国职业技术教育，2021(12)：105-108.

[8]以“三个着力”抓好党建促乡村振兴[J]. 党的生活(黑龙江)，2021(12)：54-55.

[9]段华梅. “绿色发展理念”融入高中思政课教学的思考[D]. 南昌：东华理工大学，2021.

[10]韩光. 吉林省应用型转型试点高校创新创业教育：现实基础、主要问题与改革路径[J]. 职业技术教育，2018，39(36)：57-60.

[11]张雪梅，李寒，张军，等. 新形势下经济林栽培学课程改革探索[J]. 安徽农业科学，2019，47(18)：3.

[12]辜青青，邹菊花，徐回林，等. “果树栽培学”课程教学改革的探索[J]. 安徽农业科学，2010(32)：3.

[13]卢涛. 林学专业本科人才培养的体系化[J]. 科技创业家，2013(1)：1.

[14]丁喆. 林业本科人才培养机制创新的研究——以福建农林大学林学专业为例[J]. 中国林业教育，2014(4)：6.

Teaching mode reform from the perspective of "Ideological and political +innovation": Taking the *Economic Forest Cultivation* (*Practice*) course as an example

Meng Dong Yang Qing Fu Yujie Chen Ting Liu Ni
(College of Forestry, Beijing Forestry University, Beijing 100083)

Abstract *Economic Forest Cultivation (Practice)* is a course with strong theory, skill and application, including the classification and cultivation division of economic forest species, the biological basis of *Economic Forest Cultivation (Practice)* and so on. It plays an important role in economic forestry, forestry, horticulture and other majors. In view of the problems existing in the theoretical teaching and experimental teaching of the course of economic cultivation, this paper puts forward the methods of teaching reform and effective measures to improve the teaching quality under the new situation. In the process of curriculum education, we should take the interdisciplinary integration as the guidance, break the boundary between curriculum and specialty, and introduce the examples of rural revitalization through the development of local economic forest, Cultivate students' sense of responsibility and responsibility. Carry out teaching reform from the perspective of "Ideological and political + innovation", stimulate students' interest in learning, improve teaching quality and students' comprehensive quality.

Keywords *Economic Forest Cultivation (Practice)*, innovative thinking, teaching quality, ideological and political education, interdisciplinary teaching

课程思政在“林学综合实习”教学中的引入与应用

——以松材线虫病实习调查为例

孟繁丽　熊典广　刘红霞　田呈明

（北京林业大学林学院，北京　100083）

摘要： 课程思政突破了传统的教学方式，搭建了全新的教育载体，为高校教育发展和改革提供了新方向。“林学综合实习”教学是林学类专业的必修课，具有多学科交叉、内容多样、实践性强等特点，而林木病害调查是实践教学过程中的重要环节，如何将课程思政科学合理地引入到其中也成了课程改革的重点。本文以林木重要病害松材线虫病实习调查为例，结合国家政策和防控需求，解析松材线虫病监测和防控中的思政意识，培养学生的责任感和使命感，进而探讨课程思政在高等教育中的应用，实现知识传授和价值引领的双向融合，为培养具有创新能力和德育精神的科技人才奠定基础。

关键词： 课程思政；林学综合实习；实践教学；松材线虫病

一、引　言

在“立德树人”的教育新格局下，实施课程思政已成为大学教学改革的新方向。课程思政是以课程教育为依托，合力构建师生全员参与、贯穿教学全过程，将思想政治理论与各类学科课程融合的协同教学。高校作为人才孵化的摇篮，在面临新问题、新挑战的情况下，需要通过思政教育体系的建设来不断优化自身的思想政治教育体系，把握好人才培养方向，不断提升人才培养的思想品德和政治意识[1]。因此，随着时代的发展和社会的需求，课程思政的引入和应用在传统的高校教育发展和改革中具有重要的意义。

“林学综合实习”作为林业人才培养过程中重要的环节之一，学生可以通过“林学综合实习”充分了解林业发展概况、林业生产的现状及常规林业生产经营活动。同时，通过“林学综合实习”，可以从专业角度引导学生发现林业生产中的生态学、经营学、有害生物防控等方面的问题并对其开展相关的研究工作[2]。其中，林木病害调查是“林学综合实习”的重要组成部分，可以让学生充分认识和理解森林景观与森林健康间的关系，学习和巩固理论课上所学的知识，培养学生在生产实践中发现问题、研究问题、解决问题的能力，增强学生对林业工作的认知。

林木病害是在一定的生态环境下发生的。不同生态环境下的森林病害种类、分布、发

作者简介：孟繁丽，北京市海淀区清华东路35号北京林业大学林学院，讲师，mengfanli@ bjfu. edu. cn；
熊典广，北京市海淀区清华东路35号北京林业大学林学院，讲师，xiongdianguang@ 126. com；
刘红霞，北京市海淀区清华东路35号北京林业大学林学院，副教授，hongxia@ bjfu. edu. cn；
田呈明，北京市海淀区清华东路35号北京林业大学林学院，教授，chengmt@ bjfu. edu. cn。

资助项目：北京林业大学教育教学研究一般项目“林木病理学在林学综合实习中的多元化教学模式探索——以鸡公山自然保护区为例”（BJFU2021JY007）；
北京林业大学课程思政教研教改专项课题（2021KCSZXY001）。

生状况有所不同。通过“林学综合实习”，可以了解环境因素对病害发生的影响，加深对森林病害现象的理解，从而为通过改善生态环境控制森林病害提供理论依据。如何将课程思政科学合理地引入到“林学综合实习”的教学实践中，笔者对此进行了相关的实践探索。本文以我国林木重要病害松材线虫病实习调查为例，讨论课程思政在高等教育中的应用，结合松材线虫病监测和防控重要性的思政育人功能，通过松材线虫病专业知识点讲解，使学生科学认识林业有害生物科学防控的重要性，实现知识引领和价值取向的双向融合，达到教书育人的最终目的。

二、“林学综合实习”实践中课程思政体现情况

“林学综合实习”的授课对象是林学类、梁希(林学)专业大三学生，虽然学生们通过三年的基础课程和专业基础课程的学习，已基本具备一定的专业知识和分析能力，但在具体实践实习教学环节中依然存在一些问题，且在思想政治教育方面也体现得较少。

由于课程思政需要有机融合在教学之中，为避免形式化，对于选取什么德育内容，用什么教学方式融入，没有明确的标准，因此，在实践教学过程中对于思政教育很少得以体现。为了适应新的教学要求的需要，指导教师应明确思政教育与实践教学之间的关系，树立“课程思政”的教学理念，提升自身的教学水平和课程思政意识。

因此，针对“林学综合实习”的课程特点、林学专业特色以及林业院校的培养要求，对“林学综合实习”课程中的教学内容及方法和实践实习教学环节进行改革探索，融入思想政治理论，发挥协同育人的效应，为培养林学专业高素质“学术型”“复合型”和“应用型”的多元化人才提出对策和方案显得尤为重要。

三、 林学综合实习松材线虫病调查中思政元素的融入

针对目前林学综合实习过程中思政元素体现较少的现状，本节中笔者以全球森林生态系统中最具危险性、毁灭性的病害——松材线虫病实习调查为切入点，挖掘与实践教学相关的思政资源，从三个方面在林学综合实习松材线虫病调查教学中引入思政元素，实现“知识传授”和“价值引领”的有机统一。

（一）松材线虫病的概况

我国是世界上林业生物灾害最严重的国家。伴随着全球一体化进程的加速，生物入侵已成为威胁全球生态安全与生物安全的重大问题。习近平总书记在中共中央政治局第三十三次集体学习时，强调加强国家生物安全风险防控和治理体系建设，提高国家生物安全治理能力。据统计，我国林业生物灾害年发生面积已突破 1.8 亿亩，是森林火灾面积的数十倍，年均成灾面积占林木受自然灾害总面积的一半，年致死树木 4000 多万株，年均造成经济损失超过 1100 亿元。特别是被称作“松树癌症”的松材线虫病危害严重，自 1982 年传入我国以来，在我国快速传播扩散，目前已在全国 19 个省(自治区、直辖市)，700 多个县级行政区，发生面积超过 2700 万亩，累计造成超过 9000 万株松树死亡，年均直接经济损失数十亿元[3]。

我国有松树林木资源 9 亿多亩，约占森林面积的五分之一。松树是造林绿化的先锋树种，是我国荒山造林和长江、珠江、淮河流域防护林等森林生态屏障的主体。这些地区立地条件较差。松树感染松材线虫病枯死后，难以更新形成其他树种森林，环境破坏后很难恢复，并由此而形成水土流失、山洪暴发、泥石流、大洪灾等一系列生态灾难。此外，松树是我国许多风景名胜区自然景观的重要组成部分，如列入世界自然与文化遗产保护名录的黄山迎客松、三峡库区、张家界风景区、庐山核心景区的松林等。如果不能有效遏制松

材线虫病扩散蔓延势头，将对我国的森林生态安全和自然文化遗产产生毁灭性破坏。

由于我国现已成为全球第二大木材消耗国和第一大木材进口国，年消耗量近5亿m^3，然而我国是一个森林资源匮乏、生态脆弱的国家，木材进口量超过全球贸易量的1/3，对外依存度接近50%。松材线虫可危害我国所有松科植物，主要有马尾松、黑松、思茅松、油松、红松、樟子松、落叶松等。为遏制松材线虫病的扩散和蔓延，我国实行了严格的疫木管理制度，处理后的疫木可制作纤维板、刨花板、颗粒燃料，以及造纸、制炭等，但松木的价值明显降低，如不采取有力措施予以遏制，将对我国的木材生产安全造成毁灭性打击。因此，在林学综合实习中结合松材线虫病的野外调查，引入课程思政元素也就显得尤为重要。

（二）国家对于松材线虫病的重视

习近平生态文明思想，是习近平新时代中国特色社会主义思想的重要组成部分，“绿水青山就是金山银山”是习近平生态文明思想著名的科学论断。而松材线虫病的危害目前已对我国的国土安全、生态安全和生物安全产生严重威胁，且疫情防控工作任务艰巨。

松材线虫病又称松树萎蔫病，是由松材线虫侵染引发的一种毁灭性松林病害。松材线虫 *Bursaphelenchus xylophilus*(Steiner & Buhrer) Nickle 属于线形动物门、滑刃目 Aphelenchida、滑刃科 Aphelenchoididae、伞滑刃属 *Bursaphelenchus*。感染松材线虫的松树树脂分泌逐渐减少，针叶先是褪色和黄化，进而枯萎变成红褐色，最终全株死亡。松树在感染松材线虫后发病迅速，30~90天即可导致松树完全枯死，致死率极高，3~5年即可造成大面积林分死亡。因松材线虫致死的松树针叶不会脱落，大面积死亡的松林呈现出一片红褐色，如同正在肆虐的火灾持续蔓延，被称为“无烟的森林火灾”。由于松材线虫病的潜伏侵染特性，疫木砍伐措施是相对滞后的防治手段，难以做到对病原的彻底清除。

长期以来，党中央国务院高度重视松材线虫病防控工作。特别是2021年，中央领导同志多次就防控工作作出重要指示批示。国务院办公厅在2002年专门印发了《关于进一步加强松材线虫病预防和除治工作的通知》，强调为保护我国森林资源安全和造林绿化成果，促进我国经济和生态建设稳步发展，坚决遏制松材线虫病严重发生和扩散蔓延的势头。2014年，国务院办公厅在印发的《关于进一步加强林业有害生物防治工作的意见》中，将松材线虫列为国家级重大有害生物，并强调加强松材线虫病防治。为切实加强松材线虫病防治工作，受国务院委托，国家林业和草原局与各省(自治区、直辖市)政府签订了《松材线虫病防控目标责任书》。为全面落实松材线虫病疫情防治责任，国家林业和草原局制定了《松材线虫病生态灾害督办追责办法》。多年来，国家林业和草原局采取了以加强防治责任落实、强化疫区疫木管理、加大疫情除治力度、提高疫情监测水平、严格检疫执法等为重点的一系列防治措施，出台了一系列规章制度。针对当前松材线虫病防治工作中存在的问题，2018年，国家林业和草原局对《松材线虫病防治技术方案》和《松材线虫病疫区和疫木管理办法》重新进行修订。2021年，国务院办公厅印发了《自然资源领域中央与地方财政事权和支出责任划分改革方案》，将关键区域松材线虫病防控确定为中央与地方财政共同事权，其他区域为地方财政事权。因此，针对松材线虫病疫情的严峻态势，各地积极采取有力措施开展疫情防治，取得了一定成效。针对林学综合实习松材线虫病的调查，开展课程思政融入实践教学中的改革探索，为培养高素质林学专业人才提出对策和方案显得尤为重要。

（三）松材线虫病的防控策略

以习近平生态文明建设思想为指导，总结防控工作，研判疫情形势，科学谋划和系统部署松材线虫病防控工作。2021年，国家林业和草原局印发了《全国松材线虫病疫情防控五年攻坚行动计划(2021—2025)》，明确了“十四五”时期全国松材线虫病疫情防控攻坚的总体目标，并对行动内容、保障措施、评估考核等提出具体要求，综合统筹松材线虫病疫情防控与生态修复。

由于松材线虫病的致病机理复杂，且潜伏侵染，发病迅速，一旦表现症状，已无挽救可能。病理学研究表明松材线虫病的致病机理极为复杂，松材线虫在侵入健康松树体内后，分泌一系列降解酶、毒素和致病蛋白，破坏松树薄壁细胞的细胞壁和细胞膜，干扰松树正常代谢，使松树的抗病过程发生紊乱，导致松树管胞空穴化，致使松树水分疏导受阻，最终寄主植物因缺水死亡。与此同时，伴生真菌和细菌也参与了松材线虫的致病过程[5]。在松林中，松材线虫病的潜伏侵染现象普遍，此时松树并不表现症状。松材线虫从侧枝扩散至树体主干仅需7天左右的时间，一旦开始表现症状，就已对松树造成不可逆的伤害，30~90天内即可导致松树完全死亡，致死率极高[6]。因此，切实有效地防控松材线虫病疫情已刻不容缓。

松材线虫病的系统防控，主要包括疫情监测、疫木处理、化学、生物防治以及抗病品种选育等措施。疫情监测以地面普查为基础，加强大区域灾害航空航天遥感监测技术运用，构建一体化监测平台；疫木主要采用熏蒸、粉碎和烧毁的办法处理，同时对伐桩进行药物处理；药剂防治包括媒介昆虫药剂防治，松材线虫药剂防治，寄主抗性药剂诱导；抗病品种选育主要包括选择抗病性强的品系进行育种，用弱毒性的线虫或药剂诱导寄主抗性，使松树产生抵抗松材线虫病的免疫能力。面对严峻的防控形势和现状，亟待开发松材线虫病检测及高效安全的绿色新型防控技术和产品。因此，从松材线虫病防控的角度，引入课程思政元素，可使学生在实践过程中有参与感，且大多数同学的家乡位于松材线虫病疫区，防控知识点的引入可增加学生对专业的热爱与兴趣，从而更好地投入到实践环节，做到学以致用。

四、 课程思政教育设计和效果评价

根据上述思政元素融入点，笔者进行了松材线虫病实习调查的课程设计。首先在实习踏查过程中，指导教师带领学生在野外对松材线虫病症状进行识别，通过介绍近年来松材线虫病的扩张与危害，让学生认识到林业有害生物对森林健康造成的威胁，利用"植物病害就在我们身边"贯穿整个实习过程，提高学生的参与度和积极性。此外，松材线虫作为外来入侵种，也是检疫性有害生物，重点强调不能随意携带，防止由于人类活动导致的病害蔓延，威胁非疫区的松林生态健康。其次，指导教师讲述国家对林业有害生物的重视程度，结合松材线虫病防治方针的制定，加深学生们对"以习近平生态文明思想为指导建设美丽中国"科学论断的理解，做到"知识传授"与"价值引领"的有效结合，实现"立德树人"的润物无声。最后，指导教师通过讲解松材线虫病的侵染循环和致病机理等，以及我国松材线虫病现阶段防控是多项措施并举，由浅及深，让学生积极思考并提出松材线虫病防控的关键点，深入理解松材线虫病不仅是一种病害，而且关乎森林、生态以及国土的安全。

整个松材线虫病实习调查过程采取以问题驱动为核心的启发式教学方法，教师的角色从讲授者转化为导学者。使用以问题为驱动的教学模式可以逐渐建立学生的兴趣点，吸引学生的注意力。整个实习内容遵循"发现特征→带入要点→解析答案→思考知识→实际应用"的引导思路，关注学生兴趣点，鼓励学生有创新性的思维。此外，每个班级随机抽取10名学生，通过与学生座谈反馈课程学习情况，评估课程教学改革效果，进而为培养具有创新能力和德育精神的科技人才奠定基础，也为今后我国森林有害生物(松材线虫病等)的科学防控提供参考和依据。

综上所述，在本文中笔者以我国重大的森林病害——松材线虫病的实习调查为例，探讨课程思政在“林学综合实习”教学中的引入和应用。通过培养学生个性化的自主创新和实践探究能力，以及在生产实践中发现问题、研究问题、解决问题的能力，增强学生对林业工作的认知，从专业角度引导学生发现林业生产中的实际问题并加以研究；构建了以学生为主体，以教师为主导，以传授知识为中心，以解决问题为目的，以创新实践为特点的课堂。同时，结合专业特色和最新科研成果，培养学生的实践动手能力和创新能力，构建层次分明、相互衔接、科学系统的新型实践教学体系，整合优化实践课程体系和内容，改进实践教学方法和实习运作模式，从根本上提高教育教学质量，为培养具有创新精神和实践能力的创新型科技人才奠定基础。此外，将课程思政引入“林学综合实习”教学中，能够真正激发学生热爱自己的专业，明确学习目标，激发学习积极性，建设良好学风，充分发挥课程思政育人功能，让学生学会思考，培养学生的责任感和使命感；典型事例(松材线虫病等)的讲解和互动，融入国家政策、生产需求、思想引领等内容的思政教学模式，解析林木病害与森林健康及生态安全的关系，能够显著增强授课内容的针对性，提高学生的主动性，实践教学效果明显提升，也为今后其他课程教学模式改革提供了重要参考。

参考文献

[1]贾黎明. “5分钟林思考”之思考[J]. 北京教育(高教版), 2021(10): 61-63.

[2]刘玉民，刘亚敏，刘芸，等. 林学专业实践教学的改革研究[J]. 高教学刊，2020(21): 132-134.

[3]理永霞，张星耀. 松材线虫入侵扩张趋势分析[J]. 中国森林病虫，2018，37(5): 1-4.

[4]理永霞，张星耀. 我国中温带面临的松材线虫入侵扩张高风险[J]. 温带林业研究，2018，1(1): 3-6.

[5]理永霞，张星耀. 松材线虫病致病机理研究进展[J]. 环境昆虫学报，2018，40(2): 231-241.

[6]理永霞，陈友吾，王璇，等. 松材线虫病的潜伏侵染[J]. 北京林业大学学报，2021，43(9): 14-18.

Ideological and political educational practice of *Comprehensive Practice of Forestry* course: Taking pine wilt disease as example

Meng Fanli　Xiong Dianguang　Liu Hongxia　Tian Chengming

(College of Forestry, Beijing Forestry University, Beijing　100083)

Abstract　With the development of the times and needs of society, the implementation of curriculum ideology has revolutionized the traditional teaching methods and provided a new direction for the development and reform of college education. *Comprehensive Practice of Forestry* is a multi-disciplinary cross and strong practicality course. The forest disease investigation is an important link in the practical teaching process. How to rationally introduce curriculum ideological and political into the course, it has become a focus in the curriculum reform. This article uses Pine Wilt Disease as an example to cultivate students' sense of responsibility, which combines the ideological and political education importance of disease prevention and control. The two-way integration of knowledge guidance and value orientation lays the foundation for cultivating innovative scientific and technological talents with innovative spirit and practical ability.

Keywords　curriculum ideological and political, *Comprehensive Practice of Forestry*, practice teaching, pine wilt disease

实践教学

2022

“云教学”背景下“地球系统科学概论”结合劳动教育教学模式的初探

于　强

（北京林业大学林学院，北京　100083）

摘要：2021 年 10 月北京新冠肺炎疫情的反复导致校园管控等级上升，为贯彻落实“两不停”，北京林业大学地信学科“地球系统科学概论”课程采用“云教学+劳动实践”的劳动教育实践模式，结合“五分钟林思考”课程思政教学模式顺利展开，保证了课程的正常进行，维护了良好的教学秩序。通过对“云教学+劳动实践+五分钟林思考”教学模式的探索和实践，发现该教学模式对紧急事件更容易应对，有效地提升了学生们的自我管理水平，借鉴老一辈林业人的榜样精神使学生们切身地体会到了劳动能够创造美好未来的道理。本文的研究成果为新冠肺炎疫情管控升级等紧急情况发生时高质量完成课程教学工作提供一定的借鉴和参考。

关键词：地球系统科学概论；劳动教育教学模式；五分钟林思考；新冠肺炎疫情

2021 年 10 月以来，随着新冠肺炎疫情管控等级上升，高校教育教学中野外实习实践课程受到了一定程度的干扰，其中笔者主讲的“地球系统学科概论”课程就受到了一定的影响。北京林业大学“地球系统科学概论”课程是一门针对地理信息科学专业一年级本科生开设的必修课程，课程理论联系实际的内容较多，需要学生掌握地质地貌、水圈、大气圈、土壤圈、生物圈、3S 技术基础等大量知识性内容。而地理信息科学大一本科生首先对本专业的理解和认知较浅，对于地理信息科学专业的未来应用前景和发展前景也缺乏深刻认识。“地球系统科学概论”课程是大一本科生了解自身专业的第一课、第一站和领路人。基于北京林业大学 2020 年课程思政教研教改专项课题的支持，本课程的主讲人将“劳动教育”和“五分钟林思考”课程思政体现在了课程教学中的方方面面。自 2021 年 9 月“地球系统科学概论”课程开课以来，取得了良好的效果，同学们在劳动中深刻体会到了理论知识中晦涩难懂的概念，理解了 3S 技术应用于大气圈层、土壤圈层、水圈等圈层中的优势，在劳动中体会到了课程学习的乐趣。

但随着疫情的反复和管控等级上升，课程野外劳动实践环节受到了很大的影响。打乱了原本“地球系统学科概论”课程中劳动教育教学内容的正常教学秩序，实地的大气环境污染遥感调查、土壤剖面采样、水环境调查和生物多样性调查中的劳动学习很难正常进行。但按照“停课不停教、停课不停学”的要求，如何化危机为机遇，通过教学方法、模式和方式的创新改革，推动课程的顺利进行虽然是难点，但也是极其有意义的开拓。

因此，本文通过探索总结“云教学+劳动实践”的劳动教育实践模式结合“五分钟林思考”课程思政教学模式，探索紧急状况下的基于课程思政的新型劳动教育教学模式并进行实践，为新冠肺炎疫情反复或者其他紧急情况发生时的实习实践课程的顺利开展提供借鉴。

作者简介：于　强，北京市海淀区清华东路 35 号北京林业大学林学院，副教授，yuqiang@ bjfu. edu. cn。

资助项目：北京林业大学课程思政教研教改专项课题“地球系统科学概论”（2020KCSZ017）。

一、“劳动教育”和“五分钟林思考”课程思政教学理念

“劳动教育”能够使学生树立正确的劳动观点和劳动态度，能够培养学生热爱劳动和劳动人民的情感，养成劳动习惯，不仅仅能形成以劳动为荣懒惰为耻的品质，还能使学生不虚度大学四年的光阴，养成兢兢业业，踏实肯干的学习习惯和生活习惯。因此劳动教育是中国特色社会主义教育制度的重要内容，直接决定社会主义建设者和接班人的劳动精神面貌、劳动价值取向和劳动技能水平。

“五分钟林思考”指在课程中一小段时间内，对林学及相关专业课程内容的进一步思考凝练。教师在课程教学中，把握这宝贵的“五分钟”，将思政教育内容融入课程中，寻找专业课与思政教育的切入点，使得学生们能在接受专业知识的同时还能潜移默化地学习思想政治教育。教师们将立德树人、为党育人、为国育才的思考利用新媒体平台进行传播，通过学术“大牛”的影响力，教育引导学生弘扬林学精神、践行林学使命，使教师成为开展学生思想政治教育的主力军，开辟学生思想政治教育“第二课堂”。

结合“地球系统科学概论”课程特点和地理信息科学专业大一学生特点，在课程劳动教育中结合“五分钟林思考”课程思政教育是学生成长的必要途径，具有树德、增智、强体、育美和勤思的综合育人价值，更符合北京林业大学的校训：“知山知水，树木树人”，只有在劳动和思考中才能更好地“知山知水”，理论联系劳动教育实践才能更好地“树木树人”。

二、“地球系统科学概论”课程与“劳动教育”结合的优势

（一）生活性

“地球系统科学概论”课程倡导结合生活性的内容，关注学生身边的地理知识、问题、现象和景观等，地球系统科学知识源于生活、高于生活且服务于生活，致力于教给学生对现在和未来生活有用的知识，帮助学生提升生活质量和生存能力。在教学中融入劳动教育突显生活性，让学生在大学期间更了解身边的大气圈、水圈、土壤圈和生物圈等，让学生享受生活的乐趣、劳动的乐趣以及体会劳动的价值。

（二）时代性

“地球系统科学概论”课程关注人口、资源、环境和发展问题，课程内容体现了地理信息科学研究的方向和发展趋势，回答了学生们最关心的地理话题，强调地理信息技术的重要性，关注新时代对学生的地理素养要求。课程中融入劳动教育具有时代性，这主要体现在劳动教育的内容上，如利用地图软件（共享单车、电动车）体验快递员（外卖员）穿梭在城市不同角落的劳动状态、利用地理探测器分析空气污染物空间分布浓度、利用遥感手段识别土壤污染空间分布等。这些与当下潮流相适应且劳动利用地理新技术和理论知识是劳动教育时代的要求。

（三）实践性

“地球系统科学概论”课程践行了实践对于人才培养的重要性，野外实习是“地球科学概论”的重要环节，通过野外地质考察，一方面使得学生们将课堂上的理论进一步深入的理解；另一方面可以通过实习将课上的知识转化为一种科学素养和实践能力。课程致力于学生的综合全面发展，在教学中融入了劳动教育，也是“地球科学概论”课程的一大特色，学生们自主地对土壤进行剖面采样，采集各类样本数据。通过实践，不仅够有效地激发起学生对于专业的学习热情，促进学生学习的自主性，同时在这个过程中同学们也深刻体会到了科学研究劳动中的不易。

（四）人文性

“地球系统科学概论”课程关注学生的人文素质教育，在当代社会中，不仅需要大学生具有较好的个体素质，同样要有较强的合作协调能力。课程通过劳动教育的方式，注重培养学生的团队精神和互助精神。在课程中，尤其是在完成相对艰苦的实习任务中，学生们发扬合作攻关的精神，团结协作，互相帮助；在采集各类数据的过程中学生们互帮互助、互敬互爱，体现了课程在结合劳动教育下对学生们的人文培养。

三、“地球系统科学概论”课程与“五分钟林思考”结合的优势

（一）突出使命性

“地球系统科学概论”课程注重培养学生学习知识的使命感，引导他们不忘初心，砥砺前行，学生们唯有“立志”才会“有为”。我国第一任林垦部部长梁希先生曾说过“替山河妆成锦绣，把国土绘成丹青”，这为无数的后辈林业人树立了“初心”，正是有了这样的初心，林业事业才得以在艰苦、漫长的情况下逐步完成，在教学中结合“五分钟林思考”，培养学生们课程学习的使命感，让学生们“牢记理想信念、确立使命担当、立志报效祖国”。

（二）突显宏观性

“地球系统科学概论”课程与“五分钟林思考”可以提高学生们视野和眼界的站位。大多数的学生们在学习伊始仍处于对课本知识的基本理解上，缺乏对于所学专业宏观上的认知，因此在课堂上除了教授学生们知识，还必须让学生们明白所学专业的价值，在课堂上介绍地球科学的发展历程；十几年来国家对于地理问题制定的政策方针，通过学习这些内容让学生们做到“走出课堂、开阔视野”，培养学生们的林学情怀，从宏观的政策方针中让学生们明白为什么学，让学生们了解看似简单的地理知识也能为国家作出大的贡献，从而激发学生们的学习兴趣和专业热情。

（三）高度凝练性

“地球系统科学概论”课程与“五分钟林思考”结合更加关注于教学方法的创新与改变，真正的思政教育不是“说教”，而是“潜移默化”“润物无声”地将知识传授给学生们。在课堂上老师可以将自己实地考察的见闻，拍摄的照片分享展示给学生，同时“五分钟”的思考和展示高度凝练涵盖了课本知识，使学生们在较短的时间内也能了解到外面的世界，感受到祖国的大好河山，进而激发学生们的爱国热情，激励学生们投身科研，勇攀高峰。

四、“地球系统科学概论”课程具有引领学生劳动价值取向与加强学生思政教育的功能

地球是一个有生命的有机体，不仅有大气、陆地、海洋之间的物理化学过程，生物也会对环境产生重大影响，与环境组成一个相互作用的整体，人类更是成为驱动地球系统演变的主导力量。近年来随着温室气体的排放、资源的开采，地球系统的稳定性受到破坏，而这反过来对人类自身的可持续发展构成挑战。“地球系统科学概论”课程内容广泛，涉及生活中所能接触到的多个方面，是研究地理环境及人类活动与环境相互关系的学科，是综合性很强的课程。其内容是我们所生活的环境空间，因此教师可以选择恰当的内容、合适的素材，引领学生的劳动价值取向。同时，通过教师的引导，学生们在学习地球系统的理论知识时，能够意识到地球与人类息息相关，肩负起地球系统科学发展的重任，为我国乃至世界作出自己的贡献。

（一）感恩劳动人民

丰富多彩的物质和文化归根结底是由劳动人民创造的，学生日常生活中的衣食住行都

离不开劳动人民的坚守与付出。劳动教育的目的之一就是要让学生增强对劳动人民的感情，热爱劳动人民，做到“吃水不忘挖井人”。“地球系统科学概论”课程选取地球的环境问题为教学内容，作为参与者，劳动人民在治理环境问题的过程中付出的努力和贡献值得感恩，学生们应懂得在享受好的生存环境劳动成果的同时不忘感恩劳动人民。

（二）劳动创造美好未来

习近平总书记强调：“人世间的美好梦想，只有通过诚实劳动才能实现；发展中的各种难题，只有通过诚实劳动才能破解；生命里的一切辉煌，只有通过诚实劳动才能铸就。”通过“地球系统科学概论”课程大气圈相关内容，结合案例“三北防护林建设使华北平原的风沙天气减少”，让学生们通过劳动实践明白美好生活、美好未来要靠劳动来创造。

（三）引领地学情怀

唯有“爱”才会“爱”。只有学生们从内心真正地热爱这门专业、这项事业，才能更好地推动地球系统科学的发展。在课程中当学生们看到伟大祖国优美的景观环境时、在听到一次次对地理环境的考察见闻时、在看到一篇篇饱含地学情怀的文章时，学生们心中不由地升起这样的“地学情怀”。“知山知水，树木树人”，在学生学习的过程中，不仅得到了知识上的丰富，更是培养了一种地学情怀。

（四）聚焦国家需求

地球系统科学和我国以及世界的生存发展是密切相关的，学生们在学习和认识地球环境的过程中同样会接触到符合我国发展趋势的各类关于环境治理的政策方针，如碳排放、黄河流域生态保护与高质量发展、京津冀协同、乡村振兴等国家重点工作，在理解了地球各类子系统的变化规律和机理后，学生们会以更高的视角看待当前的环境问题，进一步思考所学专业的社会责任，将自身发展目标与国家需求紧密结合起来。

五、 疫情背景下“劳动教育+五分钟林思考”教学模式实践对比

（一）疫情管控升级前劳动教育教学模式

地信21级地理信息科学本科生自2021年9月课程开始，针对地球的外部圈层中大气圈的内容，开展了劳动教育。本部分内容要求掌握大气圈的基本结构，了解大气圈的热力状况和水分状况，掌握大气圈的物质组成、分层特点、物质转换以及大气中颗粒物污染危害等内容。传统的劳动教育教学模式采用完全线下的模式进行，劳动教育教学实践主题为：“北京大叶黄杨滞尘能力调查及大气颗粒物来源分析”，28位同学共分成7组，每组4人，对北京林业大学周边大叶黄杨滞尘能力展开调查，不同滞尘量的大叶黄杨叶片及调查现场如图1所示。

疫情反复前的劳动教育教学模式运行顺利，同学们通过调查叶面滞尘量，对理论知识中干洁空气、悬浮颗粒、PM2.5和气溶胶粒子等概念理解更为深刻，对大气分层中的对流层的特点理解更为深入。在采集样品的过程中，要大量地采集叶片，进行称重处理、去灰尘处理、光谱观测等环节，工作量巨大，使同学们也深刻体会到了科学研究劳动中的不易。

（二）疫情管控升级后“劳动教育+五分钟林思考”教学模式

疫情的反复管控升级直接导致安排的11月4日“地球系统科学概论”劳动教育实践环节不能按照原教学模式进行，原课程计划安排的内容为：针对鹫峰林场实际情况，通过土壤剖面分析土壤物质组成及特点，了解土壤形成和地理环境的关系，探究土壤的空间分布规律，调查鹫峰林场是否存在土壤污染的情况。土壤剖面的采样劳动量巨大，旨在通过劳动教育使学生更能体会林业人艰苦朴素、脚踏实地和默默奉献的宝贵精神。艰苦的环境能够磨炼学生们作为林业人的意志和品质。

图1 学校周边大叶黄杨不同滞尘量及调查作业现场图

疫情反复管理升级后，因居家隔离使得教学模式需要改进，需要有新的应急教学模式。因此经过教研室讨论采用如下的“云教学+劳动实践”的劳动教育实践模式：①紧急改变劳动实践场地，劳动依然采用线下模式。经了解地信21班同学没有被隔离的人员，因此将劳动实践场地更改为校内进行，劳动过程中全程戴好口罩，为了不破坏校园绿化环境，选择学校内东区二教旁正在进行工程建设的场地开展实践。同学们通过劳动实践，充分了解了土壤的颗粒组成、土壤的类型和剖面分层，也了解了工程建设垃圾对土壤的污染影响程度。②劳动实践过程中教师全程在线采用“云教学”模式，通过云教学软件，教师对同学们实时教学，指导学生们做土壤剖面，分辨土壤组成，识别土壤污染，如图2所示。

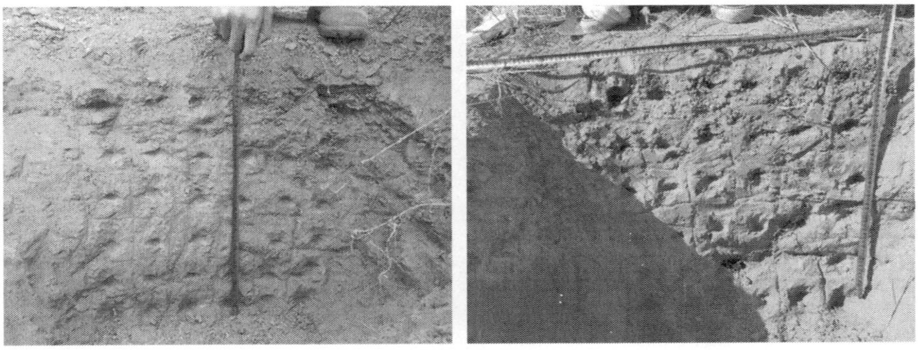

图2 土壤剖面图

通过“云教学+劳动实践”的劳动教育实践模式，完成了劳动教育教学的课程安排，确保了疫情反复紧急情况下课程内容的顺利进行，得到了同学们的一致认可，达到了预期效果，为新冠肺炎疫情反复或紧急情况发生时开展课程实践积累了经验。

在课程劳动实践的过程中，为了让同学们更好地理解劳动的重要性，结合“云教学”模式的优势，在云教学过程中引入了“五分钟林思考理念”，与同学们共同学习了老一代林学家们在野外作业过程中的辛苦和收获，借助榜样的力量，使同学们从课程中深刻感受到家国情怀、使命担当、科学精神和创新思维。

六、结 语

在新冠肺炎疫情管控升级的紧急背景下，北京林业大学地信教研室利用“云教学+劳动实践”的劳动教育实践模式结合“五分钟林思考”课程思政教学模式，针对“地球系统科学概论”课程进行正常的教学工作。在“云教学+劳动实践”和“五分钟林思考”课程思政教学模式下，学生们的参与程度高，教学质量很好，有效地提升了学生们的自我管理水平。在未来的“地球系统科学概论”课程中，野外劳动教学实践宜采取“线上+线下”的教学模式，切实发挥北林人艰苦朴素和善于思考的林业精神。新型冠状病毒为大学课程带来了新的挑战，但是同时也带来了新的机遇。社会发展至今，新的网络时代必然对传统的教学模式带来冲击和新的发展。“云教学+劳动实践”的劳动教育实践模式结合“五分钟林思考”课程思政是对传统教学模式的继承和发展，是未来深化教学课堂改革的重要发展方向。

参考文献

[1]金哲，陈恩伦. 新时代劳动教育的育人逻辑与实践路径探索[J]. 贵州师范大学学报(社会科学版)，2021(6)：53-60.

[2]焦建利，周晓清，陈泽璇. 疫情防控背景下“停课不停学”在线教学案例研究[J]. 中国电化教育，2020(3)：106-113.

[3]张晨婧仔，焦建利. 基于远程视频会议系统的在线辅导教学交互策略[J]. 开放教育研究，2014(6)：95-102.

[4]林宝磊. 生命化劳动教育的价值向度及课程开发[J]. 教学与管理，2021(31)：41-44.

[5]程呈. 新时代劳动教育的历史逻辑与现实考量[J]. 西部学刊，2021(20)：97-100.

[6]林志锋. 新时代高校劳动教育内涵及其实践形态创新研究[J]. 北京城市学院学报，2021(5)：86-89.

[7]彭耀宗. “互联网+”时代下的云教学模式[J]. 数码世界，2020(4)：184.

[8]班建武. “新”劳动教育的内涵特征与实践路径[J]. 教育研究，2019(1)：21-26.

[9]黄赵华. 中学地理教学加强劳动教育的思考[J]. 热点围观，2021(10)：12-14.

[10]石彦君，李扬. 五分钟林思考——林业院校课程思政改革的探索与实践[J]. 中国农业教育，2020，21(4)：4.

[11]贾黎明. “5分钟林思考”之思考[J]. 北京教育(高教版)，2021(10)：61-63.

[12]谢群莹. “5分钟林思考”课程思政建设新模式[J]，在线学习，2021(10)：26-29+80.

On the teaching mode of *Introduction to Earth System Science* combined with labor education under the background of “cloud teaching”

Yu Qiang

(College of Forestry, Beijing Forestry University, Beijing 100083)

Abstract The outbreak of the new coronavirus in Beijing in October 2021 has repeatedly led to an increase in the level of campus control. In order to implement the “two non-stops”, the *Introduction to Earth System Science* course of Beijing Forestry University's geology and information subject adopts the labor education practice model of “cloud teaching + labor practice” combined with the ideological and political teaching model of the "five-minute forest thinking" course. This ensures the normal progress of the course and maintains a good teaching order. Through the exploration and practice of the teaching mode of "cloud teaching + labor practice + five-minute forest thinking", it is found that this teaching mode is easier to deal with emergencies, and effectively improves the self-management level of students. The spirit of human example enables students to realize the truth that labor can create a better future. The research results of this paper provide a certain reference and reference for the high-quality completion of course teaching work in emergencies such as the new crown epidemic management and control upgrade.

Keywords *Introduction to Earth System Science*, teaching model of labor education, five minutes of forest thinking, COVID-19

“科教融合”促进科技平台提升实验教学支撑能力的探索与实践

——以森林经营工程技术研究中心为例

陈贝贝　赵秀海　姜　俊　匡文浓　高露双

（北京林业大学林学院，北京　100083）

摘要：实验教学作为高校人才培养工作的重要组成部分，是培养学生创新意识、创新精神、创新思维和创新能力的重要手段。科技平台是高校科研创新和成果转化的主阵地，具有较好的实验教学支撑能力。本文通过分析“科教融合”提出的背景，界定科技平台功能，探讨了科技平台进一步提升实验教学支撑能力的路径，并以森林经营工程技术研究中心为例，从明确平台建设目标、推进科研工作有效融入实验教学、以科学研究促进实验教学研究、大力支持大学生科研训练等四个方面对工程中心科教融合工作进行了总结与分析，以期为高校推进“科教融合”工作提供有益参考。

关键词：科教融合；实验教学；科技平台

实验教学作为高校人才培养工作的重要组成部分，是培养学生创新意识、创新精神、创新思维和创新能力的重要手段[1-2]，是人才培养质量的重要评价指标之一。高校是教学和科研的主要基地，在人才培养和科技创新方面发挥重要作用，其教学和科研工作在人才培养的本质属性上具有统一性。推进教学和科研协同发展，以科研促进教学质量提升，尤其是促进实验教学质量提升，是提高人才培养能力、破解社会对创新型和复合型人才急切需求问题的有效路径[3-4]。

科技平台是高校科研创新和成果转化的主阵地，拥有良好的师资力量和实验资源，如何强化科研反哺人才培养，构建高效、长效的以研促教机制，尤其是发挥科研补充实验教学内容、科研实验资源转化为实验教学资源等方面的天然优势，是以科研促进教学质量提升的重要抓手[5]，也是高校构建以研促教机制应考虑的切入点和着力点。

一、“科教融合”提出的背景

人才培养是高校工作的中心，也是大学的本质属性，人才培养质量是衡量高校办学水平的根本标准。我国高等教育改革发展已取得历史性成就，但总体上看，“大而不强”的问题仍然存在，特别是在人才培养方面，大多高校距世界高水平大学还存在一定差距，尤其

作者简介：陈贝贝，北京市海淀区清华东路35号北京林业大学林学院，实验师，chenbei@bjfu.edu.cn；
赵秀海，北京市海淀区清华东路35号北京林业大学林学院，教授，zhaoxh@bjfu.edu.cn；
姜　俊，北京市海淀区清华东路35号北京林业大学林学院，高级实验师，jiang@bjfu.edu.cn；
匡文浓，北京市海淀区清华东路35号北京林业大学林学院，讲师，kuangwn@bjfu.edu.cn；
高露双，北京市海淀区清华东路35号北京林业大学林学院，副教授，gaolushuang@bjfu.edu.cn。

资助项目：北京林业大学教学改革项目“‘科教融合’促进科技平台提升实验教学支撑能力的探索与实践”（BJFU2022JY004）；
中央高校基本科研业务费专项资金“国家林业和草原局森林经营工程技术研究中心运行经费项目”（PTYX202109）。

是实验与实习教学环节仍然相对薄弱。

尽管高校人才培养工作的中心地位已经得到广泛共识，以科研促进教学也被越来越多的高等教育工作者重视，但是由于高校各类评价体系的重点大部分还主要集中在科研等可量化的指标上，"重科研、轻教学"的现象仍然比较普遍。在实验教学方面则主要表现出以下问题：一是"重科研轻教学"现象影响实验教学，以科研促进实验教学质量提升的推动力发挥的不充分，科研资源转化为教学资源的机制仍不健全[6-7]，实验教学的前沿性、创新性难以保证。二是实验教学师资力量不足，专职实验教师队伍人员较少，创新型实验教学无法有效组织，教学质量难以保证；而教师在聘期量化考核及职称晋升等方面，对教学"质"和"量"考核点单一、指标少，权重不大，在教师队伍建设过程中，比较注重科研能力，对教学能力的关注不够，教师对教学(尤其是实验教学)的投入相对较少。三是实验教学条件建设仍需进一步提升，如何利用良好的科研实验资源改善实验教学条件，实现科研与教学资源的协同发展，是需要思考的关键问题。

二、 科技平台提升实验教学支撑能力的逻辑思考

宏观意义上的科技平台一般是指由可用于科技创新的物质与信息保障系统及相关共享制度和专业化队伍组成，服务于全社会科技创新的数字化、网络化、智能化的基础性支撑体系；其中，物质与信息保障系统包括大型科技设施及基地、自然科技资源、科技数据、文献资源、科技成果转化基地、网络科技环境等[8]。就高校而言，科技平台通常指在特定一个学科或多个学科交叉领域内，提供给高校师生或其他研究人员开展科研工作的场所和资源集成。高校的科技平台多以科研创新、技术研发、成果转化与推广等为主要功能，兼顾硕士研究生、博士研究生和青年科研人才培养，是高校贯彻实施创新驱动发展战略、服务区域和行业科技创新的主阵地。

随着高校不断强调牢固树立人才培养工作的中心地位，越来越多的高校将"人才培养支撑能力"纳为科技平台的定位和建设目标之一。高校的科技平台大多拥有先进的仪器设备、充足的实验空间、优秀的科研和师资队伍、完善的运行和管理机制，在服务和支撑人才培养工作方面具有巨大的能力和潜力。积极探索构建科教融合、协同发展的平台建设模式，推动科技平台逐步开放共享，将推动平台更好地发挥科技创新、成果转化示范和人才培养支撑功能。科研工作拥有为实验教学提供支撑、补充内容的天然优势，科技平台应积极探索教学与科研深度融合的有效机制，挖掘科研育人元素，促进大学生创新能力培养，更高效地融入全员、全程、全方位的"三全"育人体系中。

三、 科技平台提升实验教学支撑能力的路径

科技平台应把科研反哺实验教学、支撑人才培养作为落实立德树人根本任务的关键措施和重要抓手，做好顶层设计，确保科研反哺实验教学工作落到实处。科技平台要持续推动实施科技平台和人才培养支撑平台一体化建设，全面推进平台科研资源向人才培养(尤其是实验教学)工作开放共享，促进科研成果向实验教学资源有效转化，以科学研究带动实验教学研究，不断提升实验教学支撑能力[9-10]。

以森林经营工程技术研究中心为例，工程中心高度重视人才培养支撑能力建设，以实验教学支撑能力提升为目标，在"科教融合"方面不断探索、实践，取得了一定成效。

表1 科技平台提升实验教学支撑能力的路径和方法

路径方向	具体方法
强化科研反哺实验教学的政策引导	做好顶层设计，把科研反哺实验教学作为落实立德树人根本任务的关键措施和重要抓手 制定以科促教、科研反哺人才培养工作的相关制度，将科研反哺实验教学明确到科技平台发展规划和建设目标中 将科技平台的人才培养贡献度作为重要指标，纳入科技平台建设成效评估考核体系中，引导和激励科研反哺实验教学工作落到实处，打通科研平台提升人才培养支撑能力的长效渠道
科技平台和实验教学平台一体化建设	根据科技平台依托学科与专业人才培养的对应关系，加强学科与专业联动，推动科技平台"科研创新—教学支撑"一体化 探索构建科技平台与政府部门、科研院所、优秀企业的协同育人模式，拓展建设实践教学基地，发挥科技平台对实验教学和大学生创新能力培养的支撑作用 支持有兴趣、有能力的高水平科研人员发挥科学实验能力的优势，主动承担更多实验教学，强化科研与教学工作的良性互动，实现科技平台研究队伍和人才培养队伍的同步建设
促进科研成果向实验教学资源有效转化	鼓励科技平台研究人员将科研进展和成果融入实验教学，作为教学内容的有效补充，提高实验教学的前沿性，拓宽学生学术视野和国际眼界 支持科研人员凝练科研成果并结合专业人才培养课程，梳理串联知识点，建设一批形式多样并适用于不同层次人才培养的精品线上和线下实验课程资源 激发科研人员把科研创新成果及时转化、固化为教材和教案，打造一批以高质量精品教材为代表的实践教学资源 探索并构建科研成果转化为实验教学资源的有效机制，积极引导科技平台研究人员开展实验教学研究，以科研精神、科研思维、科研方法推动教学研究
科技平台优质资源对实验教学开放共享	推动科研实验室和实验基地向实验教学开放共享，拓展实验教学空间 依托科技平台，培育大学生创新项目，吸收学有余力的学生参与到科研工作中，形成实战化课外实验教学基地 对已完成或基本完成科研任务的仪器设备，以全面开放的形式服务实验教学 对其他科研仪器设备，在满足科研需求的前提下，以预约租用等形式服务实验教学，提升科研设施与仪器设备利用率

（一）明确将人才培养支撑平台列为建设目标

在2021年编制的新一轮"五年发展规划"中明确提出"把工程中心建成科技创新平台、成果转化示范平台和人才培养支撑平台"。工程中心贯彻落实上级部门和依托单位相关文件精神，制定了《国家林业和草原局森林经营工程技术研究中心关于强化科研反哺人才培养工作若干意见》等规章制度，引导和激励平台研究人员积极投身人才培养，特别是实验教学工作中。

中心树立了"凝聚科研力量，驱动创新思维，支撑人才培养"的人才队伍建设理念，选聘了校内外森林经营领域专家并正式颁发聘书，稳步形成了由2名专职实验技术工作人员和41名国内外高水平研究学者组成的人才队伍。鼓励校内研究人员承担实验课教学工作，努力打造实验教学的名师名课；组织校外研究人员为学生开展学术前沿讲座或学术报告，将最前沿的知识、研究方向和热点及发展趋势与学生共享，拓宽学生的知识面和视野，激发其学习热情，实现科技创新队伍和实验教学队伍的同步建设。同时，中心协同中国林业科学研究院等共建单位，拓展科研和实验教学资源，聘请优秀的行业人员参与学生野外实验指导，探索协同育人，切实提高了实验教学支撑能力。

（二）推进科研工作有效融入实验教学

大力支持中心研究人员将所承担的科研项目引入实验教学，不断更新和补充实验教学内容。鼓励教师将最新科研成果融入，修订或新编高质量实验教材和实验教学指导手册，确保实验教学内容和技术的前沿性。

中心研究人员面向科研和教学实验工作的实际需求，科学梳理实验教学内容体系，有机融合科研内容，例如将中心承担的第二次青藏高原综合考察科研项目中的植物识别图谱制作、垂直带谱调查与分析等内容等引入到林学综合实习的生态认知环节，形成了自主探索性实验教学主题，编成了2册野外实习辅助用书；再如，中心研究人员依托承担的教学研究和科研项目，组建跨院师生团队，自主研制了"便携的草本调查样方框""气体采集装置""林木年轮条存储装置""便于测量斜距的森林罗盘仪辅助装置"等实验仪器和工具，用于实验教学和野外科研工作中。

（三）以科学研究促进实验教学研究

中心鼓励研究人员将科研方法与思维有机融入实验教学，以科学研究带动教学研究，解决实验教学中存在的关键科学问题。支持研究人员将科研元素贯穿于课程实验、实习实训、科研训练、学科竞赛、毕业论文（设计）等实验教学全过程，培养学生创新意识、创新思维、创新精神和创新能力，形成高效的科研促进实验教学机制。同时，中心鼓励研究人员将科研过程中探索出的新技术、新方法引入实验教学，促进实验教学方法改革，实现实验教学与科学实验训练的有机结合，有效调动学生积极性，提高学生的自主探索和创新能力。

中心承担了"以科研促进实验教学改革的理论研究与实践探索"科教融合专项教学研究项目和多个实验教学改革研究项目，构建并大力推广"以科研促进实验教学改革"模式，在"测树学""林学综合实习"等课程试点应用，取得了较好效果，发表了多篇专题研究论文[11-16]，形成典型案例，作为重要支撑材料获得校级教学成果二等奖。

（四）大力支持大学生科研训练

中心大力支持研究人员结合自身科研工作指导学生参与不同层次、不同类型的大学生科研训练项目，全面开放共享平台资源，吸收学有余力、具有科研潜质的本科生参与到科学研究中，在科研过程中形成体验式或实战化的实验教学模式，作为实验课堂教学的有效补充，培养学生自主创新精神，增强学生实践能力。指导学生组建自主科研团队，以学生感兴趣的科研问题为导向，通过选题、设计实验技术方案和实施方案、分析实验数据、撰写科研论文及产出其他成果等科研工作全过程，丰富课外实验教学手段，培养学生自主学习和科研能力。

近三年，中心新增第二次青藏高原综合科学考察、国家自然科学基金、博士后基金、行业和社会服务类及技术推广示范类项目20余项，吸纳50余名本科生和研究生参加科研工作，并在此过程中培育出"大创"项目10余项，指导学生申请专利和软件著作权近10项，实现了科研与实验教学的良性互动。

四、结　语

建立有效的"科教融合"机制，促进科技平台提升实验教学支撑能力，是高校着力解决教学、科研"两张皮"问题，推动人才培养质量提升的有效措施，也是培养富有创新精神和实践能力的创新型、复合型人才的重要路径（图1）。

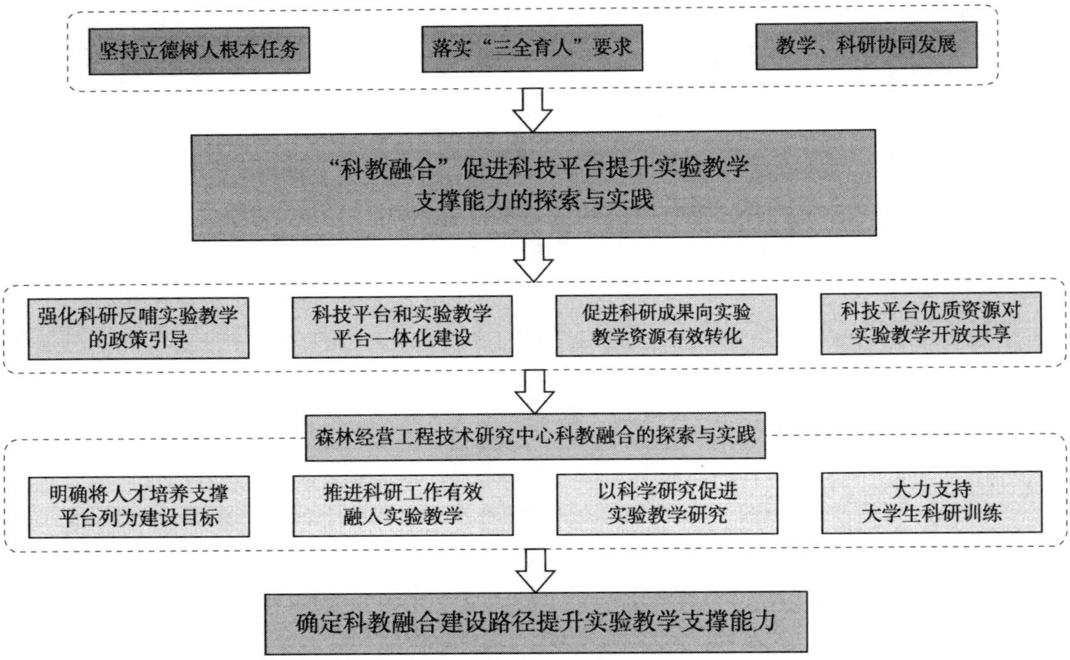

图1 森林经营工程技术研究中心“科教融合”提升实验教学支撑能力的建设思路

森林经营工程技术研究中心将结合自身发展规划，在开展多功能森林经营创新技术体系研发、林地立地质量精准评价、森林经营单位森林资源与经营动态监测分析评价技术研发等重点工作的同时，以科技创新反哺实验教学，服务人才培养，为林学国家级一流本科专业建设和一流学科发展提供支撑。

参考文献

[1]俞松坤，席洁. 深化实践教学改革 培养学生创新能力[J]. 中国大学教学，2009(8)：68-70.

[2]官礼和，鲁皓，蒋伟，等. 实验教学改革与创新人才培养[J]. 实验室研究与探索，2011(7)：278-280+307.

[3]欧阳玉祝，蒋剑波，王广成. 协同创新背景下的实验教学改革与实践[J]. 实验室研究与探索，2016，35(1)：173-175.

[4]于佩学. 以科研促进教学培养创新型人才——兼论教学研究型大学科研的定位[J]. 现代教育科学，2006(4)：115-117.

[5]李明杰. 将科研平台服务于实验教学的探索[J]. 教育现代化，2019，6(70)：181-183.

[6]唐淑艳. 科研优势转化为教学优势路径探索[J]. 中国高校科技，2015(10)：49-50.

[7]邓军勇，蒋林，巩稼民，等. 践行教研统一促进人才培养的探索与思考[J]. 大学教育，2015(7)：114-116.

[8]郝立勤，赖于民. 公共科技基础条件平台建设与政策探讨[J]. 科学学研究，2006(S1)：103-107.

[9]贺占魁，黄涛，杨九民. 高校科学研究支撑实验教学机制探究[J]. 实验室研究与探索，2019，38(6)：194-197.

[10]汪东风，王富龙，孟祥红，等. 基于“科研—教学连接体”的创新实践体系的构建与实践[J]. 实验技术与管理，2015，32(3)：21-24.

[11]陈贝贝，姜俊，张艺潇. 以科研促进高校实验教学改革的探讨[J]. 高教学刊，2019(3)：133-134+137.

[12]陈贝贝，匡文浓，谢将剑. 高校科研平台提升人才培养支撑能力的路径探讨[J]. 科技创新导报，2020，17(29)：177-180.

[13]陈贝贝，匡文浓，姜俊，等. 卓越农林人才培养背景下强化实践教学的思考——以北京林业大学林学类

专业为例[M]//黄国华. 善思善教. 孜孜育人：北京林业大学教育教学优秀改选编(2019). 北京：中国林业出版社，2019：125-131.

[14]姜俊，陈贝贝. 一流学科建设背景下高校实验室队伍发展的挑战与对策[J]. 高校实验室科学技术，2019(3)：66-68.

[15]高露双，范春雨，陈贝贝. 基于森林质量精准提升要求的“测树学”课程实践教学改革[J]. 中国林业教育，2019，37(4)：48-50.

[16]姜俊，陈贝贝，梁小红. 林学专业野外实习安全问题分析及对策研究[J]. 中国林业教育，2021，39(3)：41-44.

Exploration and practice of promoting technological platform to enhance experimental teaching support ability by science and education integration: Take research center of forest management engineering as an example

Chen Beibei　Zhao Xiuhai　Jiang Jun　Kuang Wennong　Gao Lushuang

(College of Forestry, Beijing Forestry University, Beijing　100083)

Abstract　Experimental teaching, as an important part of talents training in colleges, is an important means to train students' innovative consciousness, spirit and ability. As the main position of scientific research innovation and achievement transformation in colleges, technological platform has a good ability in experimental teaching support. This paper analyzes the background of “science and education integration”, defines the function of technological platform, and discusses the path to improve the supporting ability of experimental teaching. Takeing Research Center of Forest Management Engineering Technology as an example, we summarize the integration of science and education in engineering center from four aspects: clearing platform construction objectives; promoting the effective integration of scientific research into experimental teaching; promoting experimental teaching research with scientific research; vigorously supporting college students in scientific research and training. And our goal is to provide useful reference for universities to promote the integration of science and education.

Keywords　integration of science and education; experimental teaching; technological platform

"森林抽样调查技术"实践教学改革初探

范春雨　陈贝贝　高露双

(北京林业大学林学院，北京　100083)

摘要："森林抽样调查技术"是林学专业的主干课程，是一门特色鲜明且应用性较强的方法课。针对当前课程实践教学存在教学内容陈旧、缺乏研究性和创新性、教学模式单一、考核形式不合理等问题，提出了相应的改革措施。在教学内容上，引进最新的教学案例，增加内容前沿性；形成具有科研思维的教学模式，激发学生的自主思考；改进考核方式，建立多元化的综合评价体系；加强课程资源建设，全面提升教学效果。改进后的课程内容拓宽了学生的视野，案例式教学方式和新的评价体系充分调动了学生的学习热情，加深了学生对于不同抽样方法的理解，提高了学生应用课程所学技术解决实际问题的能力，教师自身也提升了科研教学水平。

关键词：森林抽样调查技术；实践教学；改革措施

一、 研究背景

抽样调查是指从研究对象的全体(总体)中抽取一部分单元作为样本，对所抽取的样本进行调查，以此为基础获得有关总体特征的估计[1]。1895年，挪威统计学家凯尔(A. N. Kiaer)提出"用代表性样本方法来代替全面调查"的建议，自此抽样调查的思想经历了质疑、讨论、肯定，逐渐发展成熟并被应用到社会经济调查、自然资源调查等各个领域中。我国的森林资源连续清查体系就是基于抽样调查技术建立起来的，该体系提高了我国的森林资源调查质量，为制定林业发展规划和开展森林经营管理活动提供了丰富的信息，极大地促进了我国林业的发展[2]。

当前，国内大多数林业院校都开设了"森林抽样调查技术"这门课程，开设宗旨是使学生掌握常用抽样调查方法的理论、方法和技能，包括基本概念、估计原理与方法、主要工作步骤、样本组织方法、效率分析等，为后续专业课程的学习及今后的林业生产实践工作打下良好基础。该门课程应用性、综合性较强，通常采用的教学模式是理论与实践相结合，理论教学任务是全面、系统地讲授以数理统计为基础的抽样方法及其相关理论；实践教学多为课内实验，实验内容为教师对应每种抽样方法(如等距抽样、分层抽样等)，布置一个应用计算题，要求学生使用所学抽样方法进行样本组织，进而实现对目标变量的科学估计。经验表明，合理的实践教学设计有助于学生深化对抽样方法的理解，对巩固理论教学内容作用十分明显。

2016年，习近平总书记作出了"着力提高森林质量""实施森林质量精准提升工程"等重要指示，在此背景下，林业的高质量发展对于森林资源调查信息的精度要求必然不断提高。作为林业院校，对高层次专业技术人才森林抽样调查能力的培养与训练至关重要。笔者基

作者简介：范春雨，北京市海淀区清华东路35号北京林业大学林学院，讲师，fancy1990@bjfu.edu.cn；
陈贝贝，北京市海淀区清华东路35号北京林业大学林学院，助理研究员，chenbei@bjfu.edu.cn；
高露双，北京市海淀区清华东路35号北京林业大学林学院，副教授，gaolushuang@bjfu.edu.cn。

资助项目：北京林业大学教育教学改革项目"'森林抽样调查技术'实验教学改革探索"(BJFU2020JY004)。

于多年"森林抽样调查技术"课程的教学经验发现，随着统计理论和计算机技术的发展，传统的教学内容，特别是实践教学部分内容已经无法满足实际工作需求，一方面学生需要了解最新的抽样调查方法；另一方面，森林调查的内容不断拓宽，除了提供传统的森林蓄积、生长等基本调查指标，还需要提供诸如生物多样性、生态系统功能等相关的信息，而课程内容中涉及的传统的抽样体系不能满足这些信息的获取[3]。综上，有必要重新梳理设计"森林抽样调查技术"这门课程的实践教学内容。

二、"森林抽样调查技术"实践教学存在的问题

（一）实践教学内容陈旧

近年来，笔者在承担本科生"森林抽样调查技术"课程的过程中发现该课程的实践教学内容存在教学案例陈旧、与实际问题脱离、新方法和新技术应用不充分等问题。例如，针对如何利用抽样调查的样本资料对调查总体特征进行统计推断主要有两种体系，分别为基于设计的统计推断(design-based statistical inference)和基于模型的统计推断(model-based statistical inference)。传统教材一般只介绍基于设计的统计推断方法，实际上，模型推断方法在复杂抽样中具有更重要的实践价值[4]。在样本量较小，存在非抽样误差以及总体分布呈偏态等情况下，模型推断方法估计精度较高，优势明显。同时，随着遥感、卫星导航、地理信息系统、数据库和计算机网络等技术的集成应用全面深化，传统教学内容中涉及的抽样调查方法没有结合这些最新的调查技术，存在明显缺失。此外，最新的森林资源调查以样地样木为计量单元，统计出了全国林木生物量和碳储量，这也是传统教学内容所忽略的。因此，有必要对现有的实践教学内容进行更新，做到与时俱进[5]。

（二）实践教学课时较少，教学模式单一

对于林学专业的学生而言，"森林抽样调查技术"课程实际是一门方法课，培养学生应用抽样调查方法解决实际问题的能力更加重要。为了检验和提高学生运用所学抽样技术的能力，该课程共设置了8个学时的实践课程。每次理论课讲授过后，教师布置一道计算类题目，学生以个人或小组的形式进行某种抽样方法的应用练习，进一步加深理解。但是在授课过程中笔者发现学生的预备统计学知识仍然存在不足，基本概率论与数理统计概念不清，在有限的课时条件下，教师无法有效开展实践教学指导。学生没有系统地掌握一门统计分析软件，对于部分有一定理解难度和相对抽象的方法还不能灵活运用。此外，单纯通过教师提供实验内容，学生只是机械性地按照要求进行抽样方法和估计方法的模仿计算，缺少相对灵活的教学方式。因此，增加实践教学课时，丰富实践教学模式是"森林抽样调查技术"课程改革的关键环节。

（三）实践教学考核方式有待完善

现有"森林抽样调查技术"课程实践教学的考核方式仅是学生提交4~5份实习报告，缺乏对实践各个环节的考查，不利于学生动手能力的养成。以"实验报告"进行考核不利于学生积极主动地思考，仅仅保持在"照葫芦画瓢"的水平，无法考核学生能否针对综合性实践教学案例进行系统分析。因为实践教学题目相对单一且固定化，实习报告中多是数据的简单罗列和按部就班的公式代入，无法科学评价学生的思考过程、实际操作能力，在抽样过程中遇到的具体问题学生是如何解决的也无从体现，严重影响教师对学生学习程度的把握。

三、 实践教学改革措施

（一）完善实践教学内容

该课程主要基于等距抽样、分层抽样、整群抽样、成数抽样和不等概抽样6种抽样方

法设计实验教学内容，笔者通过深入研究林业相关的国内外最新抽样理论和方法，搜集前沿抽样技术及应用案例，补充和完善了“森林抽样调查技术”的实践教学内容，详见表1。调整主要体现在以下几个方面：一是从之前的利用湖南大坪林场调查数据进行抽样方法练习，更新为基于全国森林资源连续调查报告进行综合分析，这一部分调整既可以使学生关注到抽样方法在实际森林调查工作中的应用，又可以全面系统地了解我国的森林资源现状。二是考虑到学生应用统计软件的能力相对欠缺，在第二部分结合碳中和背景介绍如何利用多阶抽样调查单木生物量，指导学生了解R软件的基本语法并进行数据分析，通过加强示意型演算，帮助学生理解整个估算过程、明确计算公式。增加R或Python代码供学生下载使用，提高实验效率。三是增加最新抽样理论研究应用，指导学生使用基于模型的统计推断方法，并结合案例分析基于模型与传统基于设计的推断方法的优劣[4]。实践教学内容的更新，有助于培养学生解决实际林业问题的能力，提高课程学习效果。

表1 “森林抽样调查技术”实践教学内容改革及学时安排

原实验内容	更新后实验内容	课时	实验要求
等距抽样	全国森林资源连续清查报告解析	2	分析第九次森林资源连续清查报告，能够列举其中的抽样调查方法
分层抽样	碳中和与生物量调查数据分析R语言应用	2	了解碳中和背景，自主设计“单木生物量”抽样调查方案并利用R语言进行统计分析
整群抽样	基于设计推断与基于模型推断比较分析	2	基于教师给定数据，对比基于设计和基于模型的统计推断结果差异
成数抽样	运用遥感技术估计有林地面积	2	利用教师提供的遥感相片进行成数点抽样
不等概抽样	小组报告讨论会	2	搜集抽样调查技术最新的理论研究进展和应用案例，综合分析并做小组报告展示

（二）创新实践教学模式

“森林抽样调查技术”课程目前采取的实践教学模式是教师结合各章节的内容，统一配发实验材料，进行实验的设计和布置。学生可以分组搭配，完成抽样和估计过程，教师对实验报告检查批改后进行讲解和剖析。笔者近年来一直在实践教学过程中尝试更具创新性的教学方法，设计多种类型实验环节，例如演示类实验、计算类实验和案例分析类实验等，采用计算机软件如R语言等辅助实验进行。为了形成具有科研思维的教学模式，在实践教学中增加了应用案例的课堂研讨，给定一个或多个综合案例，将学生分为若干小组，选择题目并讨论如何综合各方面因素选取抽样方法。在此过程中，通过启发型的教学方式，重现实际调查过程中的情景，引导学生主动思考不同抽样方法的优缺点和适用条件。例如森林抽样调查方法大多采用等距抽样和分层抽样等，但如果实际调查对象例如群立木、簇立木或散生木的分布呈现稀疏、群团状、散生状和条状等空间差异性明显的情况，传统的抽样方法不但耗费人力、物力、财力和时间，精度也不高。近几年适应性群团抽样（adaptive cluster sampling）技术备受关注，被认为是能够解决稀少总体的最优调查方法。通过教师的介绍，引导学生通过查阅文献和实际抽样操作，加深对不同抽样方法的理解程度。相对于学生单独进行实验，教师安排各小组同学以多媒体展示的形式呈现实验结果，增强实践教学的互动性，更好地激发了学生的创造性。

除了森林资源调查，实践教学中不断尝试增加更多案例包括产品检验、生态学调查、病虫害调查、草原调查以及社会经济调查等方面的内容，考虑到实践教学课时不足问题，引入“线上+线下”混合式教学模式。教师有针对性地选择需要预备理论知识和学生理解相对困难的部分录制微课或慕课，辅助实践教学的顺利开展。混合式教学一方面减少了教师的课堂导学，可以使其投入更多时间对学生的问题做精准分析，另一方面，学生也可以根据自身的基础知识水平，有针对性地查漏补缺，实现深度学习和超前学习。

（三）改革实践教学考核方法

根据学生在实践课程的综合表现(如主动提问、小组讨论表现、报告完成情况等)，参照“森林抽样调查技术”课程教学目标，增加新的评价角度，建立全面、公平、多元化的综合评价体系。改变以往单纯计算实验报告书面成绩的方式，根据以小组为单位的课堂研讨情况，采取学生互评、教师评价等多种不同的形式量化实验成绩，重点考查学生能否运用抽样调查理论知识和方法解决实际问题，同时考核学生的语言表达、逻辑思维、计算机软件应用等多方面能力水平。利用多样化的实践教学评价方法，重点关注教学内容的实用性，提高学生分析和解决实际问题的能力，调动学生应用抽样调查技术的积极性，提高学习效果，进一步培养学生成为复合型林业人才。

（四）强化课程资源建设

在梳理完善实践教学内容的基础上，总结学生在实践过程中遇到的代表性问题，编写实践教学教材或者实验指导手册，辅助学生在课前进行预备知识学习，课中了解重点难点，课后复习巩固。教师应选择与理论教学内容相辅相成，具有典型性、趣味性和应用性的实际案例建立抽样调查案例库，并在教学过程中不断更新最新科研成果和具有行业特色的案例，通过精心的设计提升实践教学效果。充分利用网络资源，为学生提供知识共享和交流的平台，例如提供可以共享的课件、指导手册、相关的精品课程链接、本领域最新发展动态等拓展性学习资源。

四、 实践教学改革成效

改进后的“森林抽样调查技术”课程实践教学内容紧扣专业最新进展，拓宽了学生的视野。采取了案例式教学模式后，充分调动了学生的学习热情。学生对于不同抽样方法的理解水平大幅提升，以“等距抽样”模块为例，该部分实验完成度由改革前的83%提升到了改革后的95%，学生期末考试成绩也有了明显提高，课程教学评价分数达到98.9。笔者选择2018级、2019级林学及森保专业35名学生进行回访调查发现对实践教学内容非常感兴趣的同学比例达到90%，其中3名学生以本课程所学方法为基础申请并承担了大学生创新计划项目。此外，通过将相关学科如森林经理学、森林生态学领域的最新科研成果引入到教学中，教师自身也提升了科研教学能力，为今后更科学地进行课程教学奠定了基础。

五、 结 语

在当前我国实施“森林质量精准提升工程”的背景下，林业院校对学生森林抽样调查能力的培养至关重要。本文针对北京林业大学“森林抽样调查技术”课程实践教学中存在的不足进行了分析和总结，在此基础上提出了一系列改革方案。教学内容上，引进最新的教学案例，增加内容前沿性；形成具有科研思维的案例式教学模式；改进考核方式，建立多元化的综合评价体系；加强课程资源建设。实践证明，通过改革举措的实施，有效激发了学生对于抽样调查技术的学习兴趣和积极性。新的实践教学内容和模式较好地巩固了学生的理论知识，提升了他们应用所学技术解决实际问题的能力。

参考文献

[1]金勇进，杜子芳，蒋妍. 抽样技术：第4版[M]. 北京：中国人民大学出版社，2015.

[2]史京京，雷渊才，赵天忠. 森林资源抽样调查技术方法研究进展[J]. 林业科学研究，2009，22(1)：101-108.

[3]孟京辉. 森林抽样调查技术教学中存在问题及对策[J]. 河北农业大学学报(农林教育版)，2014，16(4)：128-131.

[4]巩红禹，王丽艳. 抽样调查中基于模型推断的思考[J]. 统计与决策，2012(13)：12-16.

[5]高露双，范春雨，陈贝贝. 基于森林质量精准提升要求的"测树学"课程实践教学改革[J]. 中国林业教育，2019，37(4)：48-50.

A preliminary study on the reform of practice teaching of *Forest Sampling Survey Technology*

Fan Chunyu Chen Beibei Gao Lushuang

(College of Forestry, Beijing Forestry University, Beijing 100083)

Abstract *Forest Sampling Survey Technology* is the main course of forestry major, and it is a method course with distinctive features and strong application. In view of the existing problems of the current curriculum practice teaching: outdated teaching content, lack of research and innovation, single teaching mode, unreasonable assessment form, etc., the author puts forward corresponding reform measures. In terms of teaching content, we introduce the latest teaching cases to increase the frontier content of the content. We apply a teaching model with scientific research thinking to stimulate students' independent thinking. To improve the assessment method, we establish a diversified comprehensive evaluation system. The construction of curriculum resources is strengthened to further enhance the teaching effect. The improved course content expands students' horizon. The case teaching method and the new evaluation system fully mobilize students' learning enthusiasm, deepen students' understanding of different sampling methods and improve their ability to apply what they learn in the course to solve practical problems. The teacher also improves scientific research and teaching level.

Keywords *Forest Sampling Survey Technology*, practice teaching, reform measures

“土壤学实验”教学中融入安全教育的实践

王登芝　栾亚宁　戴　伟

（北京林业大学林学院，北京　100083）

摘要：安全是实验教学有序运行的保障。为提升学生的实验安全理念，提高实验教学的质量，基于“土壤学实验”教学中涉危物品繁杂、学生安全实操技能薄弱和专业实验室安全教育缺乏，提出实验教学的首堂课、实验理论、实验操作和实验报告中融入安全教育，将实验室安全知识分阶段培训和考核。通过土壤学实验教学过程中融入安全教育，有助于安全教育落实到人、安全教育细致化和安全教育理论实践相结合，有效地培养学生的实验安全素养，为寻求有意义的实验室安全教育方式提供有效路径。

关键词：土壤学实验教学；安全教育；实验室安全管理

实验教学是高校教学工作的重要环节，在人才培养中发挥着重要作用。实验室的安全是实验教学顺利进行、教育事业稳定发展的保障。教育部出台《关于进一步加强高校教学实验室安全检查工作的通知》《关于加强高校实验室安全工作的意见》等系列关于实验室安全管理重要指示精神，旨在提升实验室安全和人才培养整体水平。各高校结合自身实际情况在实验室安全管理责任体系建设、管理制度完善、师生安全培训形式多样等方面进行了相应的实践探索与理论创新，安全工作取得积极成效[1-4]。

“土壤学实验”是土壤学重要组成部分，是农林院校面向林学、园林、风园、草业、生物、农学和水保等多个专业开设的专业基础课程[5-6]，它有助于理论知识展现其直观性又兼具实践性和应用性。土壤学实验涉及大量强酸碱、易燃易爆的危险试剂、易燃气瓶、高温设备、有毒废液等危险物品，这些危险物品的安全使用在实验教学过程中显得尤为重要，它直接影响师生安全、教学运行和人才素质教育质量。因此学生的实验室安全知识、实验安全操作和安全素养是确保实验教学顺利进行的关键。鉴于此，对高校实验室安全教育的实施路径和现存问题进行分析，就如何在实验教学中强化安全知识学习和运用，培养学生安全理念的实验习惯提出实践举措。

一、目前高校实验室安全教育特点和不足

（一）安全教育内容广泛，专业特性缺乏

各高校校院层面安全教育从人、物、环境三因素分析问题，从单模块到多模块进行培训，从不同专项建立安全意识，从法律层面强调安全责任，有利于学生系统学习安全知识和增强安全意识。校院层面的安全教育覆盖全校或全院，内容多为通识性安全性知识，但

作者简介：王登芝，北京市海淀区清华东路35号北京林业大学林学院，高级实验师，wangdengzhi_2002@ sina. com；
栾亚宁，北京市海淀区清华东路35号北京林业大学林学院，副教授，luanyaning@ bjfu，edu. cn；
戴　伟，北京市海淀区清华东路35号北京林业大学林学院，副教授，daiw163@ 163. com。

资助项目：北京林业大学教育教学研究项目“土壤实验教学安全教育探讨”（BJFU2020JY00）。

针对不同专业、不同研究方向的安全教育内容就显得有些缺乏[7-8]。专业、研究方向不同，需求的培训内容有差异，如采取大课堂培训，从学生时间、精通专家和培训成本等考虑，实施起来存在一定的难度，这也是安全培训从专业性缺乏的原因。

（二）安全教育形式多样，实践环节较少

各高校加强实验室安全管理，从校院层面采取形式多样的全校性安全教育。如实验室安全培训与考试平台、邀请专家开设安全专项培训、校园“安全宣传月”活动、学生安全宣讲团等，对加强学生的安全教育，提高学生的安全意识起到积极作用。而对于实操性很强的安全知识要结合实验操作进行培训，以大课堂的形式进行培训，每位学生缺少实操练习，培训很难收到良好的效果[9-11]。如乙炔气使用时要检查是否漏气、开气瓶阀时动作要轻缓并观察压力表读数；使用油浴锅时，既要关注试管内反应溶液沸腾，又要防止溶液喷入油内等。带有危险性的实验操作脱离实践进行培训，难以达到实验教学目标，学生难以养成安全行为习惯。

（三）安全教育培训完成，实效性考核缺乏

校院层面聘请专家对师生安全教育培训，有利于师生与同行交流，积累经验，以他山之石可攻玉，引以为戒，防止此类安全事故发生。由于专家和学生时间有限，培训时缺乏学习互动和考核，这就需要学生的自律。在培训时观察到：感兴趣或因做实验需要的学生就会认真学习，没兴趣、没需求的学生就仅是听或是不用心。在实验教学中多次考查学生安全教育培训内容掌握情况：少部分学生能够安全操作，大多数学生要么记住安全知识但操作时忘记安全注意事项，要么就是对安全知识全然不知。安全培训效果距离理想的安全教育目标仍存有较大的差距[9-11]。

（四）实验教学强调安全多，学生独立操作少

以往实验教学中为保障实验项目顺利开展，课上多次强调如何安全使用危化物品，由老师示范和选择操作技能强的学生完成有危险物品的操作，防止学生错误操作而出现危险情况。这种教学方式对学生起到保护作用，但忽视了学生使用危化物品的实操技能的安全培训，使他们不仅失去动手锻炼的机会，而且不利于在高年级阶段创新项目[12-13]、研究生阶段科研项目的安全独立研究[13-14]。

二、 北京林业大学“土壤学实验”教学中安全教育的实践

从校院层面实施的形式多样、内容广泛的实验室安全教育，营造全校师生重视实验室安全氛围的基础上，针对学生如何从专业、从实验中掌握实验室安全知识，使实验教学质量显著提升。本文以“土壤学实验”教学为例，在实验教学中融入实验室安全教育，从学生实验安全理念培养和实验教学安全管理两方面，加强学生安全知识学习、运用，提高实验教学质量。

（一）对授课班级的学生安全教育需求调查

对园林 2 个班的 59 名学生进行安全教育需求的问卷调查，有效填写问卷 56 份。调查数据如下：

①选修化学的学生占 32%，参加实验室安全准入考试的学生占 60%，而 40%学生不记得是否参加安全准入考试。②认为课程成绩应涵盖 10%的安全知识的学生为 39%，应涵盖 20%的安全知识的学生为 46%，还有 16%认为不应涵盖。③对于学生了解的实验室安全事故发生的原因，100%的学生认为是由于未做好安全防护造成的，93%的学生认为是由于人的无知操作、废液处理不当和仪器故障原因，也有 93%的学生认为会正确操作但粗心大意，86%的学生认为是化学药品使用的原因，79%的学生认为是由于实验室环境造成的（图 1）。

④对于学生倾向于安全教育的培训方式，82%学生选择实验课前讲测，75%的学生选择校园安全教育宣传，68%的学生选择课中操作的指导与考核和实验报告中总结安全注意事项，61%的学生选择平台安全教育考试和专家入校培训演练(图2)。

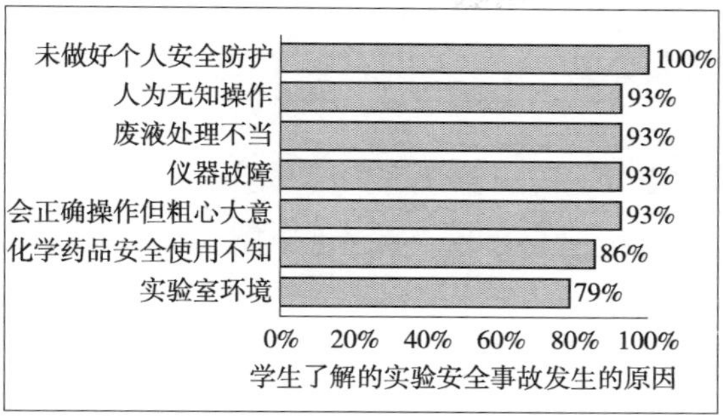

图1　学生了解的实验安全事故发生的原因

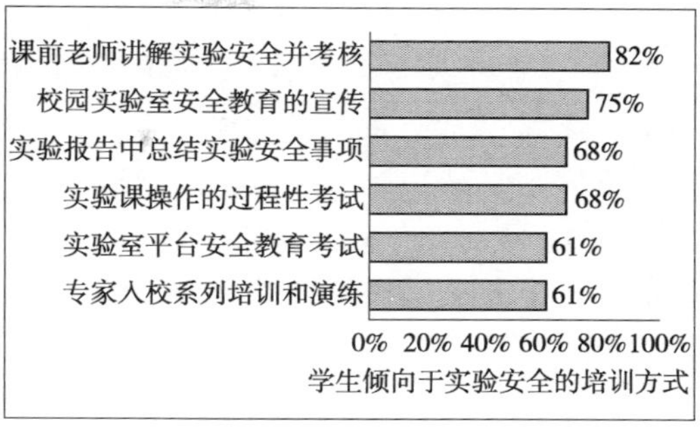

图2　学生倾向于实验安全的培训方式

学习化学课程是学习"土壤学实验"课程的基础，安全准入考试是每位学生进入实验室前的准入环节，从调查问卷显示只有约1/3的学生学过化学，对于是否参加过准入考试有的学生记忆模糊，对于实验课程成绩应涵盖安全知识，有少数学生不认同。从安全教育需求的问卷调查反映出学生化学知识欠缺、对实验安全重视不够、学习安全主动性不强。这些因素影响安全教育效果，导致安全教育漏洞产生，因此实验教学中融入安全教育，关注每位学生安全规范进行实验操作，是教学目标之所需。

（二）实验教学安全教育的设计与实践

根据学生需求的培训方式，在实验教学中融入安全教育，进行分阶段讲授与考核。安全教育过程设计如图3所示，并应用于实践。

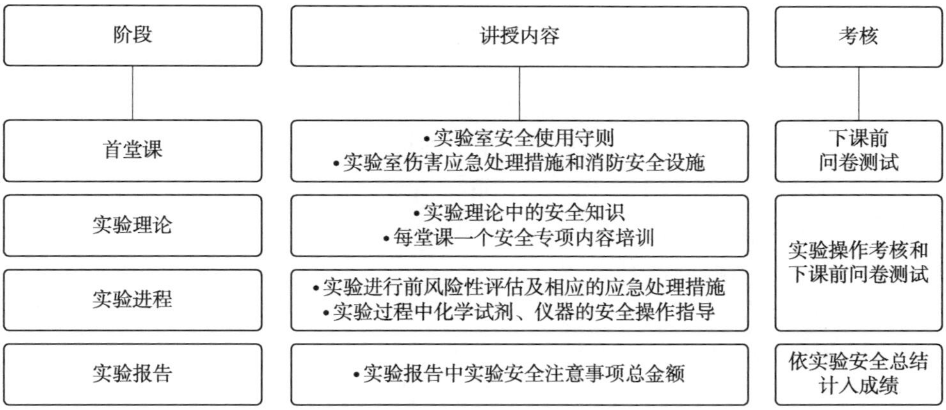

图3　实验教学中安全教育的设计

1. 首堂课，安全必要性讲解

"首堂课讲安全"是贯彻"以学生为本，安全第一"的原则。安全第一课让学生在实验前知晓实验中存在不可控因素、易发生各类安全事故，学习和掌握实验室安全知识，增强安全意识，从思想上重视实验室安全问题。为了让学生做实验时心中有安全，鉴于实验室安全知识内容多而复杂、首堂课的时间不足等因素，"首堂课讲安全"以PPT形式讲述土壤实验室安全使用守则、应急处理措施及消防安全设施，老师讲述结合学生分组讨论明确其必要性，通过案例教学让学生明白每一条安全守则和规章制度都是用血的教训和沉痛的代价换来的，如着装要求长头发扎起来，是防止接触到化学试剂或酒精灯火焰或防止卷进实验仪器里。选择近些年各高校实验室的安全事故的视频和图片，分析事件的原因、危害以及如何预防、避免事件发生，用直观的方式让学生感知安全事故带给人们无可挽回的生命、财产损失，让学生从内心对实验室产生敬畏心理。课程结束前 10 分钟向学生手机端发送相关安全知识测试卷链接，学生答卷时遇到不会的题目可以相互讨论。对比发现，学生学习安全知识较以往更感兴趣，对培训的安全知识能很好地掌握。

2. 实验理论，安全知识剖析

实验原理、实验方法和操作步骤涉及实验安全问题，引导学生挖掘其隐含的安全知识并结合相关化学知识讲述危险性。如土壤有机质测定的实验原理涉及浓硫酸和重铬酸钾危化品，需要讲述其化学性质、危险关键点和正确操作；实验方法若选用外加热法应强调硅油或石蜡等易燃，油浴锅应远离火源。借助实验引导学生系统学习相关化学试剂的安全说明书(MSDS)，掌握其应急处理方法；操作步骤告知学生土样中重铬酸钾溶液和浓硫酸加入的先后顺序，讨论能否换个顺序，并结合高中化学知识浓硫酸的密度和溶于水放热进行解释，利用所学知识解决问题，学生们感受到学以致用的妙处，会带着兴趣去学习。

每个实验项目含有不同的安全注意事项，根据实验项目安排安全专项内容对学生进行培训。如土壤有机质实验项目涉及多种化学试剂，就可以结合这次课安排危险化学品专项培训；土壤全氮实验项目涉及通风橱、消煮炉和定氮仪使用，就可以安排高温设备和仪器的专项培训。

3. 实验操作，安全规范指导

实验操作是根据讲授的实验理论和安全操作知识独立进行的实验作业。学生进行操作前，教师引导学生对实验过程可能出现的危险情况进行风险性评估及采取相应的应急处理措施[15]。操作过程中，教师观察并规范学生使用实验器具、化学试剂和仪器的操作技能，如提醒学生使用过氧化氢(H_2O_2)远离热源、避光，戴上防护面具，使用仪器如原子吸光谱仪时禁止有明火和电器设备运行，先检查仪器内部聚乙烯管连接乙炔气和气瓶瓶口处是否漏气，如漏气需请维修方修理，并挂牌告知勿用。操作技术不过关的学生先进行练习，然后在实验进程中考核学生的技能操作，成绩占实验报告总分的 10%。课程结束前 10 分钟手机端发送安全测试卷链接，考核这次课的安全专项培训内容，作答提交后下课。

实验操作前的安全风险分析，有利于学生养成实验前先进行安全风险分析的习惯。如果实验前没进行安全风险分析，学生会主动问这节课实验安全应注意什么。对这样的学生课上进行鼓励并在实验报告中加分，由此有更多的学生关注实验前的安全风险分析。实验中的安全操作指导，使学生对实验过程中出现的安全问题印象深刻，加深安全知识记忆[16]，达到有效培训，提高了学生的实验安全行为。

4. 实验报告，安全事项总结

实验报告是对实验理论、实验过程的反思和总结。新改革的实验教学要求学生的实验报告中增加实验安全注意事项，记录实验过程中需要注意的安全问题，占实验报告成绩的 10%，根据学生总结的详尽情况计算成绩。安全注意事项的总结，考查了学生上课是否专心、勤于思考和积极动手做实验。多数学生总结很详尽，从实验室着装到危化试剂、仪器的使用和废液的处理等方面(图 4)。此项总结有利于学生对实验项目的安全知识系统化

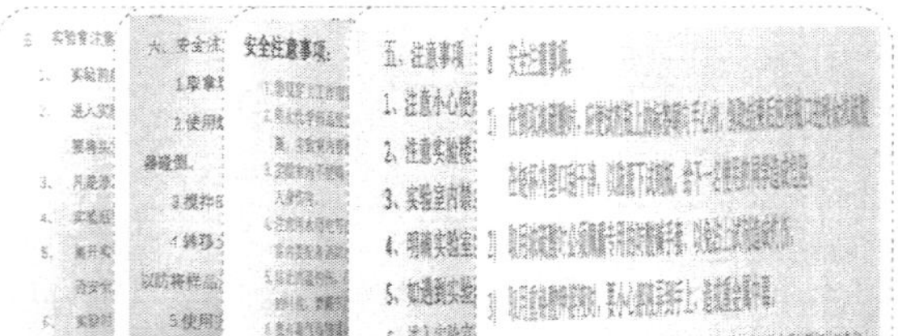

图 4　学生实验报告中总结的安全注意事项

理解，提高学生对实验安全风险评估能力。

三、结 语

研究"土壤学实验"课程特点，适时将安全教育融入实验教学，学生们很好地掌握了"土壤学实验"教学的安全隐患和应急预案，提高了学生的实验安全理念，实验教学安全事故很少发生。这种安全教育方式在全校的"土壤学实验"教学中采用，获得了老师和同学们的认可。

实验室安全教育是高校安全教育的重心，实验教学中开展安全教育是为了更好地将安全工作贯彻执行，纵向到底，落实到人。安全教育融入实验教学的首堂课、实验理论、实验操作和实验报告中，分阶段培训和考核，实现了安全理论教育和安全实验操作的有效融合，培养了学生专业性的实验安全素养，提升了实验教学质量。实验教学不断发展创新，安全教育应适合实验教学的需求而不断总结完善，为学生营造平安健康的学习环境，为国家培养具有安全素养的应用型人才。

参考文献

[1]方堃，雷敬炎，朱娟蓉，等. 高校实验室建设与管理体制、机制的研究与思考[J]. 实验室研究与探索，2019，38(12)：270-273+287.

[2]王登芝，耿玉清，栾亚宁. 高校教学实验室管理的思考[J]. 中国林业教育，2019，37(6)：18-20.

[3]崔凯，杨梅. 高校教学型实验室安全管理体系探讨[J]. 实验室研究与探索，2020，39(6)：273-277.

[4]柯丁宁，高尚，王凯，等. 高校化学类实验室安全设施设计探索与实践[J]. 实验技术与管理，2020，37(1)：284-286.

[5]张韫，崔晓阳，桑英，等. "土壤与土壤资源学实验"课程改革的探讨[J]. 中国林业教育，2016，34(3)：51-54.

[6]孙蕾. 探究式教学法在"土壤与植物分析"课程中的应用[J]. 实验室科学，2020，23(5)：149-150+155.

[7]汤营茂，钱庆荣，陈庆华. 新时代高校实验室安全管理内涵式发展[J]. 实验技术与管理，2021，38(3)：306-309.

[8]方瑾，谈国风，权力涛，等. "一式、两化、四推进"实验室安全教育体系的建设实践[J]. 实验室研究与探索，2021，40(1)：293-299.

[9]秦川丽，范乃英，吴华洋，等. 化学实验安全知识教学模式初探[J]. 实验室研究与探索，2020，39(10)：291-295.

[10]刘浴辉，黄绪桥. 高校化学实验安全培训的深化及思考[J]. 实验室研究与探索，2020，39(3)：279-282.

[11]何森，赵明，韩光宇，等. 高校实验室危险化学品管理现状与全过程监管实践[J]，实验室研究与探索，2021，40(3)：297-300.

[12]王海文，王燕，张顺江，等. 本科生创新实践实验室安全管理对策[J]. 实验技术与管理，2019，36(3)：196-198.

[13]朱珮珣，贾宏敏. 有机化学实验教学中安全意识建立与习惯培养[J]. 中国冶金教育，2019(4)：101-103.

[14]郭娇. 研究生实验安全事故的影响因素分析[J]. 实验技术与管理，2019，36(3)：192-195.

[15]程国平. 有机化学实验教学中药品使用安全管理的实践与探索[J]. 广州化工，2021，49(7)：171-173+203.

[16]牛丽红，郭英姿. 基础化学实验教学中安全管理实践及思考[J]. 实验技术与管理，2018，35(5)：253-255，262.

Practice of integrating safety education into the *Soil Experiment* teaching

Wang Dengzhi Luan Yaning Dai Wei
(College of forestry, Beijing Forestry University, Beijing 100083)

Abstract Safety is a guarantee for ensuring experimental teaching orderly operation. In order to strengthen students experimental safety concept and enhance experimental teaching quality, this paper puts forward that safety knowledge of laboratory is trained and assessed in phases, integrating the safety education into the first class, theory, operations and report of experimental teaching based on various dangerous chemicals, lack of safe operation skills and specialized technical training. Integrating safety education into experimental teaching is helpful to carry out safety education more detailed and combine theory to practice, and has effectively cultivated students' experimental safety literacy. It may provide effective channel for laboratory safety education. and an effective way to seek meaningful safety education for experimental teaching is proided.

Keywords *Soil Experiment* teaching, safety education, safety management

应用型人才培养模式下“土壤学实验”教学改革

——以土壤pH值的测定为例

栾亚宁　王登芝　戴　伟　王　越　喻燕妮

（北京林业大学林学院，北京　100083）

摘要：“土壤学实验”课程是我校开设的专业基础课程，对于培养学生的实践应用能力至关重要。本研究针对“土壤学实验”课程在教学资源配置、内容安排、课程设置等方面存在的问题，从整合资源，打造应用型人才培养模式，注重教学方法与内容的创新，优化实验教学环节等多方面提出该课程的教学改革思想，并以土壤pH值的测定为例进行改革探索，以期解决教学中存在的问题，提高实验课程教学质量，满足应用型人才培养的需要。

关键词：土壤学实验；应用型人才培养；教学改革

在全面推进大学生实践育人工作的背景下，实验课程教学需要构建适应社会发展和市场需求的应用型人才培养新课程体系，应把改革实践教学内容，强化实践教学环节，提高学生分析问题和解决问题能力作为教学改革的目标。“土壤学实验”课程是我校为林学、水保、园林、园艺、风园、草业等本科专业设置的基础课，从属于土壤学理论课程，其具有应用性强、涉及面广、综合性强的特点。课程设置目的是通过实验教学使学生加深对土壤学基本理论，尤其是土壤理化性质的理解，了解实验原理，掌握实验操作技能及数据处理方法等。传统的“土壤学实验”课程教学一般注重训练学生的操作技能，由教师讲解实验的原理和方法，学生按照教师的演示或根据实验步骤完成实验，学生往往产生依赖思想，不利于学生将成熟的技术方法应用于专业实践中。基于此，本文结合教学实际需求，从优化教学模式、创新教学内容等方面，探索“土壤学实验”课程教学改革，以提升我校相关专业学生的就业竞争力。

一、“土壤学实验”教学现状及存在问题

（一）教学资源整合力度不足，硬件设施不够完善

近年来，我校组织了土壤学实验课程相关教材的编写，包括聂立水教授和王登芝高级实验师主编出版的《土壤分析》，查同刚副教授主编出版的《土壤理化分析》，李素艳教授参与编写出版的《土壤·水·植物理化分析教程》，此外，孙向阳教授主编的《土壤学》作为经典教材再版，都为实验课程的规范化提供了保障。

作者简介：栾亚宁，北京市海淀区清华东路35号北京林业大学林学院，副教授，luanyaning@bjfu.edu.cn；
王登芝，北京市海淀区清华东路35号北京林业大学林学院，高级实验师，wangdengzhi_2002@sina.com；
戴　伟，北京市海淀区清华东路35号北京林业大学林学院，副教授，daiw163@163.com；
王　越，北京市海淀区清华东路35号北京林业大学林学院，硕士研究生，wangyue@bjfu.edu.cn；
喻燕妮，北京市海淀区清华东路35号北京林业大学林学院，硕士研究生，yen20140216@126.com。

资助项目：北京林业大学课程思政教研教改专项课题“土壤学与土地资源学实验”（2020KCSZ007）。

仪器配置方面，学院实验中心的微波消解仪、元素分析仪、流动分析仪等大型仪器目前尚未较多投入到本科教学使用，“土壤学实验”课程中使用的大部分仪器设备相对老旧，如测定土壤速效钾用的火焰光度计、测定土壤全氮用的凯氏定氮仪等都已使用了近10年，存在仪器性能不够稳定、数据结果误差大等问题，直接削弱了学生对知识和技能学习的积极性。

（二）基础和拓展性内容局限

学生基础知识不扎实，例如，讲授土壤样品采集时，提问学生“一公顷有多少亩”“一亩地有多少平方米”等，学生往往没有明确的答案，还存在移液管、天平使用不规范等基本问题，需要在有限的“土壤学实验”课堂教学中补充讲解。

此外，出于安全需要，近年来我校较多实验课程大量减少了有毒有害化学试剂的使用，代之以毒性程度较低的试剂，或者取消了一部分实验项目，这虽然有利于学生的健康和环境保护，但局限了实验方法的选择，学生获得的知识是非常局限和滞后的，这与我们培养应用型人才的宗旨非常背离。

（三）课时少，学生参与度低

随着新设课程的增多，学校对培养方案进行了修改，多数专业开设的“土壤学实验”课程压缩为24学时，设置了土壤样品的采集与制备、土壤pH值的测定、土壤质地的测定、土壤有机质的测定、土壤全氮的测定以及土壤速效钾的测定等内容。在这种固定的课堂教学安排下，单个实验周期和测试等待时间较长，学生实际操作较少，操控体验感较差。

受课时数的制约，不仅导致野外实践环节难以实现，而且在课堂中实验测试所需的药品多数由教师提前准备，学生很少或几乎不参与样品的前处理，不了解实验的整体环节，独立分析问题和解决问题的能力难以得到全面提高；学生也难以根据自己的兴趣爱好，查阅相关文献和参考资料，探讨实验条件的优化和实验方案的创新，更谈不上课程与专业结合。

二、“土壤学实验”课程教学改革思路

（一）整合资源，打造应用型人才培养教学模式

土壤是生态文明建设的物质载体，是建设美丽中国、成就绿水青山的主要支柱，这意味着课程教学与应用型人才培养密不可分。围绕学生的课程学习、科研创新训练和创业实践的需求，团队探索了“土壤学实验”课程应用型人才培养教学模式（图1），充分发挥政府和企业资源在教育改革、就业实习方面的作用，以讲座、研讨会、仪器培训等形式为学生授课，从而有的放矢地改革教学方法、拓展实验教学内容[1-2]。例如，邀请质量技术监督部门的管理人员讲解三聚氰胺事件与全氮测定的关系等，邀请测试公司的实验师讲解土壤样品测试的新仪器和新方法，为单一的教学模式注入丰富的实践经验，增加教师与学生的实践机会。同时教师要关注社会前沿和科研需求信息，将其转化为学生的实践课题、科技活动和毕业论文选题方向，通过订单式培养方式把学生带到专业或市场的前沿，解决教研与社会脱节的问题。

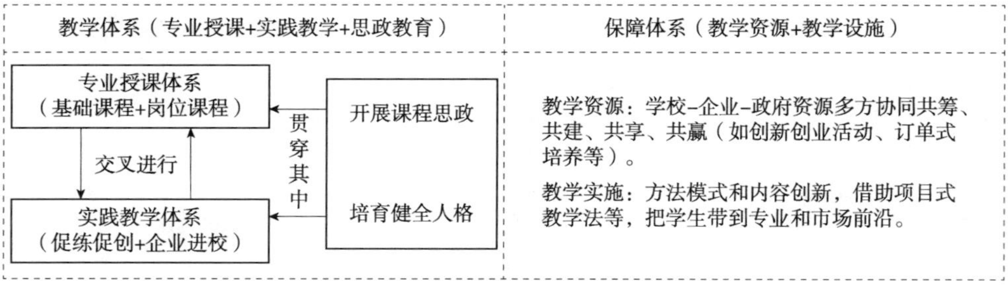

图1　“土壤学实验”课程应用型人才培养教学模式

结合课程特点，将显性教育和隐性教育相结合[3]，授课过程中融入思政教学理念与内容，例如结合两会及十九届六中全会精神，引导学生用辩证思维分析和理解土壤理化性质测定对土壤生态修复的重要性；结合实验课选取的土壤指标，讲解相关的政策、文件、标准，如“土十条”、2018 年发布的两项土壤环境质量标准（GB 15618 和 GB 36600）、即将开展的第三次土壤普查中涉及的土壤样品采集及指标测定的内容，帮助学生搭建应用型的思维导图。

（二）注重教学方法与内容的创新

我校没有土壤学本科专业，土壤教研室的教师承担了全校相关专业的土壤学理论和实验课程教学，需要建构教师与学生之间跨学科的课程内容体系，优化学生的知识结构，促进知识的融合与创新，引导学生从多学科视角分析问题，帮助学生建立更宽广的学术视野[4]。“土壤学实验”课程教学不仅仅要讲授实验方法，更应试图使学生通过实验获得科学思想和思维方式，即注重“传道”优于进行“授业”。例如，为林学和园艺专业的学生讲解土壤样品采集的同时，补充植物样品采集的方法等。为园林专业的学生讲解难理解的矿物、岩石鉴定实验内容，可从石材在园林设计及工程建设中的应用谈起，提升学生的专业认同感。

与对基础知识的掌握相比，前沿讲解更能激发学生探索的欲望[5]，对学生创新思维的培养有显著效果，尤其是实验课程，新仪器的引进和新方法的开发督促教师应做到教学内容常讲常新，常备常新。例如，采用湿灰化法进行土壤样品消解时，对照讲解干灰化法、湿灰化法和目前较先进的微波消解法三种方法，开阔学生的视野。

（三）优化实验教学环节

教师应该将每次实验课都当作学生进行科研训练的实践过程，引导学生以土壤工作者的态度来对待每个实验内容。引导学生独立完成实验前的准备，鼓励学生熟练掌握每台仪器设备的操作，并详细记录实验中观察到的现象、测试数据和遇到的问题，指导学生采用 Excel、Spss、SigmaPlot、Origin 等软件完成实验数据处理和图谱绘制，通过这样的实践，培养学生独立解决问题、使用数据和解析图谱的能力，切实提高学生的综合素质[6-8]。

实验报告是“土壤学实验”课程的评分依据，“重结果、轻过程”的考核方式会误导学生将实验课当作理论课的附属，不重视实验操作过程，在实验结束后也不会对实验结果进行思考，实验报告经常出现类似、雷同的现象[6]。课程实验报告需兼具科研工作者的严谨性和工程项目报告的规范性，包括引言、实验原理、实验材料与方法、结果与分析、讨论、结论等内容。更重要的是，在报告中引导学生应用土壤学知识和植物营养学知识对分析结果加以讨论，对土壤肥力、植物营养及施肥状况进行分析评价，提出适宜的土壤改良和施肥技术方案，这样可以为学生今后撰写研究报告打下良好基础。

三、 成效分析

教学改革研究过程中，团队教师注重从“应试教育”向“素质教育”的转变，传授知识的形式不再以“灌输式教学”为主，而是通过课堂内容的“建构式教学”，实现以学生为中心的主动学习，培养学生的学习能力，创新学生的思维能力，收到学生“对于实验课老师一点也不轻视，给我们讲安全，讲基本操作，讲技巧，讲常见错误，老师很重视实验课”“老师是真的很用心在讲课，希望教给学生终身受益的知识，真的很好”“老师认真负善于引导学生”“老师丰富了我们的实践知识，认真负责”“老师很重视我们实验操作的标准，有问必答，帮助很大”等评价反馈，团队老师讲授的“土壤学与土地资源学实验”，入围 2018—2019 学年“好评课堂”。

同时，教师通过教研融合教学，使学生了解老师所从事专业的科研方向和研究热点，本科阶段开始科研训练，近年来指导的7项大学生创新项目，3项结题获评优秀，指导本科生发表了8篇SCI检索论文(含2篇二区)以及优秀本科毕业论文1篇。

四、教改案例

土壤pH值测定的实验目的是让学生掌握电位法测定土壤酸碱性的原理和步骤。传统实验课程主要是教师讲解测定原理、三种标准缓冲液的选用、酸度计的校准及使用等，学生使用固定的土壤样品测定，得出结果。这种传统模式不利于培养学生独立开展科学研究的能力，由此根据应用型人才培养模式下“土壤学实验”课程教学改革思路，提出以下调整和优化方法。

（一）基础知识的拓展

评审本科生及研究生实验报告及毕业论文时，往往发现学生把“pH”写错成“PH”“Ph”或“ph”，说明学生不理解p和H的意义，反映了学生未能深入理解土壤酸碱度概念的含义。为此，针对传统实验教学内容的简单性缺点，在教改实践中，可以对酸碱度(pH值)的基本含义及其意义进行由浅及深的拓展性讲解。教师首先讲解pH值指土壤溶液中氢离子浓度的负对数，学生掌握“H”代表氢离子(H^+)。然后，讲解学术界对“p”含义的争议：第一，p代表德语“Potenz”或法语puissance，有“力度，强度”的意思；第二，pH代表拉丁文“pondus hydrogenii”或“potentia hydrogenii”，有“氢的量”的意思，对应英文中的quantity of hydrogen或potential hydrogen；第三，p可能只是彼得·索伦森随意选定的符号；第四，数学中自然对数的负值用p表示，与pKa表示方法类似。

结合本实验，教师延伸讲解一些基础知识，例如：实验室常用的蒸馏水、双蒸水、去离子水、纯水(RO水)、超纯水的制备方法及纯度高低的差异，让学生明确本实验去离子水选用的原因；讲解实验室常用试剂的规格，包括高纯、光谱纯、基准、分光纯、优级纯、分析和化学纯7种，让学生明确不同规格试剂的用途等。

根据历年来的教学情况，学生对以上实验基础知识较为陌生，通过讲解，学生不仅完善了知识结构，了解了知识的本质，还拓宽了视野，提高了学习能动性，有助于课堂知识和专业实践的结合，增强职业道德素质。

（二）教学内容的调整

土壤pH值主要采用电位法测定，该实验方法操作相对简单，对实验技能的要求不高，实验内容在初中、高中或大学化学实验以及植物学或植物生理学实验也可能有所涉及，因此，学生极容易产生轻视情绪，未能很好地理解每项实验操作步骤的确定方法、原理及其与实际应用的联系[9]。

针对教学内容的单一性特点，在教改实验中增加研究性实验内容，除传统的“水浸提法测定活性酸”外，增设“土壤酸碱度不同浸提方法比较及其意义”等存在关联性的实验内容，引导学生理解参考文献中$pH_{(H_2O)}$、$pH_{(CaCl_2)}$、$pH_{(KCl)}$等不同写法的含义；通过对照水浸提法和盐浸提法的测定结果，引导学生理解土壤酸度的不同类型，并分析二者差值的代表含义及其在土壤改良中的参考应用。

此外，土壤pH值是盐碱地相关研究关注的重要指标。但是，盐碱地土壤样品采集存在特殊性，即不必按照土壤发生层次，人为地从地表向下进行等段或不等段划分，也不同于自然土壤自下而上避免污染的采样方法，而是同一段中，自上而下整层地均匀采样。虽然土壤pH值的测定实验前期不需学生采集样品，但教师可模拟工作场景，引导学生发散思维，进而掌握不同土壤样品的采集方法。

（三）教学环节安排

教师往往在首堂课总体讲解实验室安全注意事项等，并没有针对每个具体实验项目的安全指南进行讲解。土壤 pH 值的测定安全隐患较低，但教师依然要说明这个实验项目可能涉及的人身和环境安全问题，包括 KCl 和 $CaCl_2$试剂的特点、使用电磁炉加热去离子水的个人防护、酸度计的用电安全和废弃土壤样品的处理等，保证参加实验的学生、老师的人身安全和环境保护。

在学生的实验操作环节，教师除进行基本操作的培训外，还应适时引导学生关注实验过程中的细节问题，如讲解玻璃电极和甘汞电极使用的注意事项，学生学会电极的活化和保存方法，不仅能延长电极等实验耗材的使用寿命，还可以提高数据的准确性，引导学生养成良好的实验习惯。

此外，相应地对考核方式进行优化，实验过程中老师加强对学生的全面观察，将操作是否规范和实验习惯等纳入实验操作考核；在实验报告考核中，以培养学生自主学习能力和科学素养为主线，除考核书写、数据处理（如有效数字等）、结果的准确度外，根据实验结果，将酸/碱性土壤改良方案纳入其中，教师对改良方案进行审核指正，学生在资料查找、方案设计中，培养了分析问题、解决问题的能力。

参考文献

[1]耿萍，徐志爱．基于“立德树人”的仪器分析化学实验教学改革探索[J]．实验室研究与探索，2020，39(11)：163-166.

[2]崔琳，李琛琛．基础分析化学实验教学改革探索[J]．山东师范大学学报(自然科学版)，2021，36(4)：429-432.

[3]于晓娟，李春杰，刘萍，等．环境工程实验课程教学模式改革探索[J]．高等工程教育研究，2021(S1)：18-20.

[4]潘建斌，陈书燕，冯虎元，等．植物学实验教学改革的探索与实践[J]．实验室研究与探索，2020，39(1)：194-197.

[5]郭建如，邓峰．高校人才培养改革对大学生创新能力的影响[J]．高等教育研究，2020，41(7)：70-77.

[6]胡益，张玉平．农业资源与环境分析技术实验教学改革初探[J]．教育教学论坛，2021(38)：42-45.

[7]黄珊，周志强，韦良，等．基于翻转课堂的仪器分析实验教学改革初探[J]．大学教育，2019(5)：98-100.

[8]田锐，刘新敏，朱华玲，等．慕课在土壤肥料学实验教学改革中的实践[J]．西南师范大学学报(自然科学版)，2020，45(1)：164-168.

[9]邹艳，李嫣，姜琳琳，等．从 pH 及其测定探讨以学生为中心的实验教学改革[J]．实验室科学，2020，23(5)：160-161，165.

The reform teaching of *Soil Science Experiment* under the mode of training applied talents: Taking the determination of soil pH for example

Luan Yaning Wang Dengzhi Dai Wei Wang Yue Yu Yanni

(College of Forestry, Beijing Forestry University, Beijing 100083)

Abstract *Soil Science Experiment* course is a subject foundation requisite offeredby Beijing Forestry

University, which is crucial for cultivating students' practical application ability. The problems of *Soil Science Experimental* course were analyzed in teaching resources allocation, content arrangement, curriculum provision and so on. It was proposed to integrate resources to create an application-oriented talent training model. Teaching method and content should be innovated. Experimental teaching link should be optimized. Subsequently, taking the determination of soil pH value as an example, the teaching reform ideas and contents were put forward. It is hoped that the problems existing in teaching can be solved and the teaching quality of experimental courses can be improved. It is hoped to meet the needs of applied talents l training through this research.

Keywords *Soil Science Experiment*, training of applied talents, teaching reform

基于3S技术的“林业规划与设计(实习)”教学探索

——以北京林业大学城市林业专业的教学实践为例

冯　飞　张新娜　李　品　樊大勇　徐程扬

(北京林业大学林学院，北京　100083)

摘要：“林业规划与设计(实习)”是城市林业专业中与生产实践紧密联系的一门十分重要的本科课程。然而目前在教学过程中还存在学生对3S基本概念、功能与方法认识模糊，利用3S技术解决实践问题仍然有欠缺等问题。本文提出了一种基于3S技术的“林业规划与设计(实习)”翻转课堂，将3S技术实践操作融入理论课程中，演示讲解相关知识点，突出教学重点与难点等教学方法。改进的教学方法激发了学生的学习动机，使学生学习积极性提高，增强了学生利用3S技术分析问题、解决问题的能力。

关键词：3S技术；城市林业；教学模式；规划设计

在过去数十年，全球范围的城市数量和规模都在迅速扩大，城市人口从1950年的7.46亿增加到2015年的40亿，预计这一增长趋势在未来几十年内仍将继续。人对“宜居”的需求和越来越受到污染的人居环境之间的矛盾，表明改善城市生态环境的紧迫性日益凸显，而其中发展城市林业成为全球战略共识和需求，城市森林建设是改善城市生态环境、增加民生福祉的重要途径和举措[1-2]。

为了响应我国“生态文明”“美丽中国”建设，切实把绿色发展融入社会经济发展的各个方面，北京林业大学在林学下设立了城市林业专业，促进学生掌握城市林业的基本概念，认识城市森林的生态物理过程、城市森林的结构与功能以及城市森林与人类健康间的机理。城市林业方向的课程中，“林业规划与设计(实习)”课程是林学专业本科学生的必修课，是一门与生产实践紧密联系的课程，是学生掌握规划设计基本原理与方法、了解林业主要规划设计及其技巧的课程。

随着地理信息科学的不断发展，以遥感技术(remote sensing，RS)、地理信息系统(geography information systems，GIS)和全球定位系统(global positioning systems，GPS)为核心，多学科集成的空间信息采集、处理、分析和应用的现代信息技术，越来越多应用到不同学科、不同领域[3]。同样在城市林业中以RS、GPS数据为基础，利用GIS技术对城市地表时空特征的综合处理分析技术得到越来越广泛的应用，并为城市森林资源调查、健康状况动态监测、景观格局规划和生态服务价值等研究及工作实践提供了重要支撑[4]。因此在城市

作者简介：冯　飞，北京市海淀区清华东路35号北京林业大学林学院，讲师，forgetbear@bjfu.edu.cn；
张新娜，北京市海淀区清华东路35号北京林业大学林学院，讲师，zhangxinna0513@163.com；
李　品，北京市海淀区清华东路35号北京林业大学林学院，副教授，lipin@bjfu.edu.cn；
樊大勇，北京市海淀区清华东路35号北京林业大学林学院，教授，dayong73fan@163.com；
徐程扬，通讯作者，北京市海淀区清华东路35号北京林业大学林学院，教授，cyxu@bjfu.edu.cn。

资助项目：北京林业大学教育教学改革项目“基于3S技术的林业规划与设计(实习)翻转课堂教学模式探索”(BJFU2021JY011)。

林业专业的本科课程教育中，特别是城市林业专业课程的规划设计实习课程中，3S 技术显得尤为重要。本文通过分析已有教学研究成果并结合自身教学经验，研究基于 3S 技术的“林业规划与设计”教学模式，依据城市林业工作实际优化教学内容，探索能够激发学生学习兴趣与主观能动性的教学模式。

一、“林业规划与设计（实习）”课程的特点

（一）以培养学生城市森林经营管理能力为核心目标

“林业规划与设计(实习)”课程的目标是通过课程学习，使学生熟练掌握林业规划设计的基本原理、方法与规划文本写作技巧，通过案例熟悉城市森林建设规划、林业发展规划、国家森林公园规划以及森林经营方案、造林规划、森林抚育规划等专项规划的编制过程和编制方法。通过该课程的学习，使学生掌握城市森林建设的主要内容，了解城市森林与城市生态环境、涉林绿色产业发展以及生态文化间的关系，掌握在市域尺度上科学调整城市森林布局的途径与方法，掌握城市森林建设总体规划编制方法，并掌握城市森林经营管理的核心内容。该课程对林业(尤其是城市林业)及相关行业培养合格的技术与管理人才起到骨干支撑作用。

（二）以培训学生实践能力为核心的课程内容特点

作为城市林业的专业课，总课时为 48 学时，其中理论课 28 学时，实验课 20 学时。“林业规划与设计(实习)”课程与其他课程相比，更具综合性。本课程需要学生学习“树木学”“森林生态学”“土壤学”“城市生态学”“林业遥感与地理信息系统”“景观生态学”“林木种苗学”“城市森林培育学”“森林培育学”“森林经理学”“林业调查设计”等前置课程，了解森林生长发育规律、森林的结构与功能、城市森林构建与城市土壤间的关系、森林经营等内容。此外该课程的核心目标也决定该课程是与生产实践紧密联系的课程。因此课程内容上需要同时兼顾理论和实践知识的教学。

教学内容上重点突出城市林业在实际工作中的需要，同时注重反映最新的学科发展前沿，力求教学内容丰富，重点突出，使学生掌握城市林业规划设计的基本原理和方法，并注重对学生实践能力的培养。理论部分内容包含了理论和实践部分内容(表 1)。最后学生需要分组完成林业规划设计综合实习报告。

表 1　课程内容列表

课程次序	课程内容	类型	学时
1	林业规划与设计基本原理	理论	6
2	林业发展总体规划	理论	4
3	造林设计	理论	2
4	森林抚育采伐设计	理论	2
5	森林城市发展总体规划	理论	6
6	森林经营方案编制	理论	4
7	国家森林公园总体规划	理论	4
8	地理系信息系统及其操作	实践	2
9	热岛效应分析	实践	2
10	城乡林木树冠覆盖遥感分析与实践	实践	4

(续)

课程次序	课程内容	类型	学时
11	城市生态安全格局分析的理论与实践	理论与实践	4
12	国家城市森林指标分析	理论与实践	4
13	基于Photoshop的制图技术	实践	4

其中理论部分内容要求学生掌握林业规划与设计中的核心思路和具体设计内容。第一部分林业规划与设计基本原理中介绍了林业规划的性质，常见的林业规划设计及其类型、设计基本思路，以及前期的资料收集、外业调研、内业分析和写作技巧等。第二部分从总体角度让学生了解林业发展总体规划的类型、特点及尺度变化对规划内容的不同要求。从第三部分至第七部分分别从不同的规划设计案例入手，讲解设计基本要求，数据图片等计算处理要点、文件组成、设计方案文本格式及其编制要求。例如第四部分森林抚育采伐设计中需要让学生掌握森林采伐作业设计的作用、抚育设计的内容、采伐作业的准备工作、区划与测量、小班调查、作业设施的选择、抚育设计附图和附表、抚育设计文件格式、抚育施工设计等具体内容。

实践部分内容要求学生掌握相关GIS工具的应用。第八部分GIS及其基础操作，要求学生了解GIS软件运行环境，了解空间数据的组成、功能、特点、分类，熟悉掌握对矢量、栅格数据的基本操作和分析。第九部分以热岛效应分析为切入点，让学生掌握RS的基本理论，特别是遥感识别地物的一般过程。通过以Landsat卫星数据反演温度为具体案例，掌握遥感数字图像处理的一般过程(数据下载、几何校正、辐射校正、温度反演、图像融合与裁剪以及后续的分析计算)。第十部分城乡林木树冠覆盖遥感分析与实践和后续第十一部分城市生态安全格局分析中着重使学生掌握城市林木树冠覆盖的概念[5]，以及基于源—廊道—节点的安全格局构建的基本流程、景观斑块的空间稳定性分析。第十二部分介绍了国家城市森林指标的应用。最后介绍基于Photoshop的图像处理。

综合实习报告撰写中，以《国家森林城市评价指标》为标准，学生分组完成所选城市国家森林城市建设总体规划，完成对多个建设指标达标性分析(森林健康、森林网络、生态福利等指标)，城市绿化建设潜力分析，道路与水岸绿化工程，生物多样性建设，生态文化基地建设以及重大生态绿化工程。

二、 教学模式探索与改革

“林业规划与设计(实习)”课程的教学模式改革过程中，通过课后交流和学生作业的判读情况来看，学生能很好地掌握规划设计部分的理论知识，但是实践部分仍有欠缺。其次在综合作业中学生并没有充分利用3S技术来完善相关的规划报告。具体来说，作为本科第六学期的选修课，林学背景的学生能很好地掌握相关的林业理论部分知识，但是在实践方面，利用3S软件解决实践问题仍然有欠缺，对3S基本概念、功能与方法认识仍然模糊。

由于3S技术本身作为融合应用数学、地理学、地图学、测绘科学、遥感技术、计算机科学等多种学科的复杂技术理论体系[6]。学生难以通过短时间掌握以3S为基础的实践应用能力。其次课程理论教学和实践课程部分相对独立，而单纯的3S技术的原理与方法理论讲解难免内容枯燥，与实践工作联系不紧密。虽然前置的课程有GIS基础课程，但是在实践操作课程中，学生仍会出现无法完全跟上操作流程的情况，难以有效掌握吸收，系统化构建知识体系，课后不能灵活应用。最后实验课程通过GIS软件实现(GIS拥有强大的空间分析功能，各种工具包相当丰富)，特别在综合性实验项目上，需要学生在熟悉并掌握一系列基本操作的前提下，完成后续操作。课堂上实验内容设计过多，不能有效增加学生对于 GIS 软件的操作理解，反而令其产生畏难情绪，对学生利用 3S 技术解决实际问题的动手能力的培养有限[7]。

针对以上问题，基于“翻转课堂”的教学模式思路可以提供一种解决途径。“翻转课堂”教学重新调整课堂内外的时间，将学习的决定权转移给学生，教师成为主要帮助学生完成自学任务的答疑者，帮助学生对知识的消化与掌握[8]。为了能有效地将学习的主导权转移给学生，首先将学习内容整理成简短视频影像、课件等资料，形成 3S 技术课程资源库。资源库将教学内容划分为若干个单一的知识点，制成简短教学视频，学生可以在课前利用碎片时间来进行学习。其次在课堂环节，将理论与实验实践交叉进行，通过演示软件的操作和步骤使得学生更能明白理论与原理。由于先前已将拆分后的操作学习资料分发给学生让其提前学习，课堂上可以腾出更多时间解决综合性的实验实践操作项目，注重学生对整个流程的把握。以“3S”技术微视频教学课件为参考，以翻转课堂形式进行答疑、实操、汇报、讨论。在教学过程中将学生转换为课程中心，老师为引导和监督者，改变单向灌输的传统教学模式，以进一步提高学生对于该课程的学习效果反馈，提高学生的自主学习热情和知识应用能力。在实践操作过程中，以林业规划专题制图为主线，将任务分解为数据收集、数据处理、数据分析、制图输出等多个环节，采取“1+1”的教学模式，教师提供 1 套验证性的实验材料，学生根据课堂内容完成 1 套对应的课程作业结果。

为了实现教学目标，从设计总体规划，数据收集，数据处理，到最后的报告编制和制图，重新梳理基于 3S 技术的林业规划与设计教学体系，并且以对应的设计实验操作环节为落脚点(图 1)，充分发挥学生的学习主观性。其中林业规划与设计基本原理讲解中穿插 GIS 软件基本原理和操作。其中将 GIS 基本原理和操作分解成坐标系统、矢量数据、栅格数据三部分。每一部分拆成更为具体的 3S 教学微视频，如坐标系统分解为地理坐标系统、地图投影、投影坐标系统，并配合 ArcGIS 中 arctoolbox 工具进行演示，形成教学微视频。总体发展规划、造林设计、森林抚育采伐与经营方案编制中穿插森林树冠覆盖率计算。将森林树冠覆盖率计算分解为更为具体的单一操作讲解，如 raster calculator 的栅格数据计算介绍，城市林业总体发展以及国家森林总体规划部分融合遥感热岛分析实践以及国家城市森林指标分析。最后在林业规划设计综合实习报告讲解之前配合讲解 GIS 制图和 Photoshop 的图像处理知识点。

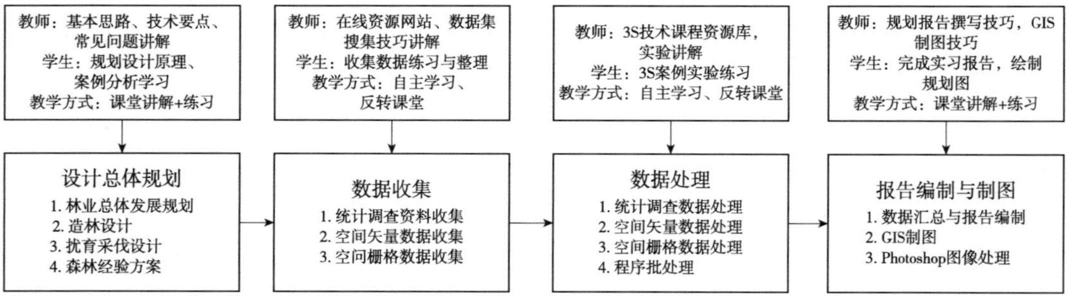

图 1　整体教学流程设计

三、 教学方法改革效果评价

我们统计城市林业专业 2017 级本科生 28 名学生在该门课程的期末成绩。期末综合平均成绩为 87 分，其中 90 分以上学生占比 37.51%。期末实习部分的平均成绩为 90.29 分，其中 90 分以上学生占比 57.14%。我们分别对实验完成情况(20 分)、实验步骤(40 分)、实验结果(30分)、图表规范性(5分)、格式规范性(5分)进行统计，平均分分别为20分、35.17分、29.52分、4.11分、3.94分。通过对比以前学生的成绩，学生的实习部分成绩有了明显提升。从试卷以及答题内容上来看，通过“翻转课堂”的教学方式，学生在回答“林业规划与设计”的简答题有更深入的认识。同时也发现学生的实验报告相比之前更加全面。课程结束后，通过对个别学生的回访，发现学生对利用3S技术解决林业规划与设计相关问题更加熟练。

四、结　语

本文对“林业规划与设计(实习)”课程的教学模式进行了探索与分析。在空间信息技术快速发展的今天，如何能有效将“3S”技术融合到城市林业课程，特别是融入实践性课程中尤为重要。本文以“3S”技术课程资源库”为基础，构建基于3S技术的林业规划与设计翻转课堂，将理论与实践操作结合起来，演示讲解相关知识点，并突出教学重点与难点，激发学生的学习动机。本次教学探索进一步提高了学生分析、解决问题的能力，为学生进一步发展打下良好的基础。

参考文献

[1]厚人琦. 城市林业发展与城市生态建设研究进展[J]. 现代农业研究，2021，27(8)：81-2.

[2]邱尔发，王成，贾宝全，等. 国外城市林业发展现状及我国的发展趋势[J]. 世界林业研究，2007(3)：40-44.

[3]张晓丽，冯仲科. 林学专业3S技术课程体系研究与实践[J]. 中国林业教育，2007(2)：55-58.

[4]姚娜，马履一，杨军，等. 3S技术在城市林业中的应用[J]. 世界林业研究，2014，27(2)：23-28.

[5]贾宝全. 基于TM卫星影像数据的北京市植被变化及其原因分析[J]. 生态学报，2013，33(5)：1654-1666.

[6]同丽嘎. “3S技术综合案例分析”教学中结合专业实习的探索与实践[J]. 阴山学刊(自然科学版)，2014，28(3)：76-79.

[7]黄杏元，马劲松. 高校GIS专业人才培养若干问题的探讨[J]. 国土资源遥感，2002(3)：5-8.

[8]李慧，余明，叶金玉. 翻转课堂在地理信息系统导论课程实验教学中的实践研究[J]. 教育教学论坛，2018(23)：152-154.

Exploration on the teaching mode of *Forestry Planning and Design* (*Practice*) based on 3S technology

Feng Fei　Zhang Xinna　Li Ping　Fan Dayong　Xu Chengyang

(College of Forestry, Beijing Forestry University, Beijing　100083)

Abstract　*Forestry Planning and Design(Practice)* is one of the courses closely related to production practice in the undergraduate courses of Urban Forestry, and it is very important. However, in the teaching process, we find that students can not use 3S technology to solve practical problems, and their understanding of the basic concepts, functions and methods of 3S is still vague. In this paper, we propose a *Forestry Planning and Design(Practice)* flipped classroom based on 3S technology, which integrates the practical operation of 3S technology into the theoretical course, explaining the relevant knowledge points during the practice process, highlights the teaching key points and difficulties, improve students' learning motivation and learning enthusiasm, and cultivates students' ability to analyze and solve problems by using 3S technology.

Keywords 3S technology, urban forestry, teaching mode, planning and design

基于 OBE 模式的“气象学”实验教学改革

董玲玲[1]　姜　超[2]

（1. 北京林业大学林学院，北京　100083；
2. 北京林业大学生态与自然保护学院，北京　100083）

摘要：“气象学”是农林高校林学等专业一门基础课，实验教学是该课程的一项重要环节，增强“气象学”实验教学改革，将理论知识更好地应用于林业实践是培养林业一流专业人才的重要方面。本文基于 OBE 模式指导“气象学”实验教学，在实验教学内容、教学手段和实验考核方式等方面进行改进，增强学生的动手能力和实践应用能力，提高农林高校“气象学”实验教学质量。

关键词：气象学；实验教学；OBE 模式；林学一流专业人才培养

实验教学是巩固和加深理论知识掌握程度的有效途径，在人才培养中占有重要地位。“气象学”是农林高校林学等专业重要的专业基础课，通过教学使学生掌握与林业生产实践与科学研究相关的气象学知识与测定方法，为今后从事林业工作和开展科研打好基础[1]。气象学实验教学是“气象学”课程中非常重要的一环，通过气象学实验与实习可以考核学生对主要理论知识掌握的程度，将理论知识和实际应用较好衔接，培养学生动手能力和解决分析问题的能力，以便他们将来能更好地为林业生产和科学研究服务。传统的“气象学”实验教学注重理论知识的巩固与验证，综合型创新性的实验项目相对薄弱，不利于学生创新思维的培养，与当前行业发展不能很好地衔接，为改变这种现状，农林高校气象学实验教学应将 OBE 模式引入到气象学实验教学的各个环节，进行实验教学内容、实验教学手段和实验考评方式的改革，以满足行业发展需要和林业复合型人才培养的需求。

一、 OBE 模式

OBE 教育模式（outcome-based education）是以结果为基础的教育，发展于 20 世纪 90 年代，OBE 更加强调学习效果，在教学开展过程中先明确学生未来要达到的预期目标，并在此基础上进行反向设计使教学能够更好地提升学习效果[2]。OBE 促进了教学模式的创新，更加关注学生这一主体，让学生真正成为学习的主人。这一教育模式关心学生的需要和掌握程度，发挥学生在学习过程中的主观能动性，避免教师单向的教学输出。它强调每个教学环节要以完成预期目标为目的，并强调以学生的未来成效为起点，按照学生应该具备的核心素质为标准，更好地与社会行业发展相衔接。总之，OBE 模式更加注重以学习成效为导向、以学生为中心、以能力培养为本位，这种教学模式在当前教学改革中有着重要的作用。

作者简介：董玲玲，北京市海淀区清华东路 35 号北京林业大学林学院，高级实验师，donglingling1120@163.com；
姜　超，北京市海淀区清华东路 35 号北京林业大学生态与自然保护学院，副教授，jiangchao@bjfu.edu.cn。
资助项目：北京林业大学教育教学研究一般项目“混合式教学模式在‘气象学’实验课中的应用”（BJFU2021JY084）。

二、“气象学”实验教学课程开设情况

农林高校“气象学”课程是一门重要的专业性基础课程，涉及的专业较多，实验教学课时约占1/5，实验教学基于传统的验证性实验项目的开展，观测的项目较单一，自主性综合性的设计型实验较少。以北京林业大学为例，“气象学”是林学、水保、草业、资环和生物技术专业的必修课，是风景园林、园林和园艺专业的专业选修课，每年有5个学院8个专业23个班级的学生开展“气象学”实验教学，具体课程情况见表1。“气象学”课程总学时为32学时，其中包括实验教学8学时，以及0.5周的小气候综合实习，主要集中在大一上学期开设。其中实验部分主要包括3个实验项目，内容为太阳辐射的观测、温度与湿度的观测和气压、风、降水、云等观测，主要利用传统的观测设备如风速表、地温表和辐射表等进行观测。0.5周的小气候综合实习的实习内容为小气候观测与分析，让学生观测不同下垫面主要气象要素一天的变化，考查学生对各个气象要素的观测和综合分析能力。气象学实验和实习依托于北京林业大学林学实验教学中心气象站开展[3]，包括室内实验数据分析室和室外气象要素观测场地。国内很多农林高校的气象学实验教学内容和观测设备基本相似，有的学校“气象学”开设的实验教学项目内容简单，观测设备落后。总体上“气象学”课程在农林高校中是一门重要的专业基础课程，实验教学的项目和使用的观测设备则一直按照传统的地面气象观测开展，内容上和形式上缺乏创新。

表1 北京林业大学“气象学”实验教学课程开设情况

学院	专业	班级数(个)	课程性质	学时数(实验/实习)(学时)
林学院 草业与草原学院	林学类	6	必修	8/0.5
	草业	1	必修	8/0.5
园林学院	风景园林	4	专选	8/0.5
	园林	6	专选	8/0.5
	园艺	1	专选	8/0.5
水土保持学院	水保	3	必修	8/0.5
	资环	1	必修	8/0.5
生物科学与技术学院	生物	1	必修	8/0.5
合计	8	23		216/13.5

三、“气象学”实验教学存在的问题

（一）实验教学内容缺乏创新

“气象学”实验教学内容多为验证型实验项目，采用传统的设备测定太阳辐射、温度和湿度等气象要素，实习则是观测主要气象要素一天的变化。实验内容多年未有变化，各个专业范围实验内容都一样，缺乏针对性。实验项目中使用的仪器设备主要包括曲管地温表、双金属温度计、通风干湿表、直接辐射表、三杯风向风速表等，手动观测种类的设备多，与当前自动化观测设备居多的生产实践相脱轨。实验教学项目缺乏可选择的综合性实验项目，不能满足不同层次学生的需求。当前“气象学”课程实验为基础验证性实验，学习掌握各气象要素观测与计算，而实习则在各个要素的观测的基础上，分析气象要素日变化规律，并对比不同下垫面对其产生的影响。针对不同专业的基础好和兴趣较高的同学来说，这些

实验项目相对简单，希望有可选择性的综合性的实验机会，例如结合大学生创新项目以及毕业设计等进行气象综合性实验，满足各个层次学生的需求[4]。

（二）实验教学设备落后

随着精准林业的行业要求，森林多功能经营当中观测设备多为传统的气象要素观测设备，其中部分仪器品牌和型号已经停产，而先进的气象观测设备缺乏，如多参数梯度自动气象站、观测大气污染相关设备(如颗粒物观测系统)，以及大气负离子观测仪等设备，不能满足当前科研和生产实践对气象设备观测的需求。实验教学方式主要为教师仪器使用示范讲解和在老师指导下学生独立实验，对观测数据进行记录与查算分析，完成实验和实习报告。按照 OBE 理念农林高校要培养的是农林拔尖型复合型人才，要能够跟随当前行业和市场发展，传统的地面气象观测设备的市场占有率很低，被系统性多参数性的自动化设备所取代，只掌握传统手动观测设备的观测与计算方法，不会使用先进设备的操作难以满足生产实践需求，因此要围绕当前市场应用的先进设备进行示范性与实操性教学。

（三）实验教学方法单一

气象学实验教学主要沿用传统的以教师为主体的形式，教师进行讲解演示后学生动手操作，以小班上课为主，每组 5~7 人，上课时教师进行仪器使用示范讲解，之后学生独立开展实验，学生需要一段时间才能掌握整个实验流程，学生之间也存在个体差异，因此实验中容易出现操作不当，导致实验耗时较长或仪器的破损，如在测土壤温度实验中，需要挖沟安装不同土壤深度的温度表，在沟的大小、表的朝向和间距等方面出现问题较多，需要不断地调整与纠正，造成实验效率不高，随着微课、慕课等教学形式不断涌现[3]，实验教学中也应充分利用这些新的教学手段和形式，以及 OBE 模式要求，需要丰富教学方式，以提升实验教学质量。

（四）实验教学评价方式单调

根据笔者调查“气象学”实验教学考核形式主要以实验报告为主，课程结束后学生对观测的结果和规律进行汇总分析，形成实验报告。教师根据实验报告完成的效果进行评价，对于实验教学过程中学生的表现相对重视程度低，而对于不同专业的考核方式应该根据不同的专业特点和应具备的能力丰富考核方式，如通过 PPT 汇报形式、结果分析汇报以及增强实验过程中的考核比重等。

四、 基于 OBE 模式的实验教学改革措施

（一）调整教学内容，有针对性地教学

1. 设置具有专业针对性的实验内容

利用 OBE 理念对于不同专业人才的培养目标反向设计实验教学内容，使实验教学更具针对性，如气象学在园林学专业中主要辅助园林绿地规划和园林生态功能研究，应强调先进自动化气象观测设备的使用数据的分析，以及园林配置中适合不同植物的小气候环境的营造，如在北京引种栽培南方的植物南天竹、石楠、蜡梅等植物需要在背风向阳的小环境，如果栽种在风大少阳的地方则无法成活或者无法越冬，因此实验中可以测定这些树种生存小环境差异，掌握了气象观测的知识并能够为专业实践所用。而作为林学、水保专业强调从理论和技术上进行掌握，从传统的观测手段到涡度相关等先进的观测设备。环境类等专业应该重点结合当前研究的热点问题，例如 PM2.5 等相关的观测内容的介绍与掌握。因此实验内容围绕不同专业各有侧重点地进行实验教学，与各自专业的培养目标相结合，这样既帮助同学们了解掌握气象学知识和技术，并能将气象学与所学专业领域相结合，更好地了解了专业领域知识，为将来参加生产实践和开展科研打下了良好基础。

2. 增加可自主选择的综合性试验项目

根据 OBE 模式和理念要发挥学生的主体作用，提升教学效果，因此对于不同需求的同学，要根据学生的不同需求层次开展自主性的实验项目，如对气象学兴趣较浓厚的同学可以利用多参数的气象观测设备进行多要素的气象因子观测与分析，如利用便携式专业小型气象站开展人员密集的居住区和森林植被较多的公园两种环境下主要气象因子差异的对比分析。对于动手能力较强的同学还可以进行自动气象站的现场安装、监测与拆卸，精通气象观测设备操作，以及利用颗粒物仪与能见度仪分析北京市的空气质量。通过这些实验项目的开展有针对性的提升学生气象观测与分析能力，更加贴近林业行业发展对气象观测的需求。

3. 更新先进的自动化观测设备

OBE 模式更加强调与行业发展相衔接，因此在当前林业生产实践中自动观测设备使用较多的情况下，无论在生物多样性保护还是森林的固碳增汇等功能中先进的气象观测设备已经成了基础配置，因此更新落后的观测设备，百叶箱由原来的木质百叶箱换成新的陶瓷百叶箱，天空辐射表和直接辐射表更新成能够半自动观测的辐射表。购置当前应用较多的先进的气象观测设备，如多参数梯度气象站、负氧离子观测仪、能见度观测仪、颗粒物观测系统，便携式小型专业气象站、颗粒物速测仪等进行示范性教学，课程中介绍其工作原理、观测方法及应用领域，进行示范性教学，并供同学们开展自选性实验项目。提升实验教学开展的场地条件，对气象站进行了整体装修，包括观测场地路面铺装、铺设草坪、排水系统、更新大门、安装路灯、加装门禁管理系统和监控设备，对室内实验场地进行墙体粉刷、更新地面、购置实验台等配套设施，完善实验室功能，增强信息化管理水平提升安全水平，提升实验教学环境(图 1)。

（a）颗粒物观测系统　（b）梯度气象站　（c）能见度仪器

图 1　更新先进的观测设备

（二）优化教学方法，开展个性化教学

1. 利用微视频等教学方式辅助实验教学

利用微课、微视频、翻转课堂等手段丰富实验教学形式，提升实验教学效果[4-5]。将实验内容按照仪器和知识点录制多个小视频进行分步骤讲解，包括仪器操作步骤和注意事项信息，使实验过程更加形象直接，如测不同土壤层温度的实验室中如何规范安装 4 个深度的曲管地温表，演示直接辐射和散射辐射的测量过程，以及在数据分析部分如何进行数据订正，把各个实验和实习环节用一系列的微课和微视频形式提前进行预习。通过微课等课程形式，增加了学生对实验设备和实验流程的直观了解，通过预习和教师现场讲解，能够提高学生对实验技术要点和过程的理解和掌握，学生可以在较短的教学时间内掌握实验难点和重点，提升实验的速度和质量。为后续疫情丰富线上学习方式奠定了良好的基础。

2.“互联网+”与线下教育相结合

由于当前疫情的影响学生不能按时返校，因此网课成为了当前的一种主要上课形式，在疫情的背景下，结合 OBE 理念根据人才培养目标将“互联网”+与线下教育相融合，有必要进一步提升授课的效果，随着虚拟实验的发展，结合虚拟实验教学，使得“气象学”实验教学更加系统和灵活。互联网让沟通更加的方便，学生可以随时与教师进行沟通，将生活中观察到的天气用理论去分析，例如学生将观察到的天气现象如云、雾等随时发给教师进行分析，从而更好地掌握理论知识，同时老师也可以利用当前发生的如洪水、台风、降雪等案例分析其背后产生的原因，使学生们更加直观高效地学习。

（三）完善考核方式，实现多方面评价

OBE 理念要求对学生学习能做出有效的产出性评估，教学和评估能相辅相成，以学生的发展为本，关注学生内在的感受、体验、主体性及潜能的发掘。不仅仅是对结果进行评价，还需强调过程的评价，通过对学生学习过程中各方面的发展做出的评价，引导教学进程正确并完善地进行，我们对学生评价体系进行了改进，将过程评价纳入评价体系，增加了实践学习过程的“学习诊断”，即教师在教学中全面了解和掌握学生实验的整体情况，并对学生的实验过程、实验质量和实验结果做出及时、客观、公正的指导和评价。

五、“气象学”实验教学建设成效

（一）实验教学条件得到改善

通过调查并按照 OBE 模式进行“气象学”实验教学改革后，实验教学的效果得到了较大提升(图 2)。北京林业大学“气象学”实验教学通过四年的建设，气象学实验室和观测场地条件得到明显的改善，实验仪器和设备得到了更新和升级，购置了先进的梯度气象观测系统、颗粒物观测系统、负氧离子观测仪、能见度仪等专业性设备进行示范性教学和自主综合性创新性实验，满足了不同学生的实验需求，增强了生产实践和科学研究中气象设备使用经验，与行业发展接轨，为培养复合型和应用型林业人才打下了良好基础。

图 2 改善后的实验教学条件

（二）实验教学满意度提升

通过进行问卷调查了解到 90%以上的学生对实验教学条件和教学方式的改革较满意。通过微课、微视频等教学方式融入实验教学当中，大大促进了学生对观测仪器和实验流程的掌握，节省了实验的时间，提升了实验实习效果。学生利用先进观测设备开展自主性的实验，结合着大学生创新项目和毕业设计等，将观测设备应用到具体科学问题当中，进一步加深了同学们对气象学知识的掌握，并提高了学生的综合分析能力，大大提升了林业和园林等一流专业的人才培养质量(图 3)。

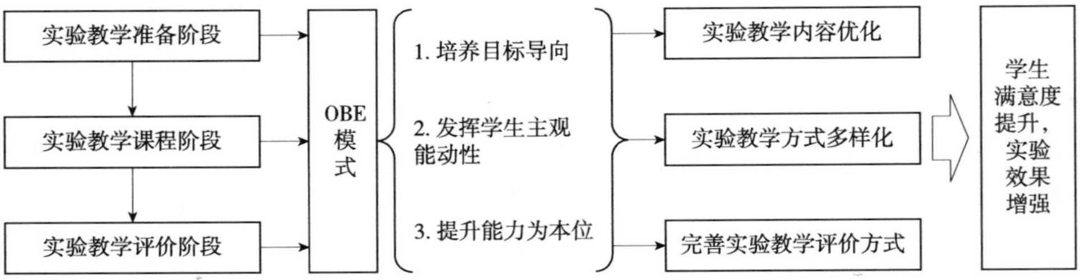

图3 基于 OBE 模式的气象学实验教学效果提升框架

参考文献

[1]同小娟. 高等林业院校“气象学”课程教学改革与实践[J]. 中国林业教育，2013，31(1)：63-65.
[2]周锋，翟凤艳，杨蕊，等. 新形势下植物保护专业农业植物病理学课程实验教学改革的思考[J]. 中国现代教育装备，2021(13)：3.
[3]董玲玲，李江婧，韩海荣，等. 林学实验教学中心建设的探讨——以北京林业大学为例[J]. 中国林业教育，2018，36(2)：11-13.
[4]潘杰峰，阮慧敏，沈江南. 论微课对大学生课堂新型学习方式的促进作用——以电渗析工程学为例[J]. 化工高等教育，2018，35(5)：102-106.
[5]施佳景，张明霞. 大学生创作微课的实践与思考[J]. 中国教育技术装备，2018(18)：99-101.

Reform of *Meteorology* experiment teaching based on OBE mode

Dong Lingling[1] Jiang Chao[2]
(1. College of Forestry, Beijing Forestry University, Beijing 100083;
2. College of Ecology and Nature Conservation, Beijing Forestry University, Beijing 100083)

Abstract *Meteorology* is an important course of forestry and other majors in agricultural and forestry colleges and universities, of which experimental teaching is an important part. Strengthening the reform of *Meteorology* experimental teaching for better applying theoretical knowledge to forestry practice are important aspects of cultivating first-class forestry professionals. Based on the OBE model, this paper reformed the *Meteorology* experiment teaching by ways of adding experimental teaching content, using advanced experimental methods, which enhanced the students' practical ability and improved the quality of *Meteorology* experiment teaching in agricultural and forestry colleges and universities.

Keywords *Meteorology*, experimental teaching, reform and practice, professional forestry talents cultivation

基于案例—实验—理论穿插模式的“空间数据库”教学法

梁博毅　王　佳　王　宗

（北京林业大学林学院，北京　100083）

摘要：“空间数据库”课程是地理信息系统、遥感和测绘工程等学科的基础课程，对于培养学生掌握空间数据的组织、存储和管理等相关知识起到重要作用。然而，由于该课程理论性较强，公式与概念较多，同时课程中的理论内容往往与实践相脱节，导致出现学生学习兴致较低、应用能力差等现象。鉴于此，本文提出一种基于“案例—实验—理论”穿插模式的空间数据库课程教学法，并以北京林业大学校园基础空间数据库设计为例，将该教学法应用过程进行详细说明。通过教学评价发现，该方法在提高学生课堂参与度，发挥其主观能动性以及培养学生空间数据库设计能力等方面具有较高的实践和推广价值。

关键词：空间数据库；实验教学；地理信息系统；教学模式

地理信息系统（geographic information system 或 geo-information system，简称 GIS）是一门综合计算机、数学、数据库、地理科学、遥感等多领域的交叉学科，其研究内容涉及空间数据和获取、管理、分析、应用等多方面内容[1]。它是以计算机技术为支撑进行空间数据管理，并由计算机处理空间数据，模拟地理分析方法，能够快速、精确、综合地对复杂的地理系统进行空间定位和过程动态分析[2]。国内目前开设地理信息系统专业的院校及科研机构超过 200 所，每年培养近万名具有 GIS 专业背景的毕业生[3]。

“空间数据库”是地理信息系统的核心课程之一，涉及数据库软件的安装配置、SQL 语言基础、空间数据查询以及综合实验等模块[4]。该课程的教学要求学生能理解空间数据库的基本概念和基本原理，重点掌握空间数据模型、空间数据索引、建库原理及空间数据库设计过程等内容[5]。

“空间数据库”这门课程在内容上涉及大量的公式、理论，并在知识讲述的基础上，强调上机实践能力与应用能力。同时，相比于地理学其他专业课程而言，空间数据库开设较晚，相关的教学法研究也比较少。因此，对于“空间数据库”课程的教学方法研究有助于进一步强化课程的教学效果，提高学生对知识的掌握能力和实践能力。

一、“空间数据库”教学中存在的问题

目前，学生在学习空间数据库的时候往往存在参与度较低、能动性较差、兴致不高等现象，归结其原因主要有以下三点。

（一）教学内容不统一，课程定位不明确

空间数据库是地理信息系统项目建设的关键环节和基础工作内容。然而，目前开设该

作者简介：梁博毅，北京市海淀区清华东路 35 号北京林业大学林学院，讲师，liangboyi@ bjfu. edu. cn；
王　佳，北京市海淀区清华东路 35 号北京林业大学林学院，教授，wangjia2002_0@ 163. com；
王　宗，北京市海淀区清华东路 35 号北京林业大学林学院，讲师，wangzong@ bjfu. edu. cn。

门课程的主要院校大部分具有多元化的科研教学背景和侧重方向，课时相对有限，通常在24~48个学时不等[6]。空间数据库的教材也是百花齐放，例如郭际元的《空间数据库》侧重于空间数据模型和管理模式的阐述，而Shashi Shekhar编写的《空间数据库》则从计算机原理出发，重点讲述空间数据库的基础理论[7]。总的来说，部分高校在选择相关课程教材时侧重于原理教学，而另一部分重视技术实践[8]。在教学时，教师难以有效掌握教学主脉络，学生也无法感受课堂教学中的主体结构，无法抓住课程的重点难点，理解课程的实用价值，从而导致其学习动力的下降。对于林业大学这种农林专业类院校而言，地理信息科学专业的办学特点是在本专业的基础上结合林学类相关知识进行教学和研究。因此，在“空间数据库”课程的教学时，需要合理平衡“空间数据库”的课程知识和林业方向的辩证关系，让学生能够理解本课程的同时，更好地为林业、地理信息科学相关的其他课程打下基础，培养知识的综合运用能力。

（二）教学内容庞杂，理论抽象

空间数据库的教学内容包含空间信息的抽象过程、数据类型的定义、数据库的设计与管理，空间索引与查询、空间分析等多个环节，可谓包罗万象。首先，数据库的发展经历了基于文件系统的数据库、关系型数据库等多种数据库类型。其次，空间数据库理论相对也比较抽象，这主要是由于空间数据涉及二维、三维空间，建构在空间数据之上的空间数据索引和空间查询等要比常规的属性数据相应的理论抽象得多[9]；数据类型包含栅格数据、矢量数据等多元化的数据格式；矢量空间数据的管理还需要建立在理解空间拓扑关系的基础之上[10]。授课教师在目前有限的教学时长之内无法做到对以上庞杂的教学内容面面俱到。此外，虽然大多数学校选择在大二下学期或者大三才开设“空间数据库”这门课程，此时学生的数学、计算机、地理信息系统方面的知识储备参差不齐，而这些基础课程会直接影响其学习空间数据库相关知识的效果。与此同时，当前的参考教材中的文字篇幅叙述较多且内容抽象[11]，也增加了学生的自主学习难度与教学难度。部分学生由于相关理论不理解，从而逐渐失去了对于这门课程的兴趣。

（三）理论课程与实验课程设置不合理，教学内容连贯性较差

随着现代科技进步和社会分工，市场需要更多的专业技术人才，而政府倡导的“大众创业，万众创新”更需要应用创新人才[12]。传统的空间数据库教学基本遵循从理论到上机实验、最后案例研究的教学步骤（图1）。部分院校将空间数据库理论与实践进行拆分教学，设置为两门课程[13]；有的院校还将空间数据库相关实验课程列为选修课的范畴中。根据以往的教学经验，这样教学的结果往往是学生不能尽快理解那些抽象难懂的概念和复杂的技术体系，同时也无法深入认识基础理论和技术应用间的联系[14]。相对割裂的课程设置和不科学的教学方案导致很多学生在最初几次空间数据库理论的授课中无法体会到课程的应用价值，造成其之后的课程参与度更是大打折扣。

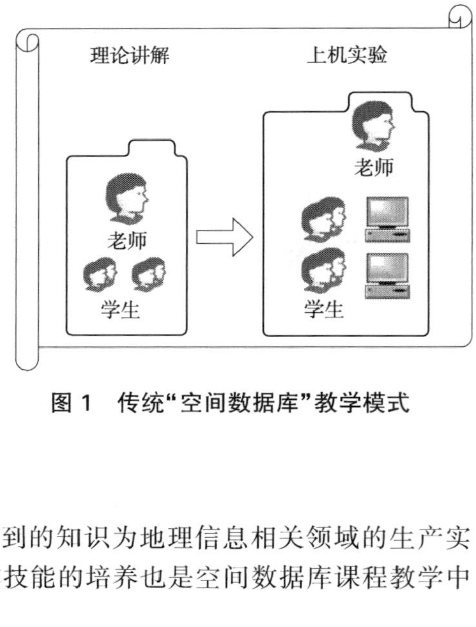

图1 传统“空间数据库”教学模式

二、 案例—实验—理论穿插教学模式

教学的目的是学以致用，让学生能将课程中学到的知识为地理信息相关领域的生产实践服务[15]。因此，实践能力和空间数据库软件操作技能的培养也是空间数据库课程教学中

的重要内容。过去的研究论文中，不少学者强调了教学环节对于“空间数据库”教学效果的重要影响[16]。闫金凤[17]提出了基于链式教学模式的空间数据库教学改革方案。文章探讨了对“空间数据库”课程紧密衔接的课程链条(包含地理信息系统原理，数据库技术与应用等)进行教学改革和资源共建；在建立课程衔接时，更要突出不同课程各自的重点，充分展现教学的核心内容，避免不必要的重复，充分利用每门课程理论教学与实践环节的学时，让学生获得相应领域扎实的知识。这一模式有助于加强“空间数据库”课程体系的连贯性和学习内容的整体性，也缓解了部分专业课教学学时不足的状况。然而，在具体的授课实践中，该方案依然遵循过去的“先理论，后实验”的分课模式[18]，导致课程之中的理论与实践部分依然割裂，学生理解起来相对困难。针对这一问题，本节提出一种全新的“空间数据库”的教学模式。

（一）在教学环节中采用从案例开始，理论与实践穿插进行的教学模式

应当确立空间数据库应用为导向的授课原则。尤其对于林业大学等专业类院校而言，“空间数据库”的授课目的应该是以学生的实践能力为主，服务于本学校的特色专业方向，而理论知识的学习是为实践能力的提高发挥基础性作用。在空间数据库的教学过程中，应该以科学问题或研究案例为先导，首先向学生提出待解决的与空间数据库有关的实际问题，让学生共同参与思考，然后引入相关的软件操作方案和必要的基础知识，在操作过程中穿插空间数据库理论的讲解。在实验结束、解决了实际问题之后对整个操作过程进行“复盘”，回顾其中主要用到的应用软件、结构化查询语言和其他技术手段，对其中涉及的空间数据库的理论知识进行更加细致和系统的梳理，让学生能够更加形象地认识理论与实践之间的联系，同时提高学生利用空间数据库相关技术解决科学问题的能力。整个教学过程应该大部分时间在机房进行，方便学生随时进行实践操作(图2)。

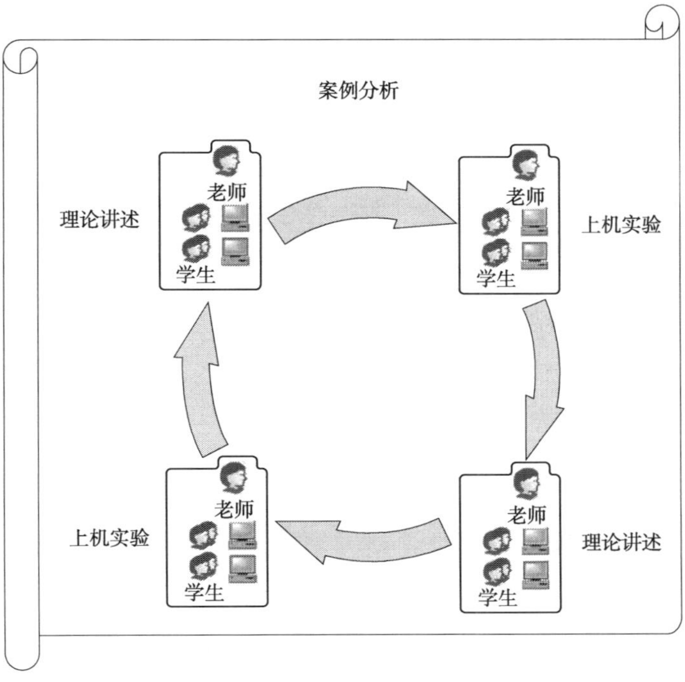

图2　“空间数据库”穿插教学模式

（二）强调空间数据库应用能力的拓展和团队合作

由于“空间数据库”课程的基础性特征，其技术手段通用性较强。因此，课程对于案例

研究和实际问题的教学环节可以充分发挥学生的联想能力和主观能动性。举例来说，对于校园建筑的数据库建库过程可以延伸到城市建筑的空间数据库设计操作中。因此，在每堂数据库案例研究课程的讲授之后，应在后续跟进相似的科学问题，并让学生以团队为单位进行自主的数据库设计、开发和应用。教学方法上则应主要以启发式、互动式为主，以纯讲授式为辅。在传授给学生知识时，不一味地以教师为主体，更多地以学生为主体，让学生多做多练。这种从带领学生解决问题到引导学生解决问题的过程可以大大提高其学习空间数据库操作的信心，同时还可以增强学生之间、师生之间的交流，活跃课堂气氛，提高每位同学的参与度。

（三）在学生课程成绩评定环节增加软件操作和实践部分的权重

传统的“空间数据库”的课程考试方式以期末纸质试卷为主，且多闭卷形式[19]。因此，考查重点在于空间数据库相关概念、理论的熟记程度，而对学生实际应用能力却相对忽视。部分命题者虽然会以数据库设计等应用题进行考查，但这种方式只能测验整个空间数据库应用的最初步骤，而后续的操作基本上是在计算机上完成。整体成绩评定方式依然与课程教学主旨形成了一定的矛盾。因此，改变课程考试方式也是促进学生改变学习方式的一种重要手段。在课程最终成绩评定中，应增大平时上课中案例研究成绩的比重，并在期末测验时增加上机操作环节，甚至可以采用综合案例研究、团队协作的方式。同时，理论考查也应该将以往的闭卷形式转变为开卷，同时增强题目的发散性和与实际科学问题的关联性，避免出现过多的记忆类或概念类的题目。

三、 林业空间数据库设计教学示例

本节以林业大学校园基础地理空间数据库的构建过程为例，详细介绍穿插教学模式的具体应用过程。空间数据库的设计与现实世界的抽象过程是该案例教学的主要内容，课堂教学旨在让学生们熟悉空间数据库的一些基本概念，包括空间要素与对象、E-R图的概念、设计与使用、要素集、要素类、子类的概念以及数据分层、属性表、元数据的定义等。除此之外，学生还应该熟练使用ESRI ArcCatalog等软件的基本操作，基于空间数据库的设计能够在软件中建立数据库，同时将各个地物要素进行分类和属性赋值(图3)。

针对这一研究案例，传统的教学模式基本遵循在课堂上首先对相关的空间要素、E-R图进行系统的讲解，之后会在上机课上利用ArcCatalog进行具体的空间数据库的建立。然而，这种教学模式不但在讲述要素类、子类这种抽象化理论时很难给学生直观的感受，同时由于上机实习课程与理论讲授相隔时间太长(例如部分学校采用理论与实验课程交错课表制)，导致同样的内容其理论讲解部分与实践至少相差一周以上，学生无法将上机操作的具体步骤与相关理论进行联系。长此以往会使学生所学习的知识与实践能力相对割裂，造成“空间数据库”这门课程教学上的不连贯。

相比之下，本文所提出的穿插教学模式则首先提出建立林业大学校园基础地理空间数据库这种应用场景，然后根据案例的需求逐步构想解决方案，并将理论的讲解穿插于整个实验操作的各个环节，让“实践强化理论”“理论引导实践”交错的教学理念体现在整个课程的教学历程之中。具体而言，针对林业大学数据库的设计需求，首先要将校园中的要素进行划分，这一部分并不需要空间数据库的知识就可以很好地理解，仅交代空间要素和对象的概念即可。第二步是引导学生画出类似于E-R图的关系网图，将不同的建筑类型、植被类型进行归类整理，在这一过程中穿插介绍数据分类、空间拓扑关系以及E-R图的概念。第三步要将校园中空间要素的实体和关系进行人为定义，这一步也不需要空间数据库的复杂理论，仅大学前几个学期的专业背景就可以让学生们完成这一任务。在此基础上，引出

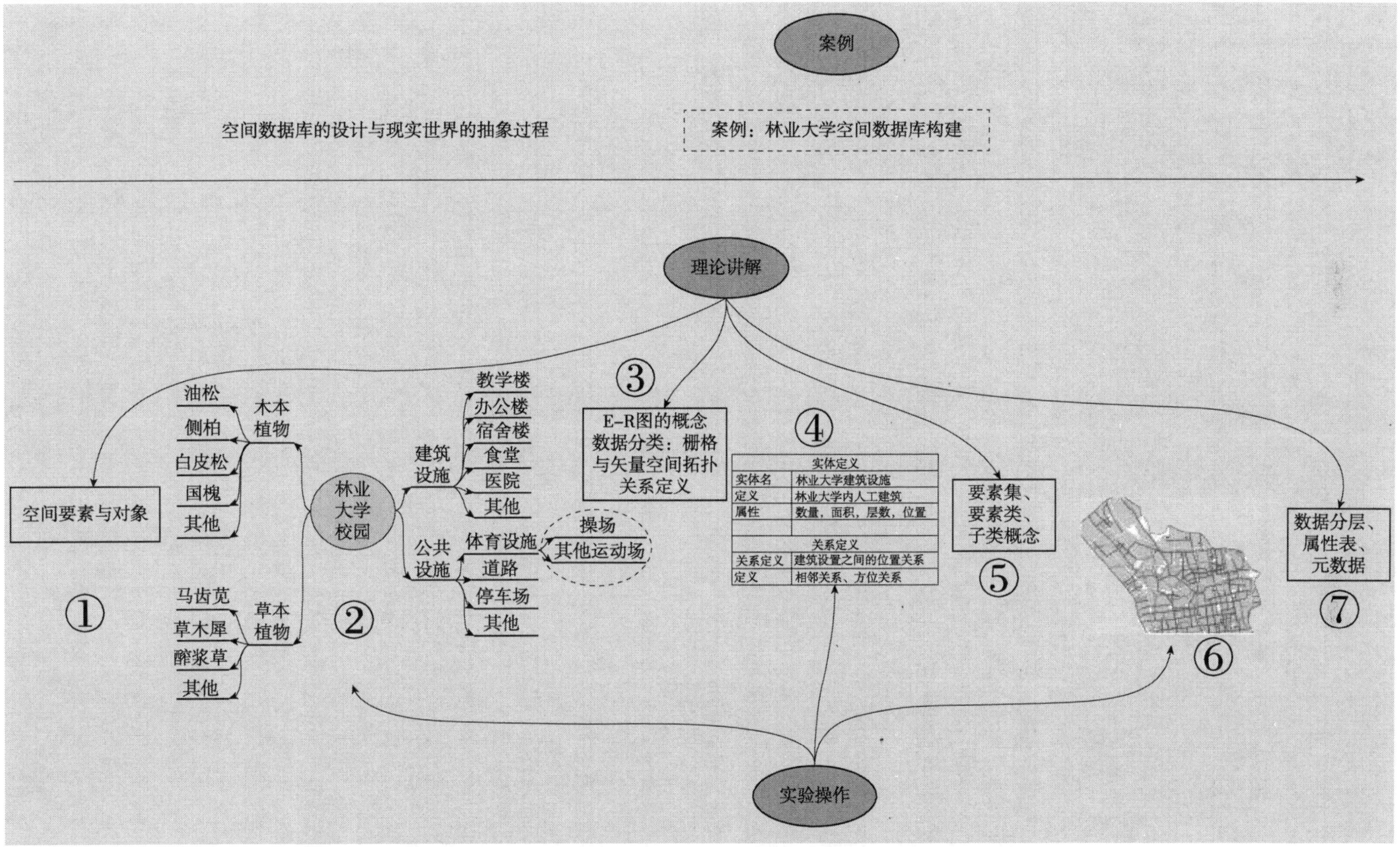

图3 穿插式教学模式在林业大学校园基础地理空间数据库设计教学中的流程

实体、关系定义中蕴含的概念，包括要素集、要素类和子集等。最后，由老师带领完成ArcCatalog中林业大学空间数据库的构建，在熟悉了软件的操作之后再向学生讲述软件中所体现的知识点，包括属性表、元数据、数据分层等概念。在整个案例研究完成之后，总结梳理整个过程中所用到的软件操作方法和相关的理论，让学生们对于空间数据库的构建和现实世界的抽象过程有直观的认识和理解，达到长期掌握的目的。

这种基于“案例—实验—理论”的穿插教学模式的核心要点在于实验操作之前尽量删减不必要的理论赘述，仅保留基本知识点，而在学生上机完成部分操作之后再引出相关的理论概念，同时为下一步的实践做引导，正所谓理论与实践交错并行。优化以往高校“空间数据库”教学的目标和培养模式，强调案例分析、处理实际问题的能力，有助于解决目前“空间数据库”教学内容离散，学生参与度普遍不高，应用能力较差等一系列问题。

针对本研究提出的全新的穿插教学模式的思路，选取了三种常用的教学评价法进行成效检验，即教师评价、诊断性评价和形成性评价。教师评价中，任课教师反映，通过应用穿插教学模式，在准备教学(包括教案的拟定，幻灯片等教辅资料的准备，课前和课后的知识梳理等)环节中使相关材料更具逻辑性。同时，由于案例和问题的讲述贯穿各个章节，使每一章之间体现出更强的关联性，丰富了教学内容。诊断性评价主要从学生的角度进行研究。通过与学生交谈发现，由于穿插教学模式的精髓在于每个章节所学习的内容均可以应用到对应的相关案例和问题分析中，这使得学生参与课堂的积极性大大提高。在结束了本课程的学习后，学生还会对相关课程的学习继续保持兴趣。形成性评价主要检验学生完成课堂作业与实验的效果。由于案例和作业往往需要一个团队基于课堂中所讲述的知识进行协作完成，因此学生在课程学习中会不断形成各种讨论和研究小组，使大家在实践中的交流更加频繁，在向老师进行学习的同时还可以互相学习，提高了学习动力与效率。从作业完成情况看，案例的研究完成情况也要强于传统以习题为主的课堂作业形式，这说明学生真正理解了教学内容，并能够成功应用到实践中。

四、结　语

目前，有关“空间数据库”这门课程的相关教学法研究还处于起步阶段。对于林业大学这种专业类院校而言，由于本课程的教学内容包含大量的公式和理论知识，与实际的应用研究相差较大，因此普遍存在学生参与度不高，教学内容理解困难等现象。针对这一问题，本文提出了一种全新的基于“案例—实验—理论”的穿插模式的“空间数据库”课程教学法，其核心在于打破以往空间数据库教学中案例、实验、理论三要素相对脱离的教学模式，将其进行合理的融会贯通。通过应用该教学法，不仅教师在教授课程内容时可以更加具有逻辑性，同时对学生而言也可以大大提高其参与课堂的积极性，培养团队合作意识和实践能力。因此，该方法具有较高的推广价值。

参考文献

[1]何珍文，郑祖芳，田宜平，等. 云计算环境下空间数据库实验教学改革研究[J]. 电脑知识与技术，2018，14(6)：86-88，99.

[2]张山山. “空间数据库”课程教学内容研究[J]. 测绘与空间地理信息，2009，32(6)：1-4.

[3]朱海勇. 地理信息系统专业空间数据库课程教学内容的思考[J]. 教育教学论坛，2014(43)：232-234.

[4]牛新征，张凤荔. 空间信息数据库实验教学改革与实践[J]. 实验科学与技术，2011，9(5)：73-75.

[5]曹敏，蔡博勤. 云计算环境下“空间数据库”实验教学探讨[J]. 现代测绘，2019，42(1)：62-64.

[6]董有福，李明峰. 对“空间数据库”课程教学的思考[J]. 矿山测量，2008(1)：86-88，4.

[7]吴正升，崔铁军，郭黎. 空间数据库课程教学几点建议[J]. 测绘科学，2009，34(S2)：238-240.

[8]江浏光艳.“空间数据库”课程教学探讨[J]. 地理空间信息，2017，15(6)：117-119，6.
[9]沈敬伟，周廷刚，郭丽敏，等. GIS专业《空间数据库》教学内容与方法探讨[J]. 安徽农业科学，2014，42(4)：1270-1271，1275.
[10]马娟，夏建波，宋群玲，等. 空间数据库技术应用项目课程改革研究[J]. 昆明冶金高等专科学校学报，2017，33(1)：97-103.
[11]马东波. 空间数据库课程教学的优化设计探讨[J]. 产业与科技论坛，2019，18(1)：164-165.
[12]宋仁波，张云，李文慧，等. 软件考试驱动的GIS专业教学改革与实践——以“空间数据库”课程为例[J]. 测绘工程，2018，27(4)：76-80.
[13]张海涛，江畅，姜杰，等.“空间数据库”课程内容体系研究[J]. 测绘与空间地理信息，2011，34(3)：10-12.
[14]牛新征，张凤荔. 基于ArcGIS空间信息数据库的实验教学研究[J]. 实验科学与技术，2011，9(6)：117-119，36.
[15]马娟，郑松，汪东静. 校园基础地理空间数据库建设[J]. 昆明冶金高等专科学校学报，2020，36(1)：63-69.
[16]王媛妮，何珍文，葛非. 空间数据库原理与数据库原理融合教学的模式探讨[J]. 科教导刊(上旬刊)，2014(11)：195-196.
[17]闫金凤. 空间数据库课程链式教学模式改革及资源共建[J]. 测绘与空间地理信息，2015，38(11)：18-21.
[18]褚永彬，陈军，王增武，等. 对分课堂教学模式在空间数据库建库课程中的实践[J]. 教育教学论坛，2020(3)：159-160.
[19]孙文彬，赵学胜，袁德宝，等. 测绘专业“空间数据库”课程教学方法改革与探讨[J]. 矿山测量，2014(3)：53-55，66.

Teaching methodology of *Spatial Database* based on case-experiment-theory interspersed mode

Liang Boyi Wang Jia Wang Zong
(College of Forestry, Beijing Forestry University, Beijing 100083)

Abstract The *Spatial Database* course is a basic course for subjects such as Geographic Information System, Remote Sensing and Geomatics Engineering. It plays an important role in cultivating students to master the knowledge of spatial data organization, storage and management. However, due to the strong theoretical characteristics of this course, many formulas and concepts, and the separation between theoretical content and practice, the phenomenon of students' low interest and poor application ability often appears. In view of this, this article proposes a new teaching method for spatial database courses based on the “case-experiment-theory” interspersed mode, and takes the teaching process of the basic spatial database on the campus of Beijing Forestry University as an example to explain it in details. According to teaching evaluation, this method has high practical value for improving students' learning participation, stimulating their subjective initiative, and cultivating application abilities such as spatial database design.

Keywords *Spatial Database*, experiment and teaching, geographic information system, teaching mode

提高学生进行高效科研汇报能力的方法研究

靳豪杰　付玉杰

（北京林业大学林学院，北京　100083）

摘要： 科研活动作为一种高度专业化的学术训练活动，如何更好地交流与展示自己的研究内容与成果往往成为科研成败的关键。本科生有着强烈参与科研活动的热情与积极性，但因缺乏对于具体科学问题总结与汇报的训练，从而限制其进行有效学术交流的能力，因此如何指导本科生进行高质量的科研交流是其科研训练中一个重要的环节。本文系统总结了从科研报告的前期准备工作，到幻灯片制作技能与态度，以及报告现场需要注意的问题，最后强调科研汇报完成后学生要进行的后继总结及学术关系的建立。本研究旨在希望学生对科研交流的重要性有一个全新的认识，不断提升和加强展示科研成果的能力，从而使以后进一步的科研深造或从事相关科研工作的能力得到全面提升。

关键词： 科研问题；科研思路；幻灯片制作；科研报告

北京林业大学林学院作为我校具有鲜明特色的研究型学院，一直将培养科研复合型本科人才作为学院的重要工作之一。学院实验教学中心突出实验室功能化建设，下设了包括显微与生物观测、分子与生化等 11 个教学实验室，1 个大学生创新实验室，1 个学科交叉创新平台。这些优异的平台为学生开展科研工作提供了优越的硬件条件，每年产生了大量的校级优秀本科毕业论文，同时也为梁希实验班学生不同层级的创新创业训练项目（包括国家级、北京市级，以及校级等）提供了必要的条件。但在本科毕业论文及科研竞赛的指导中发现，虽然学生非常用功也积累了一定的科研知识与成绩，但却往往在交流汇报尤其如何利用幻灯片更好地呈现研究成果中事倍功半，难以达到预期效果。

虽然学生在前期的中学以及大学教育中已经大量接触到幻灯片，对其并不陌生，但所接触的多媒体教学更多的是对已有知识的输入式报告，而科研汇报则是对研究人员自己已有结论或成果的推销式汇报，以期获得更多专家老师的了解、关注、支持以及指导。相较于通识教育，科研报告具有前瞻性和专业性，所以对学生在科学问题的认识总结以及逻辑讲解能力等方面提出了更高的要求。在对本科生进行科研指导的过程中，指导老师往往在课题的设计、走向及科研论文发表方面花费了更多的心思，却忽略了学生如何科学规范地利用幻灯片呈现自己的研究内容及成果。另外，由于指导老师本身作为课题的设计以及参与者，对课题有着深入的了解，在指导过程中也难免会有一叶蔽目的片面性。

目前许多讨论多媒体幻灯片的论文主要集中在中小学以及大学课堂的课件制作上面，而对科研交流的幻灯片制作尚缺少系统的指导，所以一个相对综合全面的关于如何更好地利用幻灯片呈现自己科研内容的指导论文显的必要而紧迫。本研究中，作者将系统介绍幻灯片制作的前期准备工作；幻灯片制作过程中的逻辑及细节，以及如何更好地呈现结果及

作者简介：靳豪杰，北京市海淀区清华东路 35 号北京林业大学林学院，讲师，haojie@ bjfu. edu. cn；
付玉杰，北京市海淀区清华东路 35 号北京林业大学林学院，教授，yujie_fu@ 163. com。
资助项目：北京林业大学教育教学研究重点项目“基于‘新农科’理念的森林学基础课程的‘3A’教学方法与实践”（BJFU2021JYZD002）。

数据；另外也详细介绍了报告现场应注意的事项以及如何面对专家老师听众的问题与建议；最后鼓励学生对报告进行总结与回顾，并积极建立学术联系。

一、 科研报告的前期工作

（一）扎实细致的研究工作

TED 的著名策划人 Chris Anderson 曾经将其 30 年组织演讲的经验总结为：殷实新颖的内容才是成功演讲的灵魂。科研汇报也遵循相同的道理。在这里我们将看似不直接相关的科研工作放在了论文的起始部分，就是想让学生建立一个基本的认识，科研幻灯片的制作绝不是“临时抱佛脚”式地通宵彻夜地赶稿。“巧妇难为无米之炊”，一个好的科研幻灯片的制作与讲解，首先是对科研问题的挖掘与总结，是对已有知识的举一反三，以及深厚学科交叉功底的积累。本科生作为科研新手，对科研问题进行自主查阅、筛选以及质疑和提炼的训练相对欠缺，面对指导老师提出的课题方向，更需要进行系统的学习与内化[1]。指导老师应引导学生广泛猎取相关领域的前期工作，在大量阅读文献的基础上，结合课题组科研方向与兴趣深化科研问题，变被动为主动；通过对所研究领域内的总结与思考，对所从事课题做到知其然亦知其所以然。然后就是踏实细致的实验工作，而具体的实验内容与方法因为学科与专业的差异，将由指导老师自行安排与把握[2]，不是该论文的主要研究对象，在这里也不再赘述。

（二）了解报告目的与听众特点

有了前期对科研问题的充分认识与准备并取得较好的实验进展及结果后，另一重要因素便是充分了解听众特点，做到有的放矢。一般的学术性报告面对的听众主要分为表 1 所示的几类，报告人在报告准备过程中应仔细琢磨，精准把握。科研报告是报告人带领听众进行的一段科研之旅，对于报告人来讲最重要的是明白如何起始。想要合适起始科研报告，首先需要了解听众对所报告领域的了解程度以及兴趣点。如果报告人高估了听众对报告领域的背景知识与兴趣，或者使用了过多的专业与技术术语，听众会因无法理解而很快失去兴趣。最引人入胜的报告往往能够非常迅速地介绍主题，解释报告人为何关心该主题，并获得听众的认可与参与。

表 1　科研报告中通常的听众群体及其特点

报告目的	听众群体	报告特点	听取报告人期望结果
论文答辩	答辩委员会老师	逻辑严密的论证	对该领域有所贡献
工作面试	对自己科研方向了解但不同领域专家	总结与报告；突出自己研究影响力与潜力	对应聘单位的研究起到促进或者互补作用
大会报告	对自己科研方向了解且有同领域专家	所从事研究领域某一方面的突破性发现	获得知识与见解；建立合作
奖学金及基金申请	商业赞助团体；基金会评审老师及专家	成果在非领域专家中获得共鸣；协同促进	基础研究的突破及应用领域的潜力

二、 幻灯片的制作

（一）构建科学合理、逻辑性强的报告结构

学术报告的起始介绍需简明扼要，不宜涵盖过多的细节，但要确保听众有足够的信息

来理解报告人的研究对象、重要性和原因，以及该研究是如何填补该领域的空白或回答特定问题。通过在引言中明确研究目的，听众能够更好地理解随后的论点与推断。在演讲的主要部分谨记切勿使报告内容过于宽泛，而应翔实深入，更多地强调报告人在该领域中的独特贡献而不是过多赘述整个研究领域。最后，总结主要研究结果并讨论其意义，这部分也是报告人最后留给听众进一步思考的机会，报告人应提醒自己，如果听众仅记住了演讲中的一件事情，报告人希望它是什么？另外，听众的注意力通常会在15~20分钟后减弱，这也是对每部分时间把控的参考，通过报告内容与部分的转换能够更好地激起听众的注意力与兴趣。

（二）幻灯片的制作注意事项

科研幻灯片制作的细节有以下几个[3]：简洁大方；在一个单独的报告中尽量统一幻灯片背景；字体与背景的对比应非常的明显；切记不要在幻灯片上堆积大段的语言，利用图片替代文字描述有助于听众感受更为直观的效果(图1)；必要情况下图表作为背景有助于理解幻灯片所涉及的主要内容(图2)；图片的编辑上可遵循摄影构图三分法则[4]；另外，在演讲中为了合理控制节奏防止听众因阅读幻灯片文字而错失报告人谈论的要点，不宜一次提供所有的要点，相反，为每一行或每一个项目符号设置动画，从而使其在需要讨论时出现。

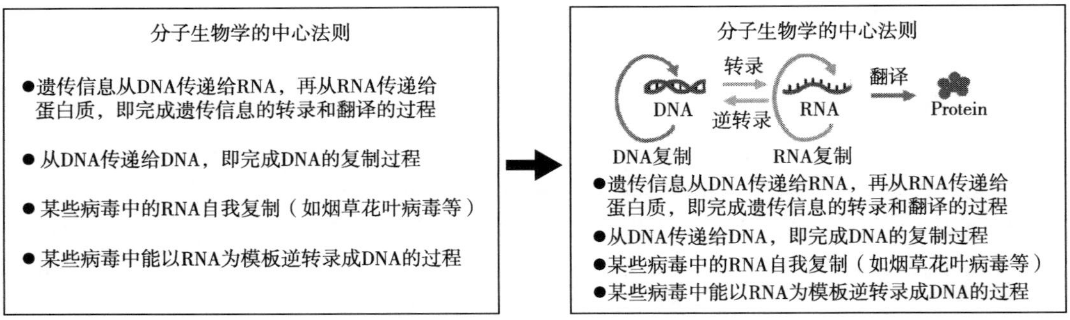

图1 利用图表对文字的补充有助于听众对相关概念的理解

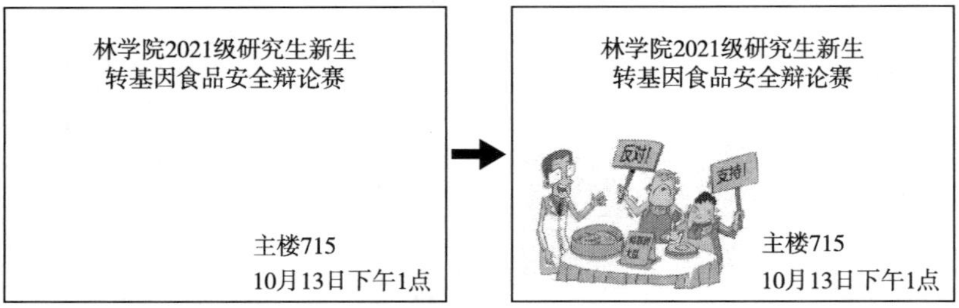

图2 选用符合报告主题的幻灯片背景

科研汇报中正确的图表所传达的信息更为直观与全面，但每种图表所能表现和强调的作用是不同的，例如条形图是比较数据的有效方法；线形图显示了趋势或一个变量如何因另一个变量的行为而改变；流程图通常用来展示了一个过程；组织结构图则善于描述层次关系；饼图有利于比较整体中不同元素之间的关系。所有数据的呈现应结合表达的主要目的进行相应的调整(图3)。一个漂亮的科研论文图表反应的是报告人对某一科学问题所涉及对象的整体认识，是建立在对具体科学问题的大量阅读、积累并深度思考基础上的总结。学生应对图表怀有敬畏之心，注意平时的文献阅读总结和积累，为自己对具体科研问题认识的升华尽最大的努力，然后做出精美图表将会是水到渠成的。

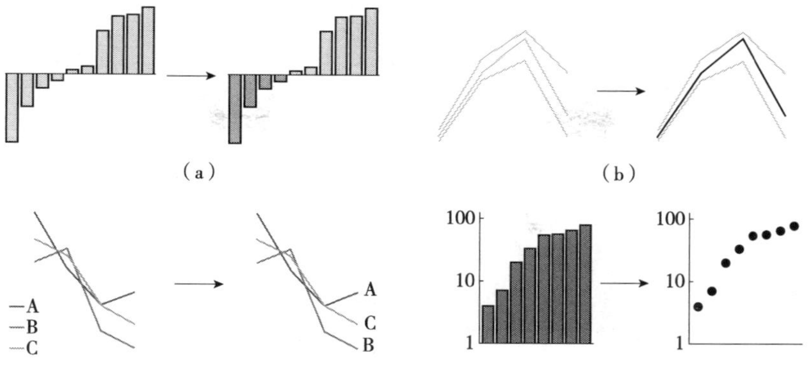

(a)利用不同的颜色表示不同类型的数据(正与负)处理等;(b)利用实线加粗或不同对比度来强调重要数据及结论;(c)某些情况下标注标于数据上有助于直观地观察数据;(d)当进行趋势的对比时,用数据点而不是柱状图来进行对比会有更明显的效果。

图3 科研报告中数据的呈现形式

(三)大量练习

"台上一分钟台下十年功",一个成功的报告需要报告人的大量练习,却往往成为所有准备环节中最容易被忽视的部分。通过练习,报告人可以提前意识到幻灯片当中的文字以及技术问题,尤其是使用了动画效果的幻灯片,及时修改可能出现的错误,这些将使报告人的报告更为顺畅。对于一些重要的报告,如参加学术会议以及创新创业大赛等,更为良好的习惯是在练习中通过视频的方式记录自己的报告,从而更好地了解自己有哪些口头以及肢体上容易分散听众注意力的行为或者习惯,并努力克服。另外,对于固定时间的报告,现场报告的时间往往会多于个人练习所需要的时间,因此需要精细安排,以免超时影响整体效果。

三、 科研汇报过程中应注意的问题

(一)提前熟悉场地及设备

报告人已经完成了前期大量出色辛苦的准备工作,万万不可因为仪器设备的不兼容或者不熟悉而影响了报告的发挥和整体效果,这是非常重要但也容易被忽视的部分。报告人应熟悉的部分包括:场地环境与大约参与报告人的数量以及组织方是否会提供麦克风等装置;报告人应提前熟悉场内的多媒体装置,包括其操作以及是否与自己所提供材料的播放兼容等;另外也需向组织方确认是否还有其他的注意事项。

(二)讲而不是读

幻灯片上的内容只是对听众的要点提示,合理的幻灯片不应出现大量的文字堆砌,而报告人更不能通过阅读幻灯片上的大量文字来进行信息传递,那样只会让听众感觉报告索然无味而失去兴趣与耐心。我们应切记报告的主体为报告人而不是幻灯片,否则完全可以通过读取科研论文的过程而完成,从而失去了现场交流的意义[5]。建议报告人在准备一些重要场合的报告,比如毕业答辩、创新创业大赛以及学术会议时,需提前将所有内容背下并熟记于心。当报告语言的输出成为报告人的自发行为,才能在正式报告场合更专注于生动形象地传达报告内容,这也是最易成功和最少出错的准备方式。

(三)充分准备并从容面对报告现场的提问

为了更好地抓住听众的注意力增强参与感,报告人可以主动在报告中穿插问题,当然问题的准备也是需要技巧的,有一部分是为自己准备的以防冷场,另一部分则是为激起大家思考以及报告后的讨论提供机会。正式的科研报告中经常会遇到听众提出问题，报告人大可不必紧张，这证明报告在听众中产生了兴趣与共鸣，但报告人需注意以下几个处理技巧：①重复听众所提出的问题，一方面提醒自己对听众提出的问题有一个正确的理解，同时也可帮助其他听众更好地理解该问题。②没有人知道所有问题的答案，报告者可以提出报告后找提问者详细交流，情况允许的话也可以通过求助场中自己熟知的同学同事进行补充。③报告人可以准备些问题供大家思考交流，以便由于报告完成过早，造成下一位报告人上场前的冷场。④如果在报告中有提问，而该问题的解释有助于听众理解接下来的内容，就积极对其解答；反之如果听众所提出的问题打断了报告的整体思路与逻辑，可以大胆地告诉提问者等报告结束可以回到这个问题。⑤前期在准备讲座的过程中注意搜集可能涉及的问题，做到胸有成竹，有备无患。总之，在报告过程当中需要保持镇定自若，即使面对较难的问题，也应做到坦诚相待。

（四）关于舞台表现的几点建议

公众场合报告中一个很大的挑战是报告前和台上的紧张。紧张其实是一种自然的身体反应，适度的紧张可以提高表现力，并保持思维敏捷。报告者可以通过上台前深呼吸来使自己放松。另外，简单地让一个人保持下半身不动，仅依靠手势来强调，可以极大地改善舞台表现。舞台上最重要的身体动作是眼神交流，在听众的不同位置找五六个相貌友好的人，说话时看着他们的眼睛，把他们想象成朋友，说服他们了解自己的工作。眼神交流比任何事情都有助于使报告深入听众。报告人也可以通过声音、语调以及语气的变化创造一个更具活力的表现，或者通过讲一个有趣的轶事来说明所述观点，而不是过于机械呆板。当然适当的穿着也是报告人在报告中需要注意的问题。

四、 报告完成的后继工作

（一）回顾和总结报告中的问题与建议

首先恭喜报告人给出了一个成功的报告，而接下来的回顾总结却往往被学生忽略。其实前期所有的工作都是为了更好地展示报告人的工作与贡献，而我们让别人了解自己工作的一个重要目的其实是想获得更好的反馈与建议，因此切不可将报告结束后听众尤其是专家老师们的点评与建议当成耳旁风。认真地总结思考听众的问题与建议，并在后继的工作中博众家之长，吸收优点纠正错误，才是科研报告最重要的目的，也是报告人收获最大的地方之一。

（二）积极建立学术联系

学术报告是一次将自己的研究展示给专家的绝佳机会，报告人应结合自己在前期准备中对专家老师研究方向的了解，尤其是对报告提出问题与建议的专家，积极主动地进行后继的联系和交流，并对自己研究中所遇到的问题寻求指导与帮助。学术交流所认识的领域专家甚至会发展成为自己进一步深造的专业导师，学生应积极主动把握进入学术生态和圈子的意识与机会。

正所谓“在绝对的实力面前一切技巧都是徒劳”，最重要的是不断修炼自己的内功，才能做到游刃有余，厚积薄发。相信随着学生科研工作总结、汇报能力的加强，结合我校以及学院特色研究方向与扎实厚重的研究基础，我们的本科科研教育与工作会蒸蒸日上，挑战更多的国家级比赛，如全国大学生生命科学竞赛，“挑战杯”全国大学生课外学术科技作品竞赛，并取得优异成绩。也为追求更高的包括合成生物学领域国际顶尖赛事——国际基因工程机器大赛(简称 iGEM)做准备。最后，将做学问的三重境界送给初入科研的本科生同学们。第一重境界：独上高楼，望尽天涯路；第二重境界：衣带渐宽终不悔，为伊消得人憔悴；第三重境界：众里寻他千百度，蓦然回首，那人却在灯火阑珊处。相信只要全身心投入，刻苦钻研训练，终会体会到学术奋斗生涯中属于自己柳暗花明的一刻。

参考文献

[1]梅中磊，刘敏，杨帆．指导本科生参与科研活动的体会与思考[J]．高等理科教育，2014(3)：98-101.
[2]王冬芳，郃秀军．本科生参与科研活动的研究性学习方法探讨[J]．现代经济信息，2017(15)：390-391.
[3]金永伟．用 Powerpoint2010 制作幻灯片的思路与技巧[J]．电脑知识与技术，2017，13(7)：148-149.
[4]王伟凝，刘剑聪，徐向民，等．基于构图规则的图像美学优化[J]．华南理工大学学报(自然科学版)，2015(5)：51-58.
[5]Agger P，Stephenson R S，Hasenkam J M. The Oral Presentation In A Practical Guide to Biomedical Research：for the Aspiring Scientist. Eds[J]. Springer International Publishing：Cham，2017：127-135.

Tips foreffective scientific research presentation

Jin Haojie　Fu Yujie
(College of Forestry，Beijing Forestry University，Beijing　100083)

Abstract　Scientific research is a highly professional academic activity，how to more effectively communicate and show your research content and results become the essential to define scientific research success. Undergraduates who embrace great enthusiasm to be involved in academic research，however，in the absence of training to summarize and present their thoughts on specific questions，could hurdle they effectively communicate in science. Therefore，supervising them how to effectively communicate science is one the most important steps in their academic training process. In this research，we firstly summarized what students should be prepared，the tricks and attitude to prepare the slides，what kind of problems could come from onsite presentation，and finally the importance of summarization and how to build academic networks. Through this study，we hope students to have a new realization on scientific communication，enhance their capability for scientific presentation，and better prepared themselves for the future scientific research.

Keywords　academic questions, scientific research design, powerpoint slides preparation, scientific report

数字化切片应用于"森林有害生物控制（病理）"实验教学中的前景

韩 婧 梁小红

（北京林业大学林学院，北京 100083）

摘要：数字化切片技术是将玻璃切片转化为数字化切片图像的现代化信息技术，它弥补了玻璃切片难以改变的缺陷，为病理学教学模式的改革提供了新的技术手段，现已被广泛应用于医学教学中。本文阐述了传统玻璃切片在"森林有害生物控制(病理)"实验教学中的局限性，介绍了数字化切片技术及其功能，分析了基于网络的数字化切片系统应用于"森林有害生物控制(病理)"实验教学的优势。旨在探讨数字化切片技术在"森林有害生物控制(病理)"实验课上的应用前景，为提升实验课教学效果提供新思路。

关键词：数字化切片；森林有害生物控制(病理)；实验教学

"森林有害生物控制(病理)"实验课是林学专业的必修课，旨在培养学生对林木病害研究的实践动手能力，包括如何制作植物病害玻片、不同林木病害危害症状、病原物关键特征、受害植物组织变化等方面的识别及显微观察实验[1]。使用显微镜观察自然临时切片和玻璃切片中林木病原菌的显微结构，帮助学生正确识别病害病原菌的形态特征，是该实验课的重要内容。因此，切片的数量及质量是提高实验教学效率的关键，然而玻璃切片本身固有的缺陷成为"森林有害生物控制(病理)"实验课教学质量向前发展的瓶颈。近年来，随着计算机和网络技术的飞速发展，数字化切片技术已被广泛应用到医学院校的教学和科研中，数字化切片技术的出现克服了传统玻璃切片的固有弊端，为"森林有害生物控制(病理)"实验课的改革带来了新希望。本文旨在探究数字化切片在"森林有害生物控制(病理)"实验课上的应用前景，为实现实验教学的数字化和网络化，提升实验课教学效果提供新思路。

一、 本校"森林有害生物控制（病理）"实验教学现状分析

"森林有害生物控制(病理)"即原林木病理学[2]，是在植物病理学的基础上，结合森林病害的具体内容发展起来的，实验教学是其教学环节的重要组成部分。目前教学模式为教师根据实验课所观察内容准备课件和相关视频，结合所准备的盒装标本、腊叶标本、玻璃切片标本、植物病原培养物等，重点讲解典型病原物形态结构及各部分名称，并将示范片通过数码显微无线互动系统投屏到学生端数码显微镜上，加深学生对课本知识的了解。然后，学生根据教师讲解内容，制作临时切片，再观察临时切片及准备好的玻璃切片。玻璃切片是实验教学的重要载体，在教学过程中发挥着重要作用，但在多年的教学实践中，我们发现传统玻璃切片有以下局限性。

（一）有严格的时间和空间的限制[3]

玻璃切片只能在固定的实验课时间，在显微镜下进行观察。学生无法将玻璃切片带出教室，在课下反复观察。这极大地抑制了学生学习的主动性和积极性，不利于学生对课堂

作者简介：韩 婧，北京市海淀区清华东路 35 号北京林业大学林学院，实验师，hanjing406@ 126. com；
梁小红，北京市海淀区清华东路 35 号北京林业大学林学院，高级实验师，liang81511@ 163. com。

内容预习和复习，导致对切片图像印象不深，课堂内容掌握不够扎实。

（二）使用过程中易损耗

玻璃切片易碎裂，在实验过程中，常会因为学生粗心或使用不当导致切片被显微镜压坏，有时还会掉在地上摔坏，或会被学生不小心夹带出实验室。这会造成玻璃切片数量逐渐减少。

（三）制作和购买新的玻璃切片较为困难

受地域和病害发生情况的影响，很多标本材料的获取较为困难。玻璃切片的制作过程也比较烦琐漫长，而且要从制作出的众多玻璃切片中挑出足够完好的切片标本，也需花费大量时间。另外，制作玻璃切片还会用到有毒化学试剂，如二甲苯等，这对技术人员身体有一定毒害。而市场也只能买到少量常见病害的切片标本，这很难满足实验教学的需要。

（四）切片质量参差不齐

由于在切片的制作过程中，所切到的部位不同，即使同一种病原菌，不同的切片所显示出的画面也不尽相同，且玻璃切片在长期的保存过程中会存在褪色、泛黄等现象，导致切片质量参差不齐，严重影响了观察效果。

二、 数字化切片技术及其功能简介

数字化切片是通过计算机控制显微镜移动，逐幅自动采集虚拟的显微图像，自动拼接成一幅完整的虚拟切片，通过看图软件能方便地仿真模拟光学显微镜的功能，进行不同物镜倍率的改变显示和任意方向移动观察[4]。切片观察者不需要使用显微镜，只需面对电脑利用专业图像浏览软件即可观察和分析切片上的图像，就好像把显微镜下真实观察到的视野挪到电脑屏幕上一样[5]。

数字化切片的功能主要有：全景自动拼图。高精度自动显微镜扫描可将镜下视野图像从单幅肉眼观察升级为计算机控制高速全景自动拼图，从而获得高质量的数字切片图像，可保证原切片信息的完整性、真实性；支持显微镜景深图像融合技术。普通显微镜都有固定的景深，在纵向变化范围较大的情况下，难以各个层面都清晰显示。而虚拟显微镜技术可以将各个层面聚焦清晰的图像进行图像融合处理，得到各层都清晰聚焦的整幅图像；可方便地进行各种图像的分析、处理；可实现远程在线浏览[6]。

三、 数字化切片系统应用于“森林有害生物控制（病理）”实验教学中的优势

近年来高校学生人数增加较快，实验教学资源不足的问题日渐体现出来。在“森林有害生物控制(病理)”实验教学中，玻璃切片的弊端也体现得越来越明显，影响了实验课教学质量。数字化切片系统弥补了传统玻璃切片的不足，将数字化切片标本库应用于“森林有害生物控制(病理)”实验教学有以下优势。

（一）数字化切片图像清晰度高，色彩鲜明，方便保存和管理

数字化切片来源于对玻璃切片的高清扫描，随着现代计算机技术和显微摄影技术的发展，图片的分辨率和清晰度进一步提升，保证了图像的完整性和真实性。数字化切片方便保存，克服了玻璃切片在长期保存和使用过程中褪色、破损、丢失等固有缺陷，解决了实验教学过程中优质典型玻片标本片源不足的问题，为教学资源质量提供了有效保障。

（二）打破了时空局限，可随时随地查看和学习

将数字化切片库部署在校园网或局域网内，学生就可以不受时间地点的限制，随时使用各种电子设备登录校园网，对显微切片的任何区域进行不同放大倍数的浏览，不会产生

图像的失真，更便于学生的观察和学习。

（三）与显微互动系统结合，教学效果更佳

切片数字化结合数码互动系统应用于实验教学，将植物病理学实验教学效果提高到一个新的教学水平[7]。数字化切片图像清晰，色彩逼真，教师还可以利用处理软件对数字切片进行处理并标注说明，这对学生有更好的指导性，学生对切片内容也能有更好地理解和掌握，提高了学习效率。利用显微互动系统还可以将学生分成几个实验小组，学生在小组内对数字切片进行浏览及讨论，可以激发学生的学习热情，在教学过程中充分发挥其主体作用。

四、数字化切片系统应用于“森林有害生物控制（病理）”实验教学的前景

数字化切片系统可使玻璃切片资源数字化、网络化，实现图像数据的永久储存，并且不受时空限制，可远程在线浏览。目前已广泛应用于医学院校的病理学实验教学中[8-10]，一些高校的动物病理实验室、植物病理实验室也建成了数字化切片库[5,7]，经教学实践取得了令人满意的教学效果。数字化切片系统为“森林有害生物控制(病理)”实验课程教学改革带来了新的动力，可应用于实验课教学的多个方面。

（一）数字化切片系统课可用于“森林有害生物控制（病理）”实验课堂教学

观察林木病原菌的显微结构是“森林有害生物控制(病理)”实验课程的重要内容，目前该实验课程以观察玻璃切片为主。由于玻璃切片的固有缺陷，优质切片资源较少，切片质量参差不齐等，使得课堂质量难以提升。数字化切片系统的建立可将所有优质资源整合在同一个数据库中。将数字化切片系统与现有的显微互动系统相结合，可为课堂教学提供有效工具。在教师示教过程中，教师通过数字切片缩略导航图指导学生，从低倍到高倍、从整体到局部连续观察，进而达到从整体到部分全面掌握切片展示内容的目的[11]，可提高教师的示教效果。在学生自主观察时，可帮助学生在有限的时间内观察到更多的典型结构，提高学习效率。

（二）数字化切片系统可用于学生课外学习

建立数字化切片系统，利用网络进行远程传输和资源共享，突破了传统实验课的时空限制。学生可随时通过网络系统，浏览数字化切片。在学生预习和复习阶段，数字化切片系统为学生自主学习提供了条件，一定程度上促进了学生在学习过程中主动性的发挥和自学能力的培养。

（三）数字化切片系统可用于教师备课

数字化切片库资源丰富，也会为教师备课带来便利。教师在备课时可以利用数字化切片库的资源编写课件，这为教师提供了很好的素材，也节约了搜集资料的时间，教师可以将更多的精力投入在讲解方法和内容的准备上，提高备课的效率和质量[10]。

建立数字化切片系统，并结合数码显微互动系统应用于“森林有害生物控制(病理)”实验教学，可以极大地丰富课堂教学资源，提升教师示教效果，显著提高教学质量。在实验教学方面表现出无可比拟的优越性和广阔的应用前景。

五、结　语

数字化切片技术的出现给显微镜下微观世界的教学带来了全新变革，将林木病害标本室的玻璃切片标本数字化，不仅能提升标本本身的使用价值，也打破了传统玻璃切片标本制约实验课继续向前发展的瓶颈。建立林木病害数字化切片库，合理利用教学资源，必能推动“森林有害生物控制(病理)”课程教学水平不断提高，助力培养高素质创新型人才。

参考文献

[1]熊典广，韩婧，贺伟，等. “森林有害生物控制(病理)”实验课的改革与探索[M]//黄国华. 专注教育研究，建设一流本科：北京林业大学教学教学研究优秀论文选编(2018). 北京：中国林业出版社，2018：284-289.

[2]温俊宝，贺伟，骆有庆. “森林有害生物控制”教学改革理论与实践[J]. 北京林业大学学报(社会科学版)，2005(S1)：87-89.

[3]张翠薇，阮思蓓，谢茂，等. 数字化切片及KoPa WiFi EDU显微数码互动系统在病理学实验教学中的应用[J]. 卫生职业教育，2021，39(12)：124-125.

[4]郝俊峰，神翠翠. 数字化病理切片在动物病理学教学实践中的应用前景[C]//. 2012年中国畜牧兽医学会兽医病理学分会暨中国病理生理学会动物病理生理专业委员会学术研讨会论文集. 2012：150.

[5]常玲玲，黄勇，赵晓民，等. 数字化切片在动物病理解剖学实验教学中的应用[J]. 实验室研究与探索，2021，40(10)：193-196.

[6]王霞，李娟，张明，等. 基于网络的数字切片系统在医学形态学教学中的应用[J]. 医疗卫生装备，2011，32(11)：135-136.

[7]杨广玲，董会，张卫光，等. 数字化虚拟切片在植物病理学实验教学中的应用[J]. 中国现代教育装备，2015(227)：23-25

[8]孟艳，宫丽平. 数字化病理切片数据库在病理学教学应用的思考[J]. 基础医学教育，2017，19(4)：304-306.

[9]黄轩，黄秀珍，方克敏，等. 数码显微镜及数字切片推动形态学实验改革的探讨[J]. 湘南学院学报(医学版)，2013，15(1)：68-70.

[10]马宝华，张庆莉，康敏，等. 关于医学院形态学数字化实验教学切片的研究与思考[J]. 中国数字医学，2011，6(4)：86-88.

[11]李春妹，凡强，张以顺，等. 植物学实验教学中数字切片的应用[J]. 植物学报，2016，51(4)：560-564.

The application prospects of digital slides in the experimental teaching of *Forest Pathology*

Han Jing　Liang Xiaohong

(College of Forestry, Beijing Forestry University, Beijing　100083)

Abstract　Digital slide technique is an information technology that converts glass slides into digital slide images. It makes up for the defect that glass slides are difficult to change, and provides a new technical means for the reform of pathology teaching mode. At present it has been widely used in medical teaching. In this paper, the limitations of traditional glass slides in the experimental teaching of *Forest Pathology* are expounded. The introduction and function of the digital slide technique are introduced. And the wed-based digital slide system application in teaching of *Forest Pathology* experiment is analyzed. The purpose of this paper is to explore the application of digital slide technique in *Forest Pathology* experiment, and provide new ideas for improving the teaching effect of experimental courses.

Keywords　digital slides, *Forest Pathology*, experimental teaching

融合开源软件和课程思政的“WebGIS实践”课程教学改革探索

王　宗　岳德鹏　梁博毅

（北京林业大学林学院，北京　100083）

摘要：随着互联网技术的发展与互联网应用的日益普及，WebGIS逐步实现了将地理信息技术从专业化的概念走向大众化的服务，对人们的日常生产生活影响重大。本文立足于“WebGIS实践”课程教学现状，剖析了目前教学模式中存在问题，针对商业化、重量级的WebGIS传统教学模式繁重、低效弊端，提出了基于开源软件的“WebGIS”课程实践案例，拓展了地理云计算教学内容以及融入课程思政的教学实践模式。通过该模式教学，教师在授课时所选案例更加丰富多样，方式更加灵活；学生参与实践过程积极性更高，提高了学生的实践和动手能力；在掌握了行业实际工作所需的初步经验和基本技能的同时潜移默化中提升了个人素质和思想境界。

关键词：开源软件；网络地理信息系统；课程实践教学设计；课程思政

一、引　言

2004年1月，*Nature* 杂志发表 *Mapping Opportunities* 表明以遥感与地理信息系统为基础的Geotechnology和纳米技术、生物技术作为最新的、最具发展前景的三大技术之一，高度评价地理信息产业的发展前景[1]。中国地理信息产业发展报告（2021）[2]表明，2020年我国地理信息产业总产值为6890亿元，占我国GDP总量的0.7%，截至2020年末，地理信息产业从业单位数量超过13.8万家，同比增长18.5%，从业人数336.6万人，同比增长18.1%。地理信息产业规模持续扩大，对专业人才质量和数量需求持续提升。尽管我国有超过200所高校开设地理信息科学专业，其就业率在全国居各学科前列，但地理信息产业发展仍然面临较大的人才缺口[3]。

目前，地理信息已成为智慧城市（交通、水务、自然资源等）、大数据分析等领域的核心，其中WebGIS技术更是重中之重[4]。随着互联网技术的发展与互联网应用的日益普及，WebGIS逐步实现了将地理信息技术从专业化的概念走向大众化的服务，对人们的日常生产生活产生了重大的影响，如百度地图、高德地图、滴滴打车以及美团外卖等[5]。

林业承担国家生态建设和提供社会、经济所需供给的重要任务，做好林业的调查与监测工作意义重大。基于WebGIS，运用现代化的遥感技术（如无人机、雷达探测）、结合GIS、大数据、机器学习/深度学习等新技术和先进的算法与技术，有效监测森林资源动态，预防森林病虫害和森林火灾发生，实现森林健康评价，从而推动了林业高质量发展。其中，WebGIS对于林业发展发挥了重大的贡献，如基于WebGIS建立的森林抚育样地可视化信息系统研究[6]，省、县、林场等各级森林资源管理信息与预警系统[7-8]，林业生态安全指数三

作者简介：王　宗，通讯作者，北京市海淀区清华东路35号北京林业大学林学院，讲师，wangzong@bjfu.edu.cn；
岳德鹏，北京市海淀区清华东路35号北京林业大学林学院，教授，yuedepeng@126.com；
梁博毅，北京市海淀区清华东路35号北京林业大学林学院，讲师，liangboyi@bjfu.edu.cn。

维可视化系统[9]，森林防火三维地理信息数据可视化技术[10]，林业重要外来有害生物信息管理系统[11]，森林健康生态评价系统[12]，林业运输稽查系统[13]等多个方向。WebGIS 在林业行业中应用范围广，应用价值大，开发潜力大。

“WebGIS”是地理信息科学(geographical information science，GIS)专业中十分重要的一门专业课程，也是当前 GIS 毕业生就业中最热门、待遇最好的方向[4]。其人才需求和要求与日俱增。如何培养满足企事业单位用人要求的 WebGIS 开发和应用地理信息科学人才是高校培养宽口径、厚基础、复合型人才迫切需要思考的问题[14]。国内相关高校也越来越重视毕业生 WebGIS 应用开发能力的培养，许多高校已将 WebGIS 课程(或类似课程)设置为地理信息科学本科专业的必修或选修课程[15]。因此，对于 WebGIS 课程的教学改革方法的研究有助于提升课程的教学效果，提高 GIS 专业学生对于前沿知识的掌握能力和实践能力。

二、 学情分析

(一) 常规实践教学模式任务繁重，效果不佳

WebGIS 是在 Internet 或 Intranet 网络环境下的一种存储、处理、分析、显示与应用地理信息的计算机信息系统，其基本思想就是在互联网上提供地理信息，让用户通过浏览器浏览并获得一个地理信息系统中的数据和功能服务。“WebGIS”课程是 GIS 及其相关专业课程的重要组成部分。伴随着 Web 端编程技术的快速发展，各种开发语言环境、应用程序编程接口、开发框架更新换代，促使 WebGIS 技术的不断发展和创新，从而要求“WebGIS”课程知识教学需要满足更新速度快的特点[16]。一个功能完善的 WebGIS 系统具有相当复杂的技术架构和知识体系[16]，如图 1。

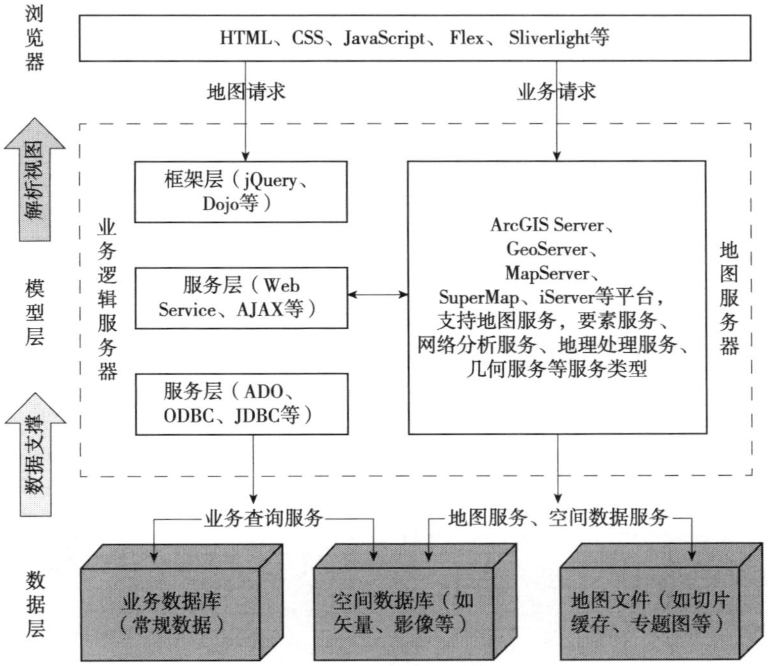

图 1 WebGIS 常规技术架构和知识体系

“WebGIS”是一门实践性很强的实践课程，传统的 WebGIS 实践教学模式通常采用的是商业化平台设计的 WebGIS 实验[16]，如 ESRI 公司的 ArcGIS Server 服务器进行空间数据的网络发布，尽管该软件具有功能齐全、安全、稳定、速度快等优点，但也存在成本相对较高、软件体量大、安装相对困难等缺点。在实践教学过程中，配置安装 ArcGIS server 需要满足

近 5G 的内存需求，安装步骤烦琐，极易出现报错情况，重新安装费时费力，安装成功难度较大，且安装问题多种多样，甚至需要重启安装系统才能解决，一定程度上影响了授课的效率和学生的学习积极性。从社会角度上分析，大多数企业受限于项目规模和资金，基于 ArcGIS Server 的应用方案难以实施[4]。

（二）实践教学缺乏地理数据云计算内容

随着地理学的发展，人们发现传统的零散、随机、小样本数据集，很难揭示地理过程的性质和规律。地理学系统研究中，大数据的优势在于数据量大，信息越丰富，系统的不确定性就越小，揭示规律性的结果更精确。因此，大数据是揭示复杂地理系统规律数据之源。整合地理大数据，对于地理综合研究具有重要意义。基于大数据，运用云计算，探索零散、孤立、无规则数据之间的相关关系，从杂乱数据中找出规律，从分散孤立中找出联系，从无序中寻找有序等，将错综复杂的自然过程和规律揭示出来[17]。随着云计算的出现和发展，与传统地理学相结合产生了地理大数据云平台。在相关技术的支持下，细化了地理数据的时空尺度，促进了地理计算与社会计算的交叉和融合，为地理学中系统综合研究提供了基础，同时地理大数据与云计算的结合也使得高效能地理计算成为现实，切实给人们带来更多的地理信息服务[18]。云计算在地理学主流方向，包括自然地理学、人文地理学、地理信息学等得以广泛应用和不断发展[17-19]。

当前，高校地理学相关学科开设大数据云计算的课程相对较少。而 WebGIS 课程大纲通常与 Web 编程技术密切相关，各种开发语言、应用程序编程接口、开发框架等基础理论知识，为地理学云计算的学习打下了良好的基础。因此，在 WebGIS 课程中增加云计算的教学知识体系，并结合林业学校特色增设教学典型案例，不仅能够拓宽学生知识视野，加深对 WebGIS 理论的理解，更有利于培养紧跟学科发展前沿，顺应时代发展的高素质的新地理信息科学人才。

（三）实践课程缺少思政元素

课程思政是一种综合的教育理念，“立德树人”的根本教育任务的直接体现，其核心思想是在各类课程教学过程中融入思想政治教育。目前针对地理信息科学专业的课程思政探索已有较多尝试，但针对 GIS 实践课程的探讨相对较少[20]，针对 WebGIS 实践课程内容复杂，教学难度大的特点，在设计实践案例过程中，以学生为本，寻找身边生动案例，充分挖掘思政元素，显性与隐形教育相统一，在培养学生动手实践能力的同时提升学生思想政治觉悟。

三、 WebGIS 实践教学改革构建途径

（一）基于开源软件融入地理云计算的实践

在 WebGIS 常规技术框架下，对实践教学内容基于开源软件开展 WebGIS 实践教学内容，所参考的基本框架如图 2 所示。

WebGIS 客户端，即前端展示，采用开源框架 Openlayers 进行开发，能够适用瓦片、矢量切片、矢量图层（GeoJSON、TopoJSON、GML 等）、OGC GIS 的网络服务规范（网络地图服务 WMS、网络要素服务 WFS 等）。Openlayers 核心是将网络地图视为容器（Map），以地图图层（Layer）为基础，使图层与数据源（Source）对应，并基于地图视图（View）展现地图，同时支持事件机制。在

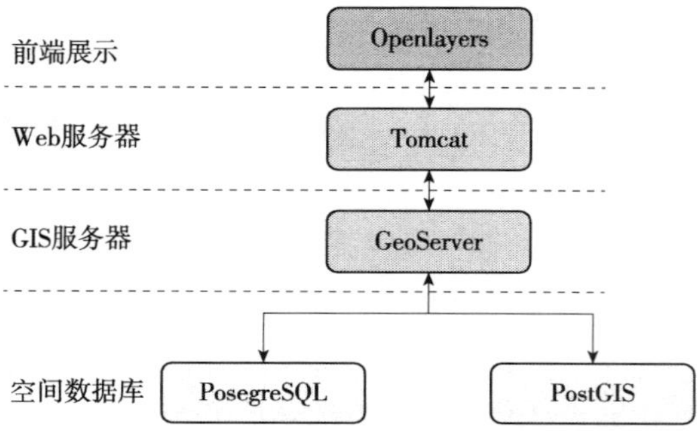

图 2　基于开源软件的 WebGIS 实践教学框架

Openlayers 官网上可下载最新的 JavaScript 库(http：//openlayers. org)，在 html 网页中引用 . js 文件即可。

Web 服务器在实践应用中主要用于处理客户端请求和应答。Tomcat 是由 Apache 组织发布的一款 Web 服务器，可以提供对 JSP 和 Servlet 的支持。作为一种轻量级 Java Web 服务器，是当前开源 Web 服务器中最为常用的一种。服务器的安装文件可从官方网址(http：//tomcat. apache. org)上下载，注意在安装 Tomcat 前需先安装 JDK 并配置系统环境变量。

GIS 服务器是 WebGIS 主要是用于处理空间数据和空间分析。GeoServer 是一款基于 Java 开发的符合 OGC 规范的开源 GIS 服务器，可以发布 WMS、WFS 等空间数据规范服务，可以从网址(http：//geoserver. org /download/)进行下载。在使用 GeoServer 之前，需单独安装网络处理服务(WPS)的扩展模块，可在 GeoSever 下载页面中找到对应版本的 WPS 扩展安装包。

空间数据库主要用于管理空间数据、属性数据等，是 WebGIS 应用的数据基础。PostgreSQL 能够完成复杂查询、触发器、视图、并发控制等功能，是基于对象-关系型开源数据库管理系统。主要用于存储和管理 WebGIS 应用中的属性数据。PostgreSQL 安装成功后，需要在 Stack Builder 中选择安装 PostGIS 组件用于管理空间数据。在将文件格式的空间数据，如 shp 文件存入空间数据库前，采用 uDig 对数据表现形式进行配置。

地理数据云计算的基本架构组成如图 3 所示，本部分主要参照了 google earth engine (GEE)的基本框架组成，主要是基于 Google 云计算驱动的一个服务于地球科学的全球尺度的数据及数据处理平台，在 GEE 中包含了 PB 级的遥感影像和地学数据集，并具有全球尺度的处理能力，为科研工作者和开发者们提供了十分方便快捷的数据获取、处理和分析的强大平台。由于其基本理论基础与 WebGIS 理论架构相似，这里不做详细阐述，相关说明文件可参见官方网站(https：//earthengine. google. com/)。在本部分课程中，将地理数据的云计算纳入教学内容，其主要源于该平台是目前较为前沿和广泛应用的 WebGIS 发展成果，具有广阔的科学研究和工程应用前景。学生掌握该平台的相关技术方法，可在未来的科学研究和工程应用中起到事半功倍。因此，将该平台引入 WebGIS 实践课程中作为案例教学能更好地展现 WebGIS 相关理论应用价值，培养更贴合时代发展地理信息科学专业人才。本课程内容主要发挥云计算处理海量地理数据的优势，初步尝试将其作为基于开源软件的 WebGIS 应用案例主要数据源参与到实践课程教学。

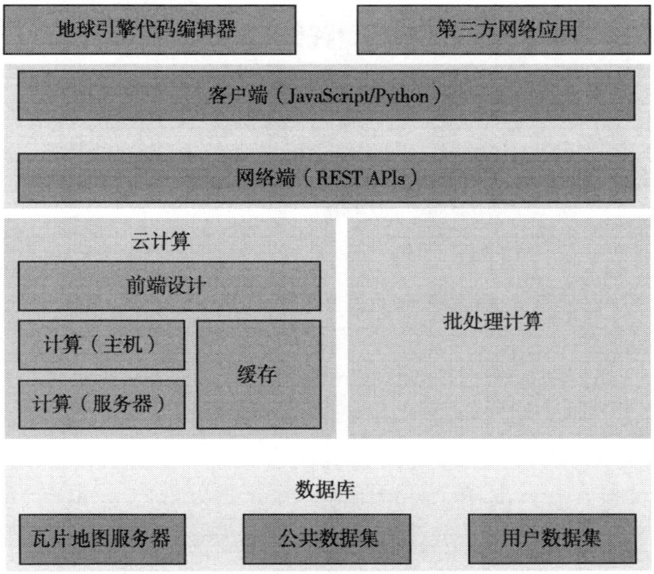

图 3 地理数据云计算平台基本知识框架

(二)课程思政融入典型实验示例

课程思政与专业实验相互促进,在典型实验教学案例中融入思政元素增强实验的科学性,实用性、趣味性,进而激发学生对于实践课程的兴趣,提高课程教学效率,更好地培养学生实践能力。在选定典型案例中(表1),将思政元素传递给学生,在传授知识技能的同时提升学生思想政治境界。

表1 融入课程思政的典型实验示例

典型实验示例	学生自主实验	思政目标内容
基于开源 WebGIS 框架创建北京市著名景点游览系统	以家乡为区域,基于开源程序创建自己家乡的特色景区系统	家国情怀:从家乡出发,激发学生对家乡和祖国的热爱
利用 Cesium 开源框架、Echarts 图表库构建全国气象数据实时可视化系统	基于 Cesium 开源框架、Echarts 图表库构建我国新冠肺炎疫情实时可视化系统	展示我国抗疫成效,强化对党的创新理论的政治认同、思想认同、情感认同,坚定中国特色社会主义道路自信、理论自信、制度自信、文化自信
基于地理数据云计算和开源 WebGIS 框架创建北京植被绿化情景	基于地理数据云计算和开源 WebGIS 框架创建黄土高原植被绿化情景	展现我国勇担大国责任,生态保护成果显著。强化对绿水青山就是金山银山新时代生态文明建设思想的认识

本教学设计的思政内容主要从家乡出发,利用所学创建自己家乡特色旅游系统,可以加深学生对家乡风土人情的了解,激发学生家国情怀。结合新冠肺炎疫情设计全国新冠肺炎疫情实时可视化实验,潜移默化地传达习近平新时代中国特色社会主义思想,强化对党的创新理论的政治认同、思想认同、情感认同,坚定中国特色社会主义道路自信、理论自信、制度自信、文化自信。通过创建植被绿化情景实验,学生可直观体会到我国生态建设的卓越成效,强化对新时期习近平生态文明建设理念的认同感,提升对专业和学校的归属感。通过设置自主实验,锻炼学生实践能力,引导学生后续的学习,树立终身学习的职业理念。

四、 基于开源软件的 WebGIS 实践教学示例

本部分基于开源技术的林业大学绿地信息管理系统为例,详细介绍了开源技术的 WebGIS 开发与实现流程,让学生理解 WebGIS 应用开发中的关键环节及其作用,并熟练掌握各个环节中软件环境的安装和配置方法与步骤。Web 相关技术,系统前端(HTML5、CSS3、jQuery、Bootstrap 等)技术框架,数据库(PostgreSQL、PostGIS),以及地图瓦片(GeoServer)等是该案例教学的主要内容,课堂教学旨在让学生们熟的 WebGIS 系统实现方式,包括系统目标分析(用户需求)、系统需求分析(系统功能)、系统可行性分析。除此之外,学生还应熟练使用 JavaScript、html、SQL 等编程语言,能够基于开源的 WebGIS 基础框架搭建出其他目标系统,如校园综合信息管理系统,数字校园三维平台、校园植物认知平台等。

传统的教学模式主要采用 ArcGIS Server 和 Oracle 的组合方式进行,然而该模式在企业的具体实践中成本较高,系统模板整体可拓展性相对较弱,数据和操作共享困难,难以满足市场有关低成本、高质量、易用、易定制等需求,难以推广应用。且基于该框架的教学实践过程中经常出现各种问题,一定程度影响了教学流畅性,学生课后自我实践过程中普遍反映难度较大,课程实践效果不佳。

相比之下，本文所提出的基于开源软件框架的系统设计能够很好地解决上述难题(图3)。本课程设计将系统分为3层，分别是数据层、逻辑层和表现层。数据层主要用于存储8个专题图层的空间数据和属性数据，以及通过植物志查询的植物志数据、用于展示校园地图的底图切片；逻辑层包括支撑系统功能的各个模块，其中基础功能模块工具用于实现用户在地图上的各种操作(如地图平移、缩放、量测等)，查询模块用于实现系统的各种查询功能，统计模块用于实现系统对植物要素及灌排设施的统计功能，数据管理模块可对绿地要素进行编辑管理。

(1)地图基础功能模块。此模块在结合校园底图实现绿地要素空间位置可视化的基础上，提供对地图常规操作的工具，包括“平移”“放大”“缩小”“全局显示”“距离量测”“面积量测”“多边形区域选择”“工具删除”。

(2)查询模块。包含以下几个模块：①地图上单个地物信息弹窗查询。选中且仅能选中当前图层内的某个地物之后，可显示该地物的概要属性信息；②地图上选择区域查询属性。点击“多边形选择”功能，以列表形式显示当前选中的所有地物属性信息；③通过属性条件查询图形。通过对各专题图层要素的相关属性设置条件，在地图上显示出查询结果；④拓展查询。包含“植物志”和“网页查询”两个模块，用户点击这两个功能按钮后，可前往相应的链接以种名为关键字进行搜索并返回结果完成查询。

(3)统计模块。统计模块以数据列表和统计图表两种形式呈现，数据列表用于显示当前图层被选中要素具有统计学意义的属性信息列表；统计图表有饼状图和折线图两种形式，用于直观地显示统计结果。不同专题图层用于统计的字段有所不同，乔木层：树种、胸径、树高、冠幅、生长状况、病虫害状况；灌木层：树种、基径、株高、冠幅、生长情况、病虫害情况；绿地：种名、面积；绿篱：种名、面积；花团：种名，花期；灌排设施：主阀门数、分阀门数、地喷数、出水口数。

(4)数据管理模块。数据管理包括要素添加、属性修改、删除、保存、取消五个功能模块。

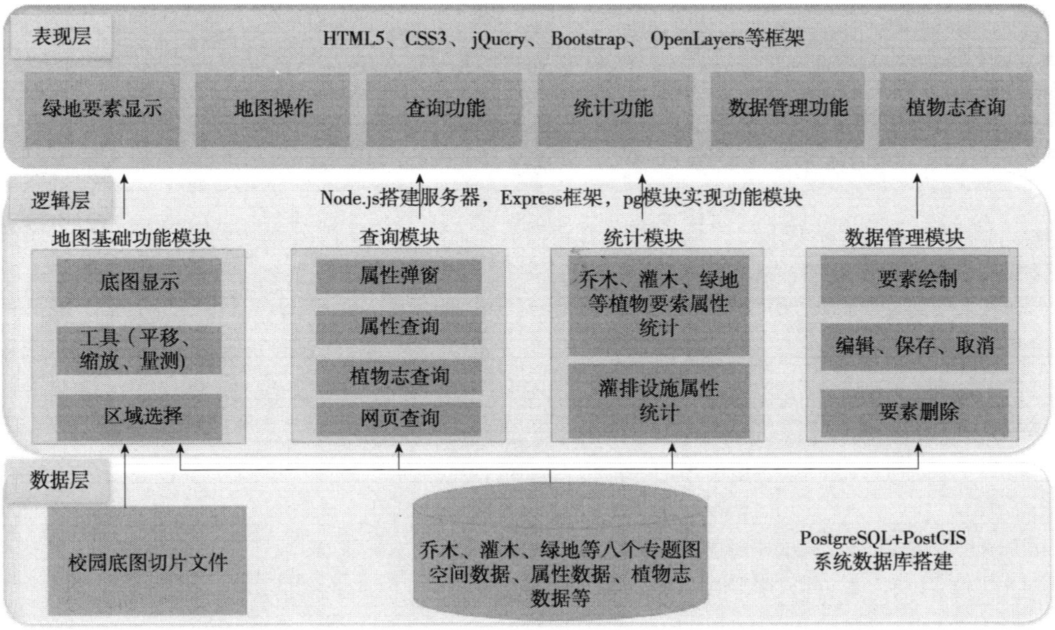

图4 基于开源软件的校园绿地系统架构

在整个案例研究完成之后，同学们实现了整个基于开源软件的WebGIS系统开发，总结梳理整个过程中所用到的软件方法和相关的理论，让学生们对于系统的构建和现实世界的抽象过程有了更为直观的认识和理解，拓展了WebGIS实践教学的价值。

该案例的选取也是一种WebGIS实践课程思政的典型范例，在数据采集过程中，同学们对校园内的乔木、灌木、绿篱、花团、绿地、灌排设施、校园风物、建筑物的空间位置进行采集，对各植物要素的形态属性和分类属性，如树高、胸径、冠幅等以及树种、树木生长状况等属性数据进行测量和搜集，以及查阅相关文献资料，如《校园植物志》《北京植物志》《北京林业大学校园植物导览手册》等。在这个过程中，同学们加深了对学校一草一木一花一物的认知和了解，强化了校园归属感，拓宽学生交叉学科知识背景，充分理解优秀的北林校园风景和校园文化，体会"工匠精神"，进而深化职业理想，培养勇于探索，终身学习的职业理念。此示例的教学实践过程，不仅提高了学生的成就感，调动了学生的积极性，还可以在团结合作中潜移默化影响其他学生，推广思政和GIS成果，扩大课程思政的影响力。

针对本研究提出的基于开源软件融合课程思政的WebGIS实践课程，选取了三种教学评价法进行成效检验，即教师评价、诊断性评价和形成性评价。教师评价中，任课教师反映，通过采用开源软件，在准备教学(课前和课后的实践等)环节中教学材料更容易获取，教学案例丰富多样，教学效率显著提高。诊断性评价主要从学生的角度进行研究。通过与学生交谈发现，由于软件程序等搭建简单高效，选择案例贴近社会实际案例和问题，学生参与课堂的积极性大大提高。在课程的自我实践中，学生针对该实践课程的成就感得到明显提升。形成性评价主要检验学生完成实践教学的效果。由于案例需要基于团队协作，增进了师生之间的交流，提高了团队凝聚力，从实践教学结果分析，同学们积极参与，均较好地完成了案例教学任务。并且同学们积极自主学习，兴趣浓厚，主动尝试其他系统的开发，并运用所学积极参与各种WebGIS相关的赛事，展现了良好的教学成效。

五、结 语

目前，对农林院校而言，有关"WebGIS"这门课程实践的教学改革研究相对较少。本文从社会需求和行业特色两个维度，阐述了WebGIS在GIS专业领域和林业中的应用价值，立足于"WebGIS实践"课程教学现状，剖析了目前教学模式中存在的问题。为了满足社会各行业对WebGIS开发人才的需求和能力要求，着力培养GIS专业本科学生实践能力和提升创新思维为目标，提出了基于开源软件的WebGIS课程实践案例，地理云计算教学内容以及融入课程思政的教学实践模式。通过教学改革，不仅教师在授课时所选案例更加丰富多样，学生在参与实践过程积极性更高，除提高学生的实践和动手能力，掌握行业实际工作所需的初步经验和基本技能外，还在潜移默化中提升了个人素质和思想政治觉悟。为学科实现培养具备地理信息科学素养和知识，掌握互联网+、人工智能、大数据分析等现代信息技术的"农林+"复合型人才目标添砖加瓦，力争为服务于国家生态文明建设做出更大贡献。

参考文献

[1]Gewin V. Mapping opportunities[J]. Nature, 2004(427): 376-377.

[2]中国地理信息产业协会. 中国地理信息产业发展报告(2021)[R]. 北京：测绘出版社，2021.

[3]江岭，王春，刘璐，等. 我国GIS专业高等教育发展现状与分析[J]. 测绘通报，2016(7)，136-141.

[4]方新，熊立伟，龙岳红，等. 基于开源软件的WebGIS课程实践教学改革探索[J]. 产业与科技论坛，2021(20)，188-189.

[5]杜明义，靖常峰，霍亮，等. 网络 GIS 课程全栈式层次教学体系思考与构建. 测绘通报，2020(3)：145-149.
[6]周敏. 基于 WebGIS 的森林抚育样地可视化信息系统研究[D]. 北京：北京林业大学，2017.
[7]黄寿昌. 基于 WebGIS 的森林资源动态监测及预警系统[J]. 沈阳农业大学学报，2013(44)：341-344.
[8]魏海林. 应用遥感影像与 WebGIS 建立林场级森林资源管理信息系统[J]. 湖南农业大学学报(自然科学版)，2013(39)：144-147，151.
[9]王占越. 基于 WebGIS 的林业生态安全指数三维可视化展示系统的研建[D]. 北京：北京林业大学，2020.
[10]孙德鹏. 智慧林业防火物联网智能分析平台关键技术研究[D]. 北京：北京工业大学，2020.
[11]王志宝，刘丽，常原飞，等. 基于模型驱动的省级林业有害生物灾害监测与预警平台[J]. 东北林业大学学报，2013(41)：155-159，167.
[12]江诗琴. 基于 WebGIS 的森林生态健康评价系统[D]. 哈尔滨：东北林业大学，2018.
[13]陈清耀，林宇洪，邱荣祖. 基于 Mobile WebGIS 的林业运输稽查系统的设计[J]. 林业工程学报，2016(1)：115-119.
[14]张佐帮，周廷刚，陈杰，等. 云环境下 WebGIS 教学改革的研究初探[J]. 农业网络信息，2018(1)：58-61.
[15]董华国，张晓丽. WebGIS 课程教学模式构建[J]. 中国林业教育，2008(5)：4-7.
[16]范俊甫，张大富，孙广伟，等. 面向毕业生实践能力培养的 WebGIS 课程建设[J]. 实验室研究与探索，2019(38)：171-175.
[17]陈国阶. 综合自然地理学发展的新展望[J]. 四川师范大学学报(自然科学版)，2021，44(4)：439-445，424.
[18]张丰，柳钦火. 人工智能 · 大数据 · 云计算助推地理学革新发展[J]. 全球变化数据学报(中英文)，2018，2(3)：362-365，251-254.
[19]甄峰. 大数据给人文地理学带来的影响[J]. 地理教育，2015(10)：1.
[20]张震，朱建坤. 融入课程思政的 WebGIS 与 Mobile GIS 实验教学模式[J]. 黑龙江工程学院学报，2021，35(5)：72-76.

Exploration on the teaching reform of *WebGIS Practice* course integrating open source software and course ideology and politics

Wang Zong　Yue Depeng　Liang Boyi
(College of Forestry, Beijing Forestry University, Beijing　100083)

Abstract　With the development of Internet technology and the increasing popularity of Internet applications, Web Geographical Information System(WebGIS) gradually promotes geographic information technology from a professional concept to a popular service, which has a significant impact on people's daily life. Based on the development situation of *WebGIS Practice* course teaching, this paper analyzes the existing problems in the current teaching mode. In order to overcome the heavy and inefficient drawbacks brought by the commercialized and heavyweight *WebGIS* traditional teaching mode, a practical case of *WebGIS* course using open source software is proposed, which expands the teaching content of geographic cloud computing and integrates the teaching practice mode into the "course ideology and politics education". Through this mode of teaching, teachers can choose more diverse and more flexible cases in teaching; students are more motivated to participate in the practice process, which improves students' practical and hands-on ability; students can master the preliminary experience and basic skills required for practical work in the industry, the personal quality and ideological realm have been subtly improved.

Keywords open source software, network geographic information system, curriculum practice teaching design, curriculum ideology and politics